航空发动机试验气源控制系统工程设计与应用

彭彤勇　编著

U0250030

中国建筑工业出版社

图书在版编目（CIP）数据

航空发动机试验气源控制系统工程设计与应用/彭
彤勇编著. —北京：中国建筑工业出版社，2022.11
ISBN 978-7-112-27894-7

Ⅰ.①航…　Ⅱ.①彭…　Ⅲ.①航空发动机-控制系统
设计　Ⅳ.①V233.7

中国版本图书馆 CIP 数据核字（2022）第 166580 号

本书对国内市场相关仪表自控产品进行系统分析，对航空发动机试验配套的常用气源设备的工艺特性和控制技术进行了研究和总结。第 1 章对国内航空发动机试验气源领域现状作了简介，分析了目前国内相关行业的技术特点和常用架构。第 2 章对 DCS 控制系统的主要原理、国内主流产品和技术特点进行了阐述。第 3 章对常用的气源设备，包括空气压缩机、加热器、制冷机等的工作原理进行了研究。第 4 章介绍了目前常用的自动化仪表和执行机构的分类、技术特点及实际应用。第 5 章结合近几年的工程实践，对几种常用的大型气源设备的控制技术进行详细分析。第 6 章以某项目的工程应用为例，进行工艺需求分析，搭建完整的控制系统并形成一套完整的自控系统流程图。

责任编辑：徐仲莉
责任校对：李辰馨

航空发动机试验气源控制系统工程设计与应用
彭彤勇　编著

*

中国建筑工业出版社出版、发行（北京海淀三里河路 9 号）
各地新华书店、建筑书店经销
霸州市顺浩图文科技发展有限公司制版
北京建筑工业印刷厂印刷

*

开本：787 毫米×1092 毫米　1/16　印张：15½　插页：14　字数：429 千字
2022 年 12 月第一版　　2022 年 12 月第一次印刷
定价：**79.00** 元
ISBN 978-7-112-27894-7
（39989）

前言

FOREWORD

为了总结近几年航空发动机试验气源控制系统技术的工程实践经验，反映国内航空发动机试验气源新型仪表及控制技术的应用和发展，为我司自控专业形成良好的技术积累，为行业仪表自动化设计人员及相关专业技术人员提供参考，编写了《航空发动机试验气源控制系统工程设计与应用》。

本书紧密联系工程实际应用，对国内市场相关仪表自控产品进行系统分析，对航空发动机试验配套的常用气源设备的工艺特性和控制技术进行了研究和总结。第1章对国内航空发动机试验气源领域现状作了简介，分析了目前国内相关行业的技术特点和常用架构。第2章对DCS控制系统的主要原理、国内主流产品和技术特点进行了阐述。第3章对常用的气源设备，包括空气压缩机、加热器、制冷机等的工作原理进行了研究。第4章介绍了目前常用的自动化仪表和执行机构的分类、技术特点及实际应用。第5章结合近几年的工程实践，对几种常用的大型气源设备的控制技术进行详细分析。第6章以某项目的工程应用为例，进行工艺需求分析，搭建完整的控制系统并形成一套完整的自控系统流程图。

仪表和自控行业发展迅速，技术面涉及广，本书作者水平有限，书中难免存在遗漏之处，请读者提出宝贵意见。

目录
CONTENTS

1

航空发动机试验气源系统简介

1.1 我国航空发动机试验技术的现状和发展

现代航空制造工业集新材料、精密加工、信息技术于一体，一架大中型飞机的零部件和组装产业几乎遍及所有的工业和技术领域，航空工业代表了当代工业的制高点，且具有超高的附加值。航空制造业既是一个国家国防安全的重要基础，也体现了一个国家的工业发展程度。

航空发动机作为飞机的核心部件，是一种高度复杂的热工机械。航空发动机对于材料性能、制造工艺、可靠性的要求都非常高。飞机被誉为现代工业的"皇冠"，而航空发动机则是"皇冠上的明珠"，是国家综合实力的重要标志之一。

2016年3月，国务院颁布的《中华人民共和国国民经济和社会发展第十三个五年规划纲要》，简称"十三五"规划（2016～2020年）。"十三五"规划中公布的100个重大项目，第一个项目是航空发动机及燃气轮机重大专项（以下简称两机专项）。其目标是在"十三五"期间，建立健全我国航空发动机、燃气轮机产业链，实现国产进口全替代，形成完整谱系。

航空发动机技术是国家综合国力、工业基础和科技水平的集中体现，是军民用飞行器和航空工业发展的原动力，为轻型燃气轮机、重型燃气轮机提供改型的技术基础。与世界先进水平相比，我国航空发动机差距较大，未来发展空间巨大。

根据估算，未来10年我国军用飞机用航空发动机的市场规模每年在300亿元以上；未来20年我国新增民航飞机对应的航空发动机市场规模平均每年近600亿元。军民用航空发动机市场需求合计每年约900亿元，此外国内燃气轮机市场容量达300亿元，航空发动机与燃气轮机产业发展空间极为广阔。

综合相关机构的研究预测报告，未来20年中国军用航空发动机总需求量约22000台，价值600亿美元，年平均1100台，价值200亿元，其中，新机装备、老机维护和直升机分别占80%、5%和15%。在民用航空市场，据国外公司预测，未来20年中国新增客/货机约5400架/6350架，价值8300亿美元和9500亿美元。其中民用航空发动机市场约2580亿美元。按目前的预测，未来20年中国航空发动机市场，军用发动机基本实现100%国产，民用发动机占比超过20%，总价值约1100亿美元。

两机专项直接投入在1000亿元量级，加上带动的地方、企业和社会其他投入，专项投入总金额约3000亿元。估计两机专项在航空发动机与燃气轮机方向的分配比例约为80%和20%。航空发动机的投入重点包括设计、加工组装、材料、工艺、仿真及试验环境的建设等方面。

2018年7月13日国务院国有资产监督管理委员会发布关于组建中国航空发动机集团有限公司的公告。公告称，经国务院批准，新组建的中国航空发动机集团有限公司由国务院国有资产监督管理委员会代表国务院履行出资人职责。中国航空发动机集团有限公司的成立是中国航空发动机产业划时代的大事件，为中国航空发动机技术的发展提供了体制保障，同时使两机专项的落地具备了实施主体。

2021年，在两机专项取得初步成果的前提下，国家提出在航空发动机和燃气轮机领域继续加大研发投入，在"十四五"期间预计投入资金不低于"十三五"的规模。在"十三五"期间已经研制成功的航空发动机和燃机型号继续改进提升，部分已有技术积累的预研型号力争获得技术突破，向高压比、高涡轮进口温度、高推重比、低耗油率和高可靠性发展，实现在全领域对世界先进水平的接近。

航空发动机的研制难度非常高，对于试验和高性能的设施依赖性很强。航空界素有"航空发动机是试出来的"这一说法，其研制遵循研究-设计-试验-修改设计-再试验的反复迭代过程，程序极其复杂，即便设计出来，也需要数万小时的零部件试验和整机试验，任何一个环节出现问题，哪怕是一个小问题，都可能造成试验的失败。

新型号航空发动机总体性能设计、总体结构设计、部件研制和调试、发动机各系统设计（如点火系统、防冰系统、润滑系统、液压和气动系统、控制系统、燃油系统、起动系统、喷液系统、附件传动系统、推力转向系统、操纵系统、防火系统和测试监控系统等）都离不开试验。航空发动机研制过程中需要大量的部件、材料、整机、地面模拟和飞行模拟试验才能确定发动机的性能、耐久性和操作性。相关部件和系统之间的相互影响、外界条件变化引起的发动机性能变化和稳定性变化，主要依靠试验确定。随着航空发动机的发展，试验设备和技术要求也不断提高和发展。新机水平很大程度上取决于试验设备及试验测试技术的水平。

一台典型的航空发动机由2万~3万个零件组成。20世纪末期主要型号发动机研制工作通常需要10万小时以上的部件试验、4万小时以上的材料试验和1万小时左右的整机试验，现在先进的发动机远远超过这些试验时间要求。在发动机发展改进期间，部件和系统试验是一个非常重要的部分。

发动机试验可以获取理论计算无法获得的技术数据，如确定叶片的自振振型和频率、发动机元件的振动荷载等。试验中通过检查和修正理论计算获得的特性和参数，验证发动机设计和生产工艺调整的效果。在新型号研制过程中，通过大量的新材料试验、部件可行性试验、核心机和验证机试验最终确定新型号发动机的设计技术指标及实施的可能性。在发动机批量生产过程中，按照验收标准规程检验各个部件和整机的质量是否合格，在发动机耐久性和长期工作稳定性试验中，通过寿命试验和循环次数试验确定发动机的实际可靠性和工作能力。在发动机总体研制过程中，试验耗费时间占总研制时间的70％以上。

航空发动机的试验分类按发动机组成部分可分为整机、压气机、燃烧室、涡轮、喷管、调节系统、附件系统等试验。按试验最终目的可分为研究探索性试验、新机或改型试验、批产发动机常规试验三类。军用发动机遵循相关的军用规范，规范规定了各种发动机的性能、工作特性、设计特点、工作界面、结构说明和安装外廓等，规定了发动机的验证、试验、报告、检验程序和飞行前规定试验和定型试验所需资料。民用发动机试验遵循世界主要国家的适航性条例，我国民用航空发动机适航标准包括台架试验、高空台试验、飞行试验、适航性审定等主要试验。

航空发动机的部件试验在发动机研制、改进和发展过程中非常重要，是发动机型号研制的基础，只有经过充分的部件试验才有可能研制出高性能、高可靠性、高经济性的发动机。发动机的主要部件试验内容见表1-1。

航空发动机的性能、可靠性、适航性和维修性不断提高，试验种类不断增加，发动机的发展和定型试验可分为性能试验、操作性试验、耐久性试验三大类。性能试验测定特定条件下的推力、空气流量和燃油流量等参数对航程、有效荷载和机动性的影响；操作性试

试验名称	试验内容	说明
压气机	高压比多级压气机试验； 离心压气机和等效轴流压气机试验； 滞止失速试验； 高叶尖速度风扇试验； 大流量引气压气机试验； 无盘转子性能可靠性试验； 全复合材料结构强度试验	确定压气机特性及检验为改进特性所采取措施的有效性；保证压气机工作效率和保证喘振边界不变的同时，减少压气机级数、叶片数量，增加等级荷载
燃烧室	先进冷却燃烧室试验； 高马赫数燃烧室试验； 高温多孔层板式燃烧室试验； 短环形燃烧室温度场试验； 整机调试温度场与部件试验器温度场对比试验； 代用燃料试验； 旋流加力燃烧室试验； 变循环发动机加力燃烧试验； 变几何流场结构试验； 陶瓷基火焰筒耐久性试验； 可变几何燃油喷嘴浓度场试验	验证流体动力、燃油雾化和蒸发、燃油蒸汽与空气掺混、燃烧化学反应、传热与介质、燃烧中声耦合效应与不稳定释热、压力和速度脉动相互作用等物理和化学变化过程，以及这些分过程的相互干扰和耦联；研究低循环疲劳高寿命火焰筒，改进冷却方式，减少排放物，提高温度场均匀度
涡轮	高温涡轮试验； 变几何涡轮试验； 三维气动设计、传热验证试验； 低展弦比无冷却涡轮试验； 先进冷却和主动间隙控制试验； 超高温冷却非金属试验； 超高温无冷却非金属试验； 轻型静力结构强度试验； 复合材料机匣强度试验	涡轮的效率和输出功率等性能测量、涡轮导向叶片和转子叶片的冷却试验研究；研制提高耐久性的变几何涡轮，研究气动传热冷却系统和陶瓷材料
喷管	俯仰推力转向喷管试验； 内外流试验； 复合材料衬筒耐久性能试验； 红外辐射和排气噪声试验； 喷管与后机身干扰阻力试验； 全方位转力转向喷管试验； 超高温陶瓷基复合材料试验	验证调节喷管面积来改变涡轮和喷管中燃气膨胀比的分配，以改变压气机和涡轮的共同工作点，实现发动机的工作状态控制
控制系统	数字式电子控制系统功能试验； 调节系统可靠性试验； 环境综合试验； 综合飞行与推进控制功能试验； 自适应故障、容错极限逻辑试验； 性能最佳化逻辑功能试验； 超可靠控制器功能试验	全权限数字控制系统 FADEC 在全部飞行包线内对发动机的最佳控制；实现复杂调节，充分发挥发动机潜力

验测定发动机对油门和发动机进口条件变化的响应，主要测试发动机调节系统及其性能；耐久性试验包括低循环疲劳寿命、应力断裂或蠕变寿命、抗外来物破坏能力及机械机构强度。不同型号的发动机由于功能和性能指标重点的差异，试验类型各有侧重。

新型航空发动机定型试验可以分为几个方面，见表 1-2。

名称	主要项目
可靠性试验	试车试验;振动试车;发动机校准;长期试车;起动试验;发动机重新校准;发动机分解检查后再装配试车
结构完整性试验	压力试验;转子结构完整性试验;转子超温、超转试验;盘破裂试验;零部件及整机低循环疲劳试验;叶片包容性试验;静荷载试验;振动及应力试验;整机回转模拟陀螺力矩试验;涡轮盘、轴试验;热试车;压气机喘振裕度试验
高空试验	高空发动机校准;高空性能试验;高空起动及再起动试验;进气道畸变试验;高空风车试验
环境试验	低温高温起动和加速试验;结冰试验;腐蚀敏感性试验;鸟撞试验;外物击伤试验;吞水试验;武器排烟试验;噪声分析;排气污染分析
附件试验	附件校准;模拟工作条件附件循环试验;老化试验;高温试验;室温长期试验;低温试验;燃油泵空穴试验;附件重新校准;滑油箱试验;附件传动试验;发电机试验;热交换器试验;防火试验;液压系统试验;振动试验;电气附件环境试验
其他试验	性能换算验证试验;替代燃油试验;应急燃油试验;发动机散热及滑油冷却试验;滑油中断试验;抽气试验;起动扭矩试验;飞行姿态试验;雷达横截面测定;红外辐射试验;发动机电源损坏试验

1.2 航空发动机试验气源系统分析

在航空发动机和燃气轮机试验制造领域,大型空气压缩机作为试验设备的气源系统是必不可少的。在航空发动机试验系统中,由多台大型空气压缩机及相关设施组成的气源系统,为发动机试验提供不同压力等级、不同流量、不同温度等参数的压缩空气,供航空发动机整机和零部件试验使用。

在航空发动机各种试验部件和整机试验台中,大多需要用到不同流量、不同温度和不同压力的压缩空气,也有试验台需要模拟高空环境需要气源系统提供负压环境。在航空发动机试验系统建设过程中,需要对试验系统的用气试验设备提出的流量、压力、温度、频次、时数等需求进行分析,研究试验设备的用气需求,从而确定气源系统机组规模、管网系统布置形式、使用工况控制方式等。主要航空发动机试验器用气概况见表1-3。

主要航空发动机试验器用气概况 表 1-3

试验器名称	供气压力	供气温度	供气流量
压气机试验器	低压/负压	常温/高温	中流量/大流量
燃烧室试验器	低压/中压/高压	常温/高温	小流量/中流量/大流量
涡轮试验器	低压	常温/高温	小流量/中流量
喷管试验器	低压	常温/高温	小流量/中流量
核心机整机试验器	低压	低温/常温	小流量/中流量/大流量

在试验台用气需求分析过程中,需要形成详细的试验器与气源接口需求表,对试验器的用气工况、气路、流量、压力、温度、年平均工作时间、年平均工作次数等作详细分析,并对用气的加温、制冷、干燥需求提出具体指标。具体试验器用气需求统计表格式见表1-4。

序号	试验器	需求气体工况					年平均工作小时(h)	年平均工作次数	加温需求	干燥需求	备注
		工况	气路	流量(kg/s)	压力(MPa)	温度(K)					
1	××试验器	中压工况1	主气1								
			冷气1								
		高压工况1	主气1								
		高压工况2	主气1								
			主气2								
			冷气1								
2	××试验器										

以美国通用电气公司、英国罗尔斯罗伊斯公司、美国普拉特惠特尼公司为代表的欧美航空发动机制造企业,其发动机试验器和气源系统以独立建设、单一匹配的形式为主,每一个主要用气试验器建设一个配套的气源站,该气源站只需要对对应的试验器用气工况进行分析,选择设备和管网,满足用气需求。这种单一匹配模式系统简单可靠,运行不受限制,缺点是气源设备的台套数多,占地面积大,投资也非常大。

目前我国航空发动机研制主要集中在中国航空发动机集团有限公司的几大研究所和中国航发上海商用航空发动机制造有限责任公司,中国科学院、清华大学、北京航空航天大学等高校也在投入力量建立试验基地,从事中小推力发动机的研制以及发动机的核心理论研究。受到资金投入和用电规模的限制,我国航空发动机研制主要以综合气源站模式为主,一般在发动机试验基地内建设一个或数个综合气源站,每个气源站为多个试验器供气。综合气源模式需要对多个试验器的多个工况点进行分析,气源能力并不是所有试验器最大工况需求的简单相加,而要结合试验器的试验计划合理安排工作周期和时间,得出各种状态气路的最小极限供气要求,从而选择机组的规格和台套数,并在气源管路布置设计上充分考虑多种工况的组合应用,结合空压机组的工作模式选择,以较少的机组和总供气能力来满足试验计划合理调配下的所有试验器供气需求,并适当考虑未知试验工况的扩展和供气能力的预留。

我国的综合气源站模式和欧美的气源站试验器单一匹配模式相比,总投资和占地面积有较大幅度的节约,但是对于气源管路规划布置、试验器工作调度、气源系统控制都提出了更高的要求。在气源站控制方式上,根据用气量、用气压力等参数实时调节空气压缩机的起动台数和运行时间是比较关键的部分。一套功能完备的气源站监控系统就显得非常重要,也有很大的发展空间。对于当今发动机试验系统的气源站而言,空气压缩机本身的技术已经达到相当高水平,所以,通过对气源站合理地控制,在气源站满足试验设备用气的前提下,减少能源消耗和设备磨损,力争运行台数和时间合理,具有非常重要的意义。

1.3　航空发动机试验气源基本架构

我国现有的航空发动机综合气源站基本模式都比较类似,一般包括常温气源、高温气源、干燥低温气源三大部分，为试验台提供不同流量压力的常温压缩空气、高温压缩空气和干燥压缩空气、低温压缩空气。常温气源包括多台套离心空压机和离心增压机的组合，如果需要提供负压工况，还有离心抽气机；高温气源则通过燃气加热器或者电加热器将常温气源的常温气加热到试验器所需高温；干燥系统通过干燥机对压缩空气进行深度除水；制冷系统则通过冷水机组、膨胀机、气波机等制冷设备将常温气源的常温气降温到试验器所需低温，一般情况下冷气需要进行干燥预处理以防气体降温过程中结露。常见的气源系统基本架构见图 1-1。

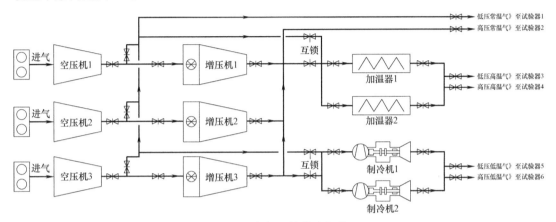

图 1-1　气源系统基本架构

在气源系统建设方案中，空压机和增压机通常设置在同一个厂房，便于空压机和增压机之间的连接管道布置。如果场地条件允许，加热器和制冷机宜和空压机、增压机组成的常温气源系统靠近布置，以减少管道长度，降低投资和减少压缩空气输送过程的温度压力损失。也可以考虑将加热器靠近需要用到高温气体的试验器布置，将制冷机靠近需要用到低温气体的试验器布置，以适当延长常温气体管道来达到缩短高温气体管道和低温气体管道的目的。具体的气源系统整体布局，需要综合考虑、多方论证。

1.4　航空发动机试验气源控制系统的主要架构

近年来国内新建的航空发动机气源控制系统基本以 DCS（Distributed Control System）分布式控制系统为主，少数小型的单台套的气源装置采用 PLC（Programmable Logic Controller）系统控制。DCS 控制系统以微处理控制器为基础，采用控制功能分布、显示集中操作、兼顾分别独立控制和综合协调控制的设计原则，其主要特征是集中管理和分布控制。系统主要由系统网络、现场控制站、操作员站和工程师站、控制器、接口卡件、机柜、电源等组成。

系统网络实现操作节点和控制站的连接，完成信息、控制命令的传输和发送。控制站是系统中直接与工业现场进行信息交互的控制处理单元，完成整个工业过程的实时监控功能。工程师站为专业技术人员设计，完成系统组态和系统维护、管理任务。操作员站是操作人员完成过程监控管理任务的人机界面。

在航空发动机试验气源控制系统构架设计中，需要综合考虑可靠性、系统灵活性、安全性以及经济性等因素。在大中型航空发动机试验气源工程中，一般会有数十台大中型空压机、增压机、加热器、制冷机等设备，某些设备会自带 PLC 或者其他类型的控制器，另外管网上的电控阀门可能多达几百台，设备及管网上的各种温度压力流量测点多达几千个。这样一个大型复杂的系统，如何进行合理的层级设置、控制模块分组、控制路由优化，需要认真分析考虑。典型控制系统的基本架构见图 1-2。

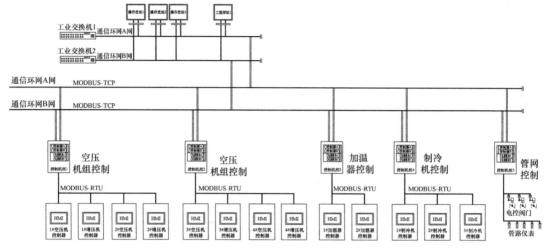

图 1-2　典型控制系统网络结构

2

DCS控制系统架构和特点

2.1　DCS 控制系统基础知识

2.1.1　DCS 控制系统概念

分布式控制系统（Distributed Control System，DCS）是计算机控制系统的一种结构形式。计算机控制是以自动控制理论和计算机技术为基础，自动控制理论是计算机控制的理论支柱，计算机技术的发展又促进了自动控制理论的发展与应用。计算机控制系统有多种结构形式，DCS 就是其中一种。

DCS 控制系统是一个由过程控制级和过程监控级组成的以通信网络为纽带的多级计算机系统，综合了计算机（Computer）、通信（Communication）、显示（CRT）和控制（Control）的 4C 技术，其基本思想是分散控制、集中操作、分级管理、配置灵活、组态方便。

从结构上划分，DCS 控制系统包括过程级、操作级和管理级。过程级主要由过程控制站、I/O 单元组成，是系统控制功能的主要实施部分。操作级包括操作员站和工程师站等，完成系统的操作和组态。管理级主要是指工厂管理信息系统（MIS 系统），作为 DCS 控制系统更高层次的应用。过程级在现场的表现形式大多为过程控制站，过程控制站是 DCS 控制系统的核心。

DCS 控制系统的过程控制站是一个完整的计算机系统，主要由电源、CPU（中央处理器）、网络接口和 I/O 单元组成。

I（Input 输入）/O（Output 输出）：控制系统需要建立信号的输入和输出通道，这就是 I/O。DCS 中的 I/O 一般是模块化的，一个 I/O 模块上有一个或多个 I/O 通道，用来连接传感器和执行器（电气类执行机构、调节阀等）。

I/O 单元：通常一个过程控制站由几个机架组成，每个机架可以摆放一定数量的模块。CPU 所在的机架被称为 CPU 单元，同一个过程控制站中只能有一套 CPU 单元，其用来摆放 I/O 模块的机架就是 I/O 单元。

2.1.2　DCS 控制系统特点

1. 分散性和集中性

DCS 控制系统分散性的含义是广义的，不单是分散控制，还有地域分散、设备分散、功能分散和危险分散的含义。分散的目的是使危险分散，进而提高系统的可靠性和安全性。

DCS 控制系统硬件积木化和软件模块化是分散性的具体体现。因此，可以因地制宜地分散配置系统。DCS 控制系统横向分子系统结构，如直接控制层中一台过程控制站（PCS）可看作一个子系统；操作监控层中的一台操作员站（OS）也可看作一个子系统。

DCS 控制系统的集中性是指集中监视、集中操作和集中管理。DCS 控制系统通信网络和分布式数据库是集中性的具体体现，用通信网络把物理分散的设备构成统一的整体，用分布式数据库实现全系统的信息集成，进而达到信息共享。因此，可以同时在多台操作员站上实现集中监视、集中操作和集中管理。当然，操作员站的地理位置不必强求集中。

2. 自治性和协调性

DCS 控制系统的自治性是指系统中的各台计算机均可独立工作，例如，过程控制站能自主进行信号输入、运算、控制和输出；操作员站能自主实现监视、操作和管理；工程师站的组态功能更加独立，既可在线组态，也可离线组态，甚至可以在与组态软件兼容的其他计算机上组态，形成组态文件后再装入 DCS 控制系统运行。

DCS 控制系统的协调性是指系统中的各台计算机用通信网络互联在一起，相互传送信息，相互协调工作，以实现系统的总体功能。DCS 控制系统的分散和集中、自治和协调不是互相对立的，而是互相补充。DCS 控制系统的分散是相互协调的分散，各台分散的自主设备是在统一集中管理和协调下各自分散独立工作，构成统一的有机整体。正因为有了这种分散和集中的设计思想、自治和协调的设计原则，才使得 DCS 控制系统获得进一步发展，并得到广泛应用。

3. 灵活性和扩展性

DCS 控制系统硬件采用积木式结构，类似儿童搭积木那样，可灵活配置成小、中、大各类系统。另外，还可根据企业投资需求或生产要求，逐步扩展系统，改变系统配置。DCS 控制系统软件采用模块式结构，提供各类功能模块，可灵活组态构成简单、复杂的各类控制系统。另外，还可根据生产工艺和流程的改变，随时修改控制方案，在系统容量允许范围内，只需通过组态就可以构成新的控制方案，而不需要改变硬件配置。

4. 先进性和继承性

DCS 控制系统综合了"4C"（计算机、显示、通信和控制）技术，随着"4C"技术的发展而发展。也就是说，DCS 控制系统硬件上采用先进的计算机、通信网络和屏幕显示；软件上采用先进的操作系统、数据库、网络管理和算法语言；算法上采用自适应、预测、推理、优化等先进的控制算法，建立生产过程数学模型和专家系统。DCS 控制系统自问世以来，更新换代比较快。当出现新型 DCS 控制系统时，旧 DCS 控制系统作为新 DCS 控制系统的一个子系统继续工作，新、旧 DCS 控制系统之间还可互相传递信息。这种 DCS 控制系统的继承性，给用户消除了后顾之忧，不会因为新、旧 DCS 控制系统之间的不兼容而给用户带来经济上的损失。

5. 可靠性和适应性

DCS 控制系统的分散性带来系统的危险分散，提高了系统的可靠性。DCS 控制系统采用一系列冗余技术，如控制站主机、I/O 板、通信网络和电源等均可双重化，而且采用热备份工作方式，自动检查故障，一旦出现故障立即自动切换。DCS 控制系统安装了一系列故障诊断与维护软件，实时检查系统的硬件和软件故障，并采用故障屏蔽技术，使故障影响尽可能小。DCS 控制系统采用高性能的电子元器件、先进的生产工艺和各项抗干扰技术，可使 DCS 控制系统能够适应恶劣的工作环境。DCS 控制系统设备的安装位置可适应生产装置的地理位置，尽可能地满足生产需要。DCS 控制系统的各项功能可适应现代化大生产的控制和管理需求。

6. 友好性和新颖性

DCS 控制系统为操作人员提供了友好的人机界面（HMI）。操作员站采用彩色显示器和交互式图形画面，常用的画面有总貌、组、点、趋势、报警、操作指导和流程图画面等。由于采用图形窗口、专用键盘、鼠标或球标器等，使得操作简便。DCS 控制系统的新颖性主要表现在人机界面，采用动态画面、工业电视、合成语音等多媒体技术，图文并茂，形象直观，使操作人员有如身临其境之感。

2.1.3 DCS 控制系统和 PLC 控制系统的区别

PLC 控制系统，即逻辑可编程控制器，是一种数字运算操作的电子系统，专为在工业环境应用而设计。它采用可编程的存储器，用于其内部存储程序，执行逻辑运算、顺序控制、定时、计数与算术操作等面向用户的指令，并通过数字或模拟式输入/输出控制各种类型的机械或生产过程，是工业控制的核心部分。

DCS 控制系统和 PLC 控制系统控制器的主要差别是在开关量和模拟量的运算上，即使后来两者相互渗透，但是仍然有所区别。PLC 控制系统用梯形图编程，模拟量的运算在编程时不太直观，编程比较麻烦。但在解算逻辑方面，表现出快速的优点。而 DCS 控制系统使用功能块封装模拟运算和逻辑运算，无论是逻辑运算还是复杂模拟运算的表达形式都非常清晰，但相对 PLC 控制系统来说逻辑运算的表达效率较低。DCS 控制系统和 PLC 控制系统的特点比较见表 2-1。

DCS 控制系统和 PLC 控制系统特点比较　　　　　　　　　表 2-1

特点	DCS 控制系统	PLC 控制系统
发展来源	由仪表监控系统发展而来	由继电器控制发展而来
功能重点	过程控制，主要是工业控制过程中仪表和执行器的控制	逻辑控制，主要偏重逻辑运算能力，具备一定的过程控制功能
扩展性和兼容性	设备作为节点存在，扩展性好，兼容性较好	扩展需求较低，兼容性差
数据库	全系统具有统一的数据库	一般没有统一的数据库，组态软件、监控软件、归档软件都有自己的数据库
网络结构	网络作为系统中枢，通常为两层网络结构(过程级和控制级)	网络作为外部接口，通常为一层网络结构
应用规模	应用于大型控制场所，控制点数基本无上限限制	应用在小型自控场所，比如设备的控制或少量的模拟量控制及联锁，控制点数一般不超过 500～600 点
系统冗余	可采用控制器冗余、电源冗余、通信冗余、I/O 冗余等不同的基本冗余措施	基本没有冗余的概念
系统维护	维护方便，可带电插拔组件，在线下装软件更新	维护需要停机检修和更新

2.1.4 DCS 控制系统通信的硬件接口、接口协议、通信协议

在 DCS 控制系统中，信号传输分为模拟传输和数字通信。模拟传输应用在现场控制层和数据检测层，数字通信应用在监视层和管理层。数字通信有不同的硬件接口、接口协议和通信协议。

1. 硬件接口

硬件接口类型有 DB-9、DB-25、RJ11、RJ45、接线端子、光纤、同轴电缆等多种类型。主要类型介绍如下：

（1）DB-9 和 DB-25 接口

D 型数据接口连接器，用于连接电子设备的接口标准。因形状类似于英文字母 D，故得名 D 型接口。按照接口数量细分为 A 型（15 针）、B 型（25 针）、C 型（37 针）、D 型（50 针）、E 型（9 针）。常见的计算机并口即为 DB25 针的连接器。而串口则应为 DE9 针连接器。由于使用习惯，一般把 9 针接口称为 DB-9 接口。

（2）RJ11 和 RJ45 接口

RJ11 为 4 芯水晶头，RJ45 是 8 芯水晶头。RJ45 水晶头一般端接在网线两端，用于连接计算机等网络设备，而 RJ11 水晶头则端接在 ADSL、语音线缆两端，用于连接电话或调制解调器。RJ45 水晶头是有 8 个凹槽和 8 个触点（8p8c）的接头。RJ45 水晶头接线时则有两种线序标准：T-568A 和 T-568B。通过采用不同的标准，制成的网线有直通型和交叉型两种。而 RJ11 水晶头有 6 个凹槽和 4 个触点（6p4c），其线序是固定的。

（3）接线端子排

接线端子排的特点是接线简单、方便，可直接接裸线，也可接一形端头，省工时，省空间 60％以上，直接卡在 DIN35 导轨上即可固定，无须另配固定装置。常见的接线端子排分为锁螺丝对插端子排和免锁螺丝对插端子排两类。

接线端子排的参数有额定电压、额定电流、螺纹规格、材料阻燃等级等，接线容量用美国标准表示一般为 AWG30～AWG12，公制直径约 0.25～2.0mm。

（4）光纤接口

光纤接口是用来连接光纤线缆的物理接口。光纤传输原理是光从光密介质进入光疏介质从而发生全反射。光纤模块主要分为以下两种，一般支持热插拔：

① GBIC（Giga Bitrate Interface Converter）使用的光纤接口多为 SC 或 ST 型。

② SFP 小型封装 GBIC，使用的光纤接口为 LC 型。

常见的光纤接口标注意义见表 2-2。

光纤接口标注意义　　　　　　　　　　　　　表 2-2

标注位置和意义	标注字母	标注含义
前标注:连接器型号	SC	标准方型接头,采用工程塑料,具有耐高温、不容易氧化优点;传输设备侧光接口常用
	LC	与 SC 接头形状相似,较 SC 接头小一些
	FC	金属接头,一般在 ODF 侧采用,使用寿命长
后标注:接头截面工艺	PC	微球面研磨抛光,接头为平截面
	UPC	衰耗较小,一般用于有特殊需求的设备
	APC	截面 8°并做微球面研磨抛光,用于改善电视信号的质量

（5）同轴电缆接口

同轴电缆接口（BNC 接口）按直径的不同分为粗缆和细缆两种。工业控制网络中一般使用细缆组网。细缆一般用于总线型网布线连接。利用 T 型 BNC 接口连接器连接 BNC 接口网卡，两端头需安装终端电阻器。细缆网络每段干线最大长度为 185m，每段干线最多接入 30 个用户。

2. 接口协议

接口协议也可称为总线协议，是指需要进行信息交换的接口间需要遵从的通信方式和要求。接口协议的种类非常多。接口协议不仅要规定物理层的通信，还需要规定语法层和语义层的要求。接口的作用是实现在不同硬件之间的数据传递。因此接口只是实现网络通信协议最底层——物理层协议的信息传递载体。

工业控制领域常见的接口协议有 RS-232 接口协议、RS-485 接口协议、CAN 总线标准、以太网接口协议等。

（1）RS-232 接口协议

RS-232 是美国电子工业协会 EIA 制定的一种串行物理接口标准。RS 是英文"推荐标准"的缩写，232 为标识号。RS-232 标准设有 25 条信号线和 9 条信号线两种，包括一个主通道和一个辅助通道。在大多数情况下主要使用主通道，对于一般双工通信，仅需几条信号线就可实现，如一条发送线、一条接收线及一条地线。RS-232 标准规定的最高数据传输速率为 19.2kbit/s。

RS-232 接口协议有以下特点：

① 协议规定逻辑"1"的电平为−5～−15V，逻辑"0"的电平为＋5～＋15V。接口的信号电平值较高，易损坏接口电路芯片，又因为与 TTL 电平不兼容，故需使用电平转换电路方能与 TTL 电路连接。

② 传输速率较低，在异步传输时，波特率≤20kbit/s。

③ 接口使用一根信号线和一根信号返回线而构成共地的传输形式，这种共地传输容易产生共模干扰，所以抗噪声干扰性弱。

④ 传输距离有限，最大传输距离标准值为 15.24m（实际≤15m）。采用光电隔离 20 mA 的电流环进行传送，其传送距离可以达到 1000 m。

（2）RS-485 接口协议

RS-485 标准是在 RS-232 标准的基础上发展而来，增加了多点、双向通信能力，即允许多个发送器连接到同一条总线上，同时增加了发送器的驱动能力和冲突保护特性，扩展了总线共模范围，后命名为 TIA/EIA-485-A 标准。

RS-485 接口协议的电气特性：逻辑"1"以两线间的电压差为＋(2～6)V 表示；逻辑"0"以两线间的电压差为−(2～6)V 表示。接口信号电平相比 RS-232 降低，不易损坏接口电路芯片，且该电平与 TTL 电平兼容，方便与 TTL 电路连接。

RS-485 接口协议的最高数据传输速率为 10Mbit/s。RS-485 接口采用平衡驱动器和差分接收器的组合，抗共模干扰能力增强，抗噪声干扰性好。RS-485 接口的最大传输距离标准值为 1219m，实际上可达 3000m（理论上的数据，在实际操作中，极限距离仅达 1200m 左右）。

RS-232 接口在总线上只允许连接 1 个收发器，即单站能力。而 RS-485 接口在总线上允许连接多达 128 个收发器，即具有多站能力，用户可以利用单一的 RS-485 接口方便地建立设备网络。

（3）CAN 总线标准

CAN 是控制器局域网络（Controller Area Network，CAN）的简称，由德国 BOSCH 公司开发，并最终成为国际标准，是国际上应用最广泛的现场总线之一。

CAN 总线标准只规定了物理层和数据链路层，需要用户自定义应用层。在 CAN 总线标准中，物理层的部分属于接口协议，数据链路层和应用层的部分属于通信协议。

CAN 收发器负责逻辑电平和物理信号之间的转换，即从 CAN 控制芯片输出逻辑电平到 CAN 收发器，然后经过 CAN 收发器内部转换将逻辑电平转换为差分信号输出到 CAN 总线上，CAN 总线上的节点都可以决定自己是否需要总线上的数据。

CAN 的数据总线有两条，一条是黄色的 CAN_High，一条是绿色的 CAN_Low。当没有数据发送时，两条线的电平均为 2.5V，称为静电平，也就是隐性电平。当有信号发送时，CAN_High 的电平升高 1V，即 3.5V，CAN_Low 的电平降低 1V，即 1.5V。

CAN 总线传输的是 CAN 帧，CAN 的通信帧分成五种，分别为数据帧、远程帧、错误帧、过载帧和帧间隔。

CAN 总线标准的基本出发点是废除了传统的站地址编码，代之以对通信数据块进行编码。采用这种方法的优点是使网络内的节点个数在理论上不受限制。

CAN 总线标准的特点如下：

① 数据通信没有主从之分，任意一个节点可以向任何其他（一个或多个）节点发起数据通信，靠各个节点信息优先级先后顺序来决定通信次序。

② 多个节点同时发起通信时，优先级低的避让优先级高的，不会对通信线路造成拥塞；通信距离最远可达 10km（速率低于 5kbit/s），速率可达到 1Mbit/s（通信距离小于 40m）。

③ CAN 总线传输介质可以是双绞线，同轴电缆。CAN 总线适用于大数据量短距离通信或者长距离小数据量，实时性要求比较高，多主多从或者各个节点平等的现场中使用。

在硬件接口上，CAN 总线可以支持 M12 小型电缆接口、OPEN5 连接端子和 DB9 接口。

（4）以太网接口协议

以太网（Ethernet）是应用最广泛的局域网通信方式，同时也是一种接口协议。以太网接口协议定义了一系列软件和硬件标准，从而将不同的计算机设备连接在一起。以太网（Ethernet）设备组网的基本元素有交换机、路由器、集线器、光纤、普通网线以及以太网协议和通信规则。以太网中网络数据连接的端口就是以太网接口。

以太网接口协议可以支持 RJ45 网络设备接口、SC 光纤接口、BNC 同轴电缆接口、FDDI 光缆接口等多种硬件接口形式。

在 RJ45 硬件接口上，以太网接口协议支持 10M/100M/1000M 三种速率，具有收发和极性自动翻转、速率/双工模式的自动协商功能。各速率模式又有不同的实现方法（对应不同的协议），10M 模式包括 10BASE-T、10BASE2、10BASE5；100M 模式包括 100BASE-TX、100BASE-F；1000M 模式包括 1000BASE-T、1000BASE-F。常用的是 10BASE-T、100BASE-TX、1000BASE-T 三种。

10BASE-T 采用 Manchester 编码，两电平信号，工作时两对差分线一收一发，传输速率为 10Mbit/s。

100BASE-TX 模式采用 4B/5B 编码，效率为 80%，三电平信号。工作时两对差分线一收一发，传输速率为 125MT/s，因为采用 4B/5B 编码，实际传输速率为 125MT/s × 80% = 100（Mbit/s）。

1000M 模式采用 4D-PAM5 编码，五电平信号。4D-PAM5 是指 4 维 5 电平编码技术，

4 维即指 4 个差分线对，5 电平是指每个差分线对上传输一个 5 进制的数据，因此每一个符号可表示 $5^4 = 625$ 个状态，对应于二进制数，$2^9 = 512$，每个符号可以表示一个 9bit 的二进制数，其中 1 位用于控制，另外 8 位为有效数据。由于符号率同样是 125MT/s，工作时 4 对差分线同时收发，端口 Rx 采用混合电路（Hybrid）滤掉同端口的 Tx 信号，因此实际传输速率为 125 MT/s×8bit=1000（Mbit/s）。

3. 通信协议

通信协议又称通信规程，是指通信双方对数据传送控制的一种约定。约定中包括对数据格式、同步方式、传送速度、传送步骤、纠错方式以及控制字符定义等问题做出统一规定，通信双方必须共同遵守，也称为链路控制规程。

通信协议和接口协议的关系在于，接口协议偏重定义硬件接口的电气规范，而通信协议是软件层面的数据格式和传输规则。同一种接口协议上可以运行多种通信协议，反过来一种通信协议也可以在多种接口协议上运行。例如 RS-485 接口协议上可以运行 Modbus 通信协议，也可以运行 Profibus-DP 通信协议。

常见的通信协议有 Modbus 通信协议、Modbus/TCP 通信协议、Bacnet 通信协议、Lonworks 通信协议、Profibus 通信协议、Profinet 通信协议等。

（1）Modbus 通信协议

协议分为硬件协议和软件协议。而通信协议属于软件协议，它包含报头包围的格式，Modbus 是应用层的通信协议，主要用于传送和接收文件包的格式。而 RS-232、RS-485 是物理层的串行接口，它可以支持几十种通信协议，Modbus 只是其中一种。

现在 Modbus 已经是全球工业领域最流行的协议。此协议支持传统的 RS-232、RS-422、RS-485 和以太网设备。当在网络上通信时，Modbus 协议决定了每个控制器需要知道它们的设备地址，识别按地址发来的消息，决定要产生何种行动。如果需要回应，控制器将生成应答并使用 Modbus 协议发送给询问方。

Modbus 协议包括 Modbus-ASCII、Modbus-RTU、Modbus-TCP 等，并没有规定物理层。此协议定义了控制器能够认识和使用的消息结构，而不管它们经过何种网络进行通信。标准的 Modicon 控制器使用 RS232C 实现串行的 Modbus。Modbus 的 ASCII、RTU 协议规定了消息、数据的结构、命令和就答的方式，数据通信采用 Maser/Slave 方式，Master 端发出数据请求消息，Slave 端接收到正确消息后就可以发送数据到 Master 端以响应请求；Master 端也可以直接发消息修改 Slave 端的数据，实现双向读写。

Modbus 总线广泛应用于仪器仪表、智能高低压电器、变送器、可编程控制器、人机界面、变频器、现场智能设备等诸多领域。与其他的现场总线和工业网络相比，Modbus 有以下特点：

① 标准免费开放，无许可费用。

② Modbus 可以支持较多类型的电气接口，Modbus 总线协议采用主站查询从站的方式，物理接口可以是 RS-232、RS-485、RS-422、RJ45，还可以在各种介质上传送，如双绞线、光纤、无线射频等。

③ Modbus 的帧格式较为简单、紧凑，格式规范，易于传输，通俗易懂。用户使用容易，厂商开发简单。用户不必了解 Modbus 技术细节，只需参考说明手册及提供的应用实例，按要求完成配置，不需要复杂的编程，即可在短时间内实现设备间的连接通信。

（2）Modbus/TCP 通信协议

Modbus/TCP 通信协议是 Modbus 协议的另一种版本，以一种非常简单的方式将 Modbus 帧嵌入 TCP 帧中，使 Modbus 与以太网和 TCP/IP 结合，成为 Modbus/TCP。

Modbus/TCP 已经成为世界领先的工业以太网协议。已有大量的网关产品可以实现串行链路 Modbus 和 Modbus/TCP 之间的桥接。

Modbus/TCP 是简单的、中立厂商用于管理和控制自动化设备的 MODBUS 系列通信协议的派生产品。它覆盖了使用 TCP/IP 协议的"Intranet"和"Internet"环境中 MODBUS 报文的用途。协议的常见用途是为诸如 PLC、I/O 模块以及连接其他简单域总线或 I/O 模块的网关服务的。

Modbus/TCP 属于工业以太网的一种，目前应用有支持 Modbus/TCP 的接线元件，包括工业集成器、工业交换机、工业收发器、工业连接电缆。支持工业以太网 Modbus/TCP 的服务器，包括远程、分布式 I/O 扫描功能，设备地址 IP 的设置功能，故障设备在线更换功能，分组的信息发布与订阅功能，网络动态监视功能，还有支持瘦客户机的 Web 服务。包括其他工控设备的支持，如工业用人机界面、变频起动设备、电动机控制中心、以太网 I/O、各种现场总线的网桥、支持 Modbus/TCP 的传感器等。

（3）Profibus 通信协议

Profibus 通信协议是一种国际化、开放式、不依赖于设备生产商的现场总线标准。Profibus 传送速度可在 9.6k～12Mbit/s 范围内选择。Profibus 是一种用于工厂自动化车间级监控和现场设备层数据通信与控制的现场总线技术。可实现现场设备层到车间级监控的分散式数字控制和现场通信网络，从而为实现工厂综合自动化和现场设备智能化提供了可行的解决方案。

Profibus 可分为三种：Profibus-DP、Profibus-PA 和 Profibus-FMS，其中应用最多的是 Profibus-DP。三种协议主要区别在于：Profibus-DP 主站和从站之间采用轮循的通信方式，主要应用于自动化系统中单元级和现场级通信；Profibus-PA 的电源和通信数据通过总线并行传输，主要用于面向过程自动化系统中单元级和现场级通信；Profibus-FMS 定义了主站和主站之间的通信模型，主要用于自动化系统中系统级和车间级的过程数据交换。

Profibus-DP（DP 的含义为 Decentralized Peripherals，分布式周边）用在工厂自动化应用中，可以由中央控制器控制许多的传感器及执行器，也可以利用标准或选用的诊断机能得知各模块的状态。

Profibus-DP 根据最大传输速率的不同，可选用 RS-485 双绞线双线电缆和光缆两种传输介质，波特率为 9.6k～12Mbit/s。Profibus-DP 主站间为令牌传递方式，主站与从站间为主-从传送方式，支持单主或多主系统，总线上最多站点数为 126（包括主站、从站），总线上设备数量的选择根据实际确定。

（4）Profinet 通信协议

Ethernet（以太网络）是当今现有局域网最通用的通信协议标准。Profinet 可以认为是 Profibus 和 Ethernet 的结合，把 Profibus 的主从结构移植到以太网上，Profinet 会有 Controller 和 Device，对应于 Profibus 的 Master 和 Slave。由于 Profinet 是基于以太网的，可以有以太网的星型、树型、总线型等拓扑结构，而 Profibus 只有总线型。

Profinet 是一种新的以太网通信系统，由西门子股份有限公司和 Profibus 用户协会开发。Profinet 具有多制造商产品之间的通信能力、自动化和工程模式，并针对分布式智能自动化系统进行优化。Profinet 系统集成了基于 Profibus 的系统，提供了对现有系统投资的保护，也可以集成其他现场总线系统。除了通信功能外，Profinet 还包括分布式自动化概念的规范，包括基于制造商无关的对象和连接编辑器以及 XML 设备描述语言。

Profinet 协议为了实现通信机能，定义了以下三种通信协定等级：

① TCP/IP 针对 Profinet CBA 及工厂调试用，其反应时间约为 100ms。

② RT（实时）通信协定针对 Profinet CBA 及 Profinet IO 的应用，其反应时间小于 10ms。

③ IRT（等时实时）通信协定针对驱动系统的 Profinet IO 通信，其反应时间小于 1ms。

2.2   主流 DCS 品牌介绍

早期的 DCS 产品均为国外品牌，在国内应有广泛的是霍尼韦尔国际公司（Honeywell，以下简称霍尼韦尔）、Asea Brown Boveri 集团公司（以下简称 ABB）、西门子股份有限公司（Siemens，以下简称西门子）、艾默生电气公司（Emerson，以下简称艾默生）、横河电机有限公司（Yokogawa，以下简称横河）等厂商。近年来，国产 DCS 系统在化工、能源、军工等领域重大项目的突破，打破了外资 DCS 品牌垄断的市场格局。DCS 企业市场排名变动较大，以浙江中控技术有限公司（以下简称浙江中控）、北京和利时集团公司（以下简称和利时）、新华自动化科技发展（上海）有限公司（以下简称上海新华）为代表的国产品牌竞争力日益突出。

根据 2019 年的统计数据，国内 DCS 主要应用在化工、电力和石化，市场总额约 87 亿元（2022 年预计 93 亿元）。目前市场份额向行业龙头集中的趋势明显，内资以浙江中控（27%）、和利时（15%）两家龙头为主，外资以艾默生（16%）、霍尼韦尔（10%）、西门子（7%）、ABB（6%）、横河（6%）等外资巨头为主，外资累计市场占有率过半。

2.2.1   浙江中控

浙江中控技术股份有限公司成立于 1999 年，目前是中国 DCS 市场占有率排名第一的厂商，公司雇员 3000 人以上。2021 年总营收约达到 38 亿元，其中 DCS 系统营收约达到 14.8 亿元。是高新技术企业和国家技术创新示范企业。致力于面向以流程工业为主的工业企业提供以自动化控制系统为核心，涵盖工业软件、自动化仪表及运维服务的智能制造产品及解决方案，赋能用户提升自动化、数字化、智能化水平，实现工业生产自动化、数字化和智能化管理。目前国产 DCS 主要为 Web Field 系列 DCS 系统，主流型号为 JX-300XP、ECS-700。

1. JX-300XP 控制系统

JX-300XP 控制系统简化了工业自动化的体系结构，增强了过程控制的功能和效率，提高了工业自动化的整体性和稳定性，最终使企业节省了为工业自动化做出的投资，真正体现了工业基础自动化的开放性精神，使自动化系统实现了网络化、智能化、数字化，突破了传统 DCS、PLC 等控制系统的概念和功能，也实现了企业内过程控制、设备管理的合理统一。

JX-300XP 融合各种标准化的软、硬件接口，用户在不同层次上可以通过 OPC 数据交互协议、TCP/IP 网络协议等开放接口与 DCS 进行信息交互。通过 Modbus、Profibus-DP、HART、HostLink 等多种协议的网际互联，方便接入先进的现场总线设备和第三方集散控制系统、逻辑控制器等。

系统防腐能力符合美国国家标准协会《过程测量和控制系统环境条件：空气中的污染物》ANSI/ISA S71.04 定义的环境污染等级 G3 标准；系统电磁兼容性（EMC）等级达到工业 II 级标准。

JX-300XP 系统增加先进的设备管理功能（AMS），能对现场总线的智能变送器进行参数设置等项目实现自动管理，达到了设备管理和过程控制的完美结合。

JX-300XP 系统实现任意冗余配置。控制站的电源、主控制卡、数据转发卡、模拟量卡和部分开关量卡均可按不冗余或冗余的要求配置。系统的电源、通信总线、主控制卡、通信接口卡、I/O 卡件均支持 1：1 热冗余。一旦工作模块发生故障，能自动无扰切换到备用模块工作。

JX-300XP 系统允许工程师在完成组态修改并编译成功后执行在线下载操作，使用 SUPCON 的专利技术，确保下载完成后新旧组态无扰切换。具有卡件、通道以及变送器或传感器故障诊断功能，智能化程度高，轻松排除热电偶断线等故障。

JX-300XP 系统采用成熟的计算机网络通信技术，构成高速的冗余数据传输网络，实现过程控制实时数据及历史数据的及时传送。同时，它实现了多种总线兼容和异构系统综合集成，各种国内外 DCS、PLC 及现场智能设备都可以接入到 JX-300XP 控制系统中，使其成为一个全数字化、结构灵活、功能完善的开放式集散控制系统。

JX-300XP 最大系统配置支持 63 个控制节点和 72 个操作节点，数据规模达 20000 点。

2. ECS-700 控制系统

ECS-700 系统具有管理大型联合装置的一体化能力。系统在设计时已经充分考虑到大型工厂信息共享与协同工作的需求，其一体化的系统结构和系列应用软件可帮助用户及时获得决策信息，协同不同部门的人员工作，减少维护费用，提升生产效率。

ECS-700 系统具有与上位信息系统易于进行数据交换的开放接口，能够充分满足企业信息系统的各种信息需求。同时，ECS-700 系统具备灵活的系统结构，支持持续的在线系统扩容，从而保护用户投资。

ECS-700 系统应用冗余的供电系统、冗余的通信网络、互为备用的操作员站、冗余控制站和全冗余的输入/输出模块来保证系统的连续正常运行。任一路电源故障不会影响系统的整体供电，任一单一部件故障不会影响系统的正常运行。在冗余配置情况下，模块可以快速在线无扰切换，无须任何人工干预。

ECS-700 系统硬件模块都经过严苛的可靠性设计，具有多层次环境防护能力。ECS-700 系统 EMC 防护能力达到 III 级，并通过 CE 认证，所有电子部件均适用于 G3 严重污染的环境。所有模块都具有在线自诊断，具有面板指示灯进行状态提示。ECS-700 系统可以分析故障位置到 I/O 通道级；通过维护软件还可观察每个故障的详细信息。所有模块都支持热插拔，允许在线更换故障模块；并可在线增加 I/O 模块，无须系统停车。

在控制器层，中控提供的控制器内置网络防火墙和协议解析、接入设备论证，控制器具有一定的防病毒能力，提高了该层次网络的安全性。中控提供的控制器获得 Achilles Level 2 安全认证，是获得认证的 DCS 供应商；在操作站层，中控提供自主研发主机安全卫士，关闭不必要的网络端口，使系统仅识别有效地址的通信。另外，系统软件可以根据管理需要提供不同的权限设置，确保系统安全性。

ECS-700 系统支持系统在线扩容和网络合并，从而保护用户投资。ECS-700 系统通过分域管理、协同多人组态、单点在线下载和在线发布等关键技术，实现了系统的无扰在线维护和扩容。ECS-700 系统支持在不停车的情况下在线扩展新类型模块，使新技术可以源源不断地应用到现有系统中，从而帮助用户企业持续提高未来的竞争力。

ECS-700 系统采用高速以太网构建控制网络和信息网络，用户可以通过 TCP/IP 或 UDP/IP 与系统进行直接信息交互。系统无缝整合 Profibus、FF、HART、EPA 等国际标准现场总线，并在统一的设备管理平台上管理多种现场总线设备。对于任何符合标准现场总线协议的供应商设备，ECS-700 系统都可以将其设备内的参数作为维护信息读取到系统中，从而减少维护费用。ECS-700 系统主要技术规格见表 2-3。

ECS-700 系统主要技术规格 表 2-3

技术规格项	FCU711-S	FCU712-S
AI 点单项限制	1000	2000
AO 点单项限制	500	1000
DI 点单项限制	2000	4000
DO 点单项限制	1000	2000
单站 I/O 总点数限制	2000	4000

2.2.2 和利时

和利时始创于 1993 年，是一家从事自主设计、制造与应用自动化控制系统平台和行业解决方案的高科技企业集团。集团具有系统集成国家一级资质，是国家级的企业技术中心，公司现有员工逾 3000 人。2021 年企业总营收约达到 34 亿元，其中 DCS 营收约达到 8.5 亿元。

和利时业务集中在工业自动化、交通自动化和医疗大健康三大领域。和利时公司结合自动化与信息化两个方面的技术优势，提出了"智能控制、智慧管理、自主可控、安全可信"战略指导方针。围绕集团三大业务，对工业互联网、大数据、5G、信息安全等新技术开展更深入的研究和应用示范，打造面向各领域应用的工业互联网平台，进一步促进智能制造解决方案的落地应用。

自创立以来，和利时在各个领域和行业积累了超过 20000 家客户，累计成功实施了 35000 多个控制系统项目。和利时通过嵌入式双体系可信计算技术架构创新，推出了主动防护安全可信 DCS、PLC 等关键控制系统，并结合纵深防御、Safety+Security 等适用于工业控制要求的多维度产品技术，实现贯穿系统设计、运行、服务全生命周期的防御、检测、响应、预测主动安全循环，满足网络安全等级保护 2.0 标准体系等法规标准的要求，助力用户构建全方位、一体化的综合安全防护体系。

在 DCS 领域，和利时公司的产品为 HOLLiAS MACS 系列分布式控制系统，目前包括两种型号：HOLLiAS MACS-S 系统、HOLLiAS MACS-K 系统。

1. HOLLiAS MACS-K 系统

HOLLiAS MACS-K 是和利时面向过程自动化应用的大型分布式控制系统，采用全冗余、多重隔离等可靠性设计技术，并引入安全系统设计理念，从而保证系统的长期稳定运行。

HOLLiAS MACS-K 基于工业以太网和 Profibus-DP 现场总线构架，集成基于 HART 标准协议的 HAMS 对现场智能设备进行统一管理，可以集成 SIS、PLC、MES、ERP 等系统，使现场智能仪表设备、控制系统、企业资源管理系统之间的信息无缝传送，实现工厂智能化、管控一体化。

和利时 MACS-K 系列 DCS 系统网络从上至下由管理网（MNET）、系统网（SNET）、控制网（CNET）三层构成。管理网（MNET）为可选择配置，主要用于和第三方系统通信（MES、OTS 等）、Web 发布，实现数据共享和管理。系统网（SNET）为 DCS 系统内部网络，主要用于控制站、操作员站、工程师站、历史站之间的数据通信，同时还可与和利时 SIS 系统、和利时 ITCC 系统共同组建网络，形成一体化控制系统。控制网（CNET）为 DCS 系统控制器与 I/O 卡件、第三方 DP 设备之间的数据通信，用于数据采集上报、控制指令下达，设备诊断等。

系统集成火电、化工等各行业的先进控制算法平台，为工厂自动控制和企业管理提供深入全面的解决方案，实现生产、设备和安全三大目标的协调。

（1）HOLLiAS MACS-K 系统特点如下：

① 全冗余：系统网络、控制网络、控制器、电源模块、I/O 模块均可冗余配置，无单点故障。

② 多重隔离：系统总线和模块之间采用光电隔离，系统电源和现场电源隔离供电，模块通道之间电气隔离。

③ 可靠设计：系统基于恶劣的工业环境设计，抗电磁干扰符合国际电工委员会《电子电器产品电磁兼容性标准》IEC61000，防腐蚀能力满足美国国家标准协会《过程测量与控制系统的环境条件：大气污染物》ANSI/ISA S71.04 标准 G3 等级要求。

④ 安全网络：系统网络采用确定性实时以太网，配备带防火墙的交换机；控制器 CPU 采用 PowerPC 架构的工业级芯片，内置防网络风暴组件。

⑤ 丰富诊断：控制器和 I/O 模块均带有智能诊断单元，每个模块均可进行通信状态、信号断线、短路、超量程等完善的自诊断和故障上报。

⑥ 高可靠：采用了大量的安全系统设计理念，如信号质量位判断、故障导向安全，所有传输数据都有校验，提高系统可靠性。

⑦ 支持 P-TO-P（对等网）、C/S（客户机/服务器）、P-TO-P 和 C/S（混合）三种系统网络结构。支持星型、环型或总线型拓扑结构的工业以太网连接。

⑧ 兼容各种现场总线，支持 HART、Profibus-DP、Profibus-PA、Modbus 等各类协议。功能丰富的 HMI 人机界面，符合国际电工委员会《标准工业控制编程语言》IEC61131-3 的控制算法编程软件。

⑨ 支持用户自定义各类功能块和脚本语言。

⑩ 可以对控制算法和硬件配置灵活修改，修改后在现场不停车的情况下无扰下装。

⑪ 系统设计考虑用户使用方便，易维护、易更换，提供了完善的系统状态和诊断信息。

⑫ 支持外文语言包，组态软件可在离线或在线状态整体切换多国语言。

（2）HOLLiAS MACS-K 系统规模如下：

支持最多 15 域；操作员站：64 台/域；现场控制站：64 台/域；

I/O 模块数：400 个；I/O 点数：4800 点；模拟量控制回路数：512 个。

（3）实时响应能力：

SOE 事件分辨率：<1ms；从操作键入到相应输出变化：<1s；

控制器任务调度周期：10ms，20ms，40ms，100ms，200ms，500ms，1s；

画面数据更新时间：<500ms。

2. OpticVIO 工业光总线智能 I/O 系统

和利时 OpticVIO 工业光总线智能 I/O 系统于 2017 年研发，2019 年研发完毕并开始在多个现场试用，经过一年试用后于 2020 年底正式推向市场。

OpticVIO 系统组成，包括主控制器（型号：CU03 或 CU11，与和利时 DCS 系统一致）、光电转换器（控制柜内）、工业光总线连接单元（RJU）和工业光总线智能数据传输单元（iDTU）。

系统工作原理：现场仪表输入信号（AI、DI）通过现场 iDTU 转换成数字量，经 iDTU 内部光电转换器转换成光信号，通过光纤经过 RJU 汇入控制室电子间机柜，经过光电转换器还原成数字量进入 CPU 主控制器；CPU 运算后发出的控制信号经柜内光电转换器通过光纤经 RJU 分入 iDTU，转换成仪表控制信号（AO、DO）接入各种阀门。也就是将 DCS 的 I/O 分散前置到现场，通过光总线实现实时数据传输，从而对装置进行实时控制。

OpticVIO 系统有以下特点：

（1）多功能 I/O 支持 AI、AO、DI、DO、PI、SOE、NAMUR 7 种信号类型，并可通过组态软件随意进行类型转换，方便项目后期维护、变更。

（2）VIO 的 iDTU 机箱可以灵活放置在现场，就近安装，代替接线箱，节省了信号电缆。

（3）所有信号类型接线完全一致，即使更换信号类型，不用更改接线。

（4）设备改造需要增加点数时，只需要就地安装增加的 VIO 箱，从现场附近 RJU 箱接入光纤即可，不需要再敷设电缆。

（5）支持的 Profibus 现场总线已经连接至设备侧，可以作为工业现场的数据采集中心，直接接入包括计量仪表、液位分析仪、多功能 I/O、PLC、电气仪表在内的各类设备。可作为 Modbus 从站，通过 Modbus-RTU 通信协议连接 Modbus 主站，与第三方设备数据交换。

（6）多功能 I/O 模块可以每 100ms 为周期快速与支持 HART 仪表进行周期通信。

2.2.3 艾默生

艾默生是一家全球性的技术与工程公司，为工业、商业及住宅市场客户提供创新性解决方案。企业成立于 1890 年，总部位于美国密苏里州圣路易斯市，现有员工约 88000 人，2020 年全球销售额达 1180 亿元。近年来艾默生在中国 DCS 市场营收仍持续增加，年均增长率为 4.42%；2021 年在中国 DCS 市场营收超过 10 亿元。

艾默生公司在国内的主流 DCS 产品为两个主要系列：DeltaV 分布式控制系统适用于流程行业；Ovation 分布式控制系统适用于电力和水工业。

1. DeltaV 系统

DeltaV 系统是一套简单易用的自动化系统，可降低运营复杂性和项目风险。作为先进的产品和服务套件，它能通过易于操作和维护的智能控制来提高工厂绩效。DeltaV DCS 可以根据需求灵活调整，轻松扩展，而且不会增加复杂性。DeltaV 系统的内部集成可扩展到批处理、先进控制、变更管理、工程工具和诊断等功能。

DeltaV 系统结构由工作站、控制器和 I/O 子系统组成，各工作站及各控制器之间用以太网方式连接。现场智能设备或常规设备的信号将接入 DeltaV 卡件，具备 HART、FundationTM 现场总线、Profibus-DP 总线、AS-i 总线、DeviceNet 总线及 RS485 串口通信设备也将连接到 DeltaV 相应的总线接口卡件上。

DeltaV 的工作站分为主工程师站、工程师站、操作站、应用站等。控制器及 I/O 子系统包含控制器、供电模块和各类卡件，卡件负责现场信号采集及处理，由控制器执行控制策略。DeltaV 系统支持将控制策略下装到现场总线设备中执行，使控制风险更加分散。所有部件都是自动感应和自动分配地址，无须人员手工干预。

DeltaV 系统的控制网络考虑到网络的可用性，往往采用冗余的方式，并建立两条完全独立的控制网络，即主、副控制网络。主、副控制网络中的交换机、以太网线及工作站和控制器的网络接口也完全是独立的。

每个 DeltaV 控制器都有主、副 2 个网络接口，在采用冗余控制器配置时，每对控制器会有 2 个网络接口连接到主交换机上，另外 2 个网络接口连接到副交换机上。DeltaV 系统的工作站都配有 3 块以上的网卡，其中 2 块用于建立控制网络，另外 1 块用于备用或连接其他系统，如工厂网络等。

DeltaV 系统的控制网络采用 TCP/IP 的通信协议，系统自动分配各节点的 IP 地址。每套 DeltaV 系统最多可支持 120 个节点。

DeltaV 的组态工具由 DeltaV 浏览器（Explorer）和 DeltaV 组态工作室（Control Studio）两部分组成，并完全支持中文界面。

（1）DeltaV 浏览器（Explorer）是系统组态的主要导航工具。它用一个视窗来表现整个系统，并允许直接访问其中的任一项。通过这种类似于 Microsoft Windows 浏览器的外观，可以定义系统组成（如区域、节点、模块和报警）、查看整体结构和完成系统布局。

（2）DeltaV 组态工作室软件可以简化系统组态过程。利用标准的预组态模块及自定义模块可方便学习和使用系统组态软件。DeltaV 组态非常直观，标准 Microsoft Windows 提供的友好界面能更快地完成组态工作。组态工作室还配置了一个图形化模块控制策略（控制模块）库、标准图形符号库和操作员界面。拖放式、图形化的组态方法简化初始工作并使维护更为简单。

2. Ovation 系统

Ovation 系统采用了高速度、高可靠性、高开放性的通信网络，具有多任务、多数据采集及潜在的控制能力。OVATION 系统利用分布式、全局型的相关数据库完成对系统的组态。全局分布式数据库将功能分散到多个可并行运行的独立站点，而非集中到一个中央处理器上，不因其他事件的干扰而影响系统性能。

（1）系统特点

Ovation 系统采用高速、高容量的网络主干商业化的硬件。基于开放式工业标准，Ovation 系统能将第三方的产品很容易地集成在一起。分布式全局数据库将功能分散到多个独立站点，而不是集中在一个中央处理器中。

（2）网络特点

Ovation 站点直接和高速公路通信，以便发送和接收实时数据和控制命令。Ovation 网络提供具有确定性和非确定性两种数据传输方式。具有 LAN 和 WAN 互联能力的桥路和监视器。PLC 可成为 Ovation 数据高速公路的直接站点。

（3）控制器特点

通过开放式计算机技术标准带来的高度灵活性，为执行简单的和复杂的调节和顺序控制策略提供了功能强大和大容量的控制手段。高可靠性使过程和利用率达到最高。站点内每个测点的数值和状态以合适的频率传播。

（4）工作站特点

标准平台有两种可选：采用 Solaris 操作系统的 SUN 工作站，或者以 PC 机为基础的 Windows 操作系统。多任务的工作方式，可通过单 CRT 和双 CRT 来实现。将 Ovation 各种功能结合在一起，使所需的硬件数量减到最少。

（5）相关数据库

作为 Ovation 系统心脏的相关数据库管理系统（RDBMS）是数据控制的主要手段。Ovation 是采用全嵌入式数据管理系统的过程控制和采集系统。除了实时的和历史的过程数据值外，RDBMS 还存储了 Ovation 的每一个信息，包括系统组态、历史储存和重新建立的数据、报表格式、控制算法信息、I/O 控制器原始数据以及过程数据库。

（6）工具库

Ovation 的工具库完全是一组先进软件程序的集成，用于生成和保存系统的控制策略、过程画面、测点记录、I/O 设置、报表生成以及全系统的组态。工具库与嵌入式相关数据库管理系统相辅相成，协调维护系统内部组态数据的总汇编，同时又能容易地实现同其他工厂和商业信息网的互联。

2.2.4 霍尼韦尔

霍尼韦尔是一家营业额达到 2400 多亿元的自控产品开发及生产的公司，其业务涉及航空产品和服务、工业自动化以及特殊材料等多个领域。

近年来由于我国 DCS 市场的激烈竞争，国产 DCS 厂商市场竞争力不断增加，霍尼韦尔逐步退出中小型 DCS 市场，霍尼韦尔在我国 DCS 市场份额逐年下降，2021 年霍尼韦尔在我国 DCS 市场的营收接近 10 亿元。

霍尼韦尔的主要 DCS 产品为 Experion PKS 过程知识系统。Experion PKS 系统采用开放平台和网络技术，为工业企业提供统一的、全厂的、自动化过程控制、设备和资产管理，直至生产管理、集成制造等一体化的知识系统体系结构和全系列的解决方案。Experion PKS 系统能满足各种自动化应用要求，为过程控制、SCADA 应用和批量控制提供一个开放式控制系统。

Experion PKS 系统的特点如下：

（1）全局数据库：一次输入控制处理器与监控系统服务器所需信息，无须多次对不同层次的数据库分别组态。

（2）Honeywell HMIWeb 技术：HMIWeb 技术是基于 Web 结构的人机界面，可以集成过程控制数据和商业应用数据。HMIWeb 以 HTML（超文本链接标示语言）为显示画面的基本格式，提供 IE 浏览器访问过程画面的功能。

（3）全局在线文档：帮助用户快速访问存有系统资料信息的 Knowledge Builder，Knowledge Builder 是 HTML 的文档资料，为用户提供在线帮助和在线技术支持，避免用户在各处查找大量资料的不便。

（4）实时数据库：采用客户机/服务器结构，正常情况下由服务器为客户机提供所需要的实时数据。在服务器故障的情况下，某些客户机可直接从控制器读取所需要的实时数据。

（5）先进的系统框架：包括完整的基础架构、报警/事件管理子系统、便于组态的报表子系统、扩展的历史数据采集以及多种类型的系统标准趋势等。

（6）良好的开放性：支持最先进的开放技术和标准，包括 ODBC、AdvanceDDE、Visual Basic、OPC（OLE for Process Control）等，使系统开放通信的实施极为方便。

（7）严格的安全性：多种渠道保证系统的安全性。

霍尼韦尔的 DCS 提供的 Experion PKS 系统组件包括：

（1）控制站。Experion PKS 系统的 C300 控制器作为 DCS 主控制器。

（2）操作站/值长站（可以根据工程阶段需要作为工程师站使用）。选用 Dell 工作站 T5500 平台和霍尼韦尔专用（OEP）操作员键盘。

（3）FDM 服务器。选用 Dell PET105 平台，采集现场 HART 智能仪表的配置信息和诊断信息，并统一对现场表进行组态配置。

（4）历史数据服务器 /系统服务器（OPC 服务器）。选用 Dell PET610 平台（兼做工程师站）。

（5）E-server。选用 Dell PET105 平台，通过 Web 访问流程图画面。

（6）网络通信系统。控制网络采用霍尼韦尔专利权的容错以太网 FTE，由 2 个 Cisco Catalyst 2960 交换机组网，提供 100Mb 传输速率。操作员站、工程师站等设备直接连接到 FTE 控制网上，DCS 控制器通过防火墙连接到 FTE 控制网上。

（7）与各种子系统的接口。基于 Modbus 通信协议（Modbus RTU，Modbus ASCII，Modbus TCP）和 RS422/485，Ethernet 等连接方式的原则与 PLC 等子系统实现集成。为支持这类子系统集成，在系统软件中配置了 Modbus 的通信软件，支持 Modbus RTU、Modbus ASCII、Modbus TCP 等全套 Modbus 通信协议。在硬件上配置了 2 个 8 通道的串口网络连接服务器（Terminal Server），由串口网络连接服务器实现串行接口和标准以太网接口的转换，串口网络连接服务器本身作为标准以太网设备连接在 FTE 上。

2.2.5 西门子

西门子创立于 1847 年，是全球电子电气工程领域的领先企业。2020 年西门子全球收入 5814 多亿元。2021 年西门子在我国 DCS 市场营收 9 亿元左右。

西门子的 DCS 系统主要型号为 PCS7，西门子将 PCS7 系统定义为过程控制系统，基于过程自动化，从传感器、执行器到控制器，再到上位机，自下而上形成完整的 TIA（全集成自动化）架构。主要包括 Step7、CFC、SFC、SimaTIC Net 和 WinCC 以及 PDM 等软件，组态对象选用 S7-400 系列 CPU。

SimaTIC PCS7 是基于全集成自动化思想的系统，其集成的核心是统一的过程数据库和唯一的数据库管理软件，所有的系统信息都存储于一个数据库中而且只需输入一次，大大增强了系统的整体性和信息的准确性。Simatic PCS7 的通信系统采用工业以太网和 Profibus 现场总线。工业以太网用于系统站之间的数据通信。

SimaTIC PCS7 采用符合国际电工委员会《标准工业控制编程语言》IEC61131-3 的编程软件和现场设备库，提供连续控制、顺序控制及高级编程语言。现场设备库提供大量常用的现场设备信息及功能块，可简化组态工作，缩短工程周期。SIMATICPCS7 具有 OD-BC、OLE 等标准接口，并且应用以太网、Profibus 现场总线等开放网络，从而具有很强的开放性，连接上位机管理系统和其他厂商的控制系统。

SimaTIC PCS7 采用快速以太网技术满足大中型工厂的较高要求。快速以太网的优点为高通信速率，可达 100Mbit/s，采用开关技术，可采用冗余光纤环网。SimaTIC PCS7 系统网络规格见表 2-4。

SimaTIC PCS7 系统网络规格　　　　　　　　　　　　　　　　　表 2-4

规格项	具体参数	
工业总线	工业以太网	
网络规格 局域网/WLAN	电气：最大 1.5km；光纤：最大 150km； 采用 TCP/IP 协议	
拓扑结构	总线型、树型、环型、星型、冗余	
现场总线	Profibus DP	Profibus PA
站的数量	每个网段 32 个； 最大 125 个	每个网段 32 个； 每个 DP/PA 链路 64 个； 最大 125 个
网络规格	电气：最大 10km； 光纤：最大 100km	电气：最大 1.9km
拓扑结构	总线型、树型、环型、星型、冗余	总线型、树型、星型

SimaTIC S7-400 组件应用于 SimaTIC PCS 7 过程控制系统的自动化系统中。S7-400 具有以下特点：模块化、无风扇和坚固的设计，较高的可扩展性，单一或冗余设计，丰富的通信功能，集成系统功能，集中式或分布式 I/O 的简单连接。所提供的类型可以较高的性价比灵活适配不同的需求。Profibus-DP 现场总线连接已标准集成在所有自动化系统中。根据需要还可插入其他 PROFIBUS 通信模块。S7-400 组件基本规格见表 2-5。

SimaTIC PCS 7 系统提供多种功能，用于连接 I/O 设备，通过传感器和执行器记录和输出过程信号，包括：SimaTIC S7-400 的模拟量和数字量输入/输出模块核心用于自动化系统；ET 200M、ET 200S、ET 200iS、ET200X 分布式 I/O 系统（远程 I/O），通过 Profibus-DP 连接到自动化系统，提供信号模块和功能模块。

型号	工作代码存储器	工作数据存储器	集成装载存储器	本地数据	处理时间（位）	集成接口	S7连接数量
412-5H	512KB	512KB	512KB	16KB	31.25ns	MPI/DP；DP；PN	48
414-5H	2MB	2MB	512KB	16KB	18.75ns		64
416-5H	6MB	10MB	1MB	64KB	12.5ns		96
417-5H	16MB	16MB	1MB	64KB	7.5ns		120

S7-400 组件基本规格　　　　表 2-5

2.2.6 ABB

ABB 集团在 1988 年由两个历史 100 多年的国际性企业——瑞典的阿西亚公司（ASEA）和瑞士的布朗勃法瑞公司（BBC Brown Boveri）合并而成，总部位于瑞士苏黎世。业务遍布全球 100 多个国家，拥有 13 万名员工，2020 年总营收达 7024 亿元。2021 年 ABB 集团在我国的 DCS 市场营收达到 8.5 亿元。

ABB 的 DCS 控制系统主要包括：800xA、Advant OCS with Master Software、带有 MOD 300 软件的 Advant OCS、Freelance——应用于流程工业的分布式控制系统、Symphony Melody、Satt OCS、Symphony DCI System Six、Harmony/INFI 90、安全系统等。

1. 800xA 系统

800xA 系统架构的电脑和设备相互通信在不同类型的通信网络工作场所，使用专用客户端电脑或客户机/服务器结合。800xA 系统通信系统基于以太网和 TCP/IP 网络。服务器运行软件，提供系统功能和工作场所运行软件，为用户提供各种形式的产品，包含大型系统和单节点系统。

800xA 系统的主要特点：基于以太网的现场总线、串行和 ABB 设备接口通信模块的广泛选择；多通道和单通道 I/O 选择（包括 SIL 等级安全 I/O）；其他专业和经济的 I/O 类型选择；可扩展控制器系列，为高可用性应用提供冗余选择；具有热插拔、HART 和安全选项的容错硬件设计；内置自诊断功能；集成的工程工具。

AC800M 控制器是一个导轨安装模块系列，由 CPU、通信模块、电源模块和各种附件组成。有几种 CPU 模块可供选择，在处理能力、内存大小、SIL 等级和冗余支持方面各不相同。

每个 CPU 模块都配备 2 个以太网端口，用于与其他控制器进行通信，以及与操作员、工程师和更高级别的应用程序进行交互。对于可用性至关重要的情况，可以将这些端口配置为冗余。它还配备 2 个 RS-232 端口，可用于与编程/调试工具以及第三方系统和设备进行点对点通信。可以将闪存卡插入 CPU 模块的插槽中，以存储应用程序和数据。

使用相同的基本硬件，提供各种中央处理器（CPU）、I/O、通信模块和电源选项，以提供功能性、性能和尺寸方面的灵活性。例如，一个基本控制器可以由电源模块、控制器和本地 I/O 模块组成。一个大型系统可以由几个 AC800M 控制器组成，这些控制器通过基于以太网的控制网络进行通信。这些系统可通过电缆、光纤或无线工业标准现场总线连接到其主控制器的 I/O 从站。

ABB 800xA 具有多种通信接口，并支持最常见的现场总线，如 FF、Profibus、HART 和 IEC61850。现场总线技术的核心是减少布线。利用以太网通信接口的优势，智能设备可以通过最少的布线有效集成它们到控制系统中。支持"数字化接线编组"概念，即可以在系统中配置和使用 I/O，而不管其物理位置如何。

800xA 系统主要支持 S800 I/O 系列，是一种多通道 I/O，具有本地、远程和冗余配置（包括 SIL3 认证的安全 I/O 模块）的完整信号类型。S800 I/O 具有多样化的连接选项，从本地连接到主控制器，到子站（使用光纤电缆），再到 Profibus 连接。具有预定义的输入/输出设置（ISP/OSP）。每个输入/输出可单独设置为预设值，或在通信中断时冻结。模块支持热插拔功能。有故障的 I/O 模块可以现场更换。硬件密钥确保只能插入正确类型的模块。支持运行中的热组态（HCIR）。S800 I/O 站可在完全正常运行时重新组态，即无须将其切换到组态模式。支持所有区域的冗余选项：电源、现场总线环、现场总线接口和 I/O 模块。具有毫秒精度的时间戳，用于 SOE 记录和根本原因分析。

800xA 系统同时支持其他 I/O 系列：S500 I/O 使用 Profibus-DP 与 AC800M 控制器通信，成本相对较低。S900 I/O 适用于化工、制药、石油和天然气行业，可安装在危险区域，从而降低接线编组和布线成本。S900 I/O 提供了本质安全型现场信号连接所需的所有输入和输出模块。S100 I/O 和 S200 I/O 系列通过通信接口 CI856 在 AC800M 中实现，该结构通过底板连接至 CEX 总线。CI865 模块可以将较旧的 SATT I/O 系统（机架 I/O 和 200 系列 I/O）与 AC800M 控制器平台一起使用。

2. Freelance 系统

Freelance 是一款成熟的分布式控制系统，兼具分布式控制系统（DCS）和可编程逻辑控制器（PLC）两个方面的优势。该系统与可编程逻辑控制器相同，占用空间较小，但提供了分布式控制系统的全部功能。集成式环境简化了设计、调试、维护和现场总线管理。直观化的操作界面简化了整个系统的操作和诊断。

Freelance 分布式控制系统划分为操作员层和过程层。操作员层包括操作和观察、存档和日志，以及趋势和报警等功能。控制器具有开环和闭环控制功能，可与现场执行器和传感器交换数据。

Freelance 分布式控制系统可以为典型的原始设备制造商（OEM）提供相应的解决方案，如 AC700F 控制器、Panel 800 系列操作面板和 50~100 个 I/O 信号点。AC700F 控制器可本地连接多达 8 个 I/O 模块，也可通过 Profibus 总线连接远程 I/O 模块。并且支持 Modbus TCP 和 Modbus RTU 协议。Freelance Lite 配置通常可配备一个 AC700F 控制器或 AC900F 控制器，通过 Freelance Operations Lite 的授权，可实现 250~400 个 I/O 信号点的控制范围。通过 AC800F 控制器和 / 或 AC900F 控制器（冗余或非冗余），可将系统提升至 Freelance Standard 和 Plus。Freelance 可以连接数千个 I/O 信号点。同时支持 FOUNDTATION Fieldbus 总线、Profibus 总线以及 HART 总线，并可以集成到 ABB 的系统 800xA 平台上运行监控操作员站。

Freelance 分布式控制系统可以很容易地进行扩展，从只有一些 I/O 信号点的很小规模逐步扩展为由上千个 I/O 信号点组成的庞大系统规模。同时，系统的扩展只需要很小的工程量。在一个单一系统中可以组合使用所有类型的控制器。既可以安装在控制室内，也可以直接用在现场的控制柜内。

Freelance 控制系统不同型号性能参数见表 2-6。

Freelance 不同型号性能参数 表 2-6

性能参数		AC700F	AC800F	AC900F
可扩展性	I/O 模块	8个	8个	10个
	通信模块	无	4个	4个
	通信协议	Profibus	Profibus、CAN、FF HSE	Profibus、CAN、Moubus TCP
控制器	I/O 信号点	300个	1000个	1500个
	SD 卡	支持	支持	支持
	冗余	不支持	支持	支持
	S700 I/O 模块	本地连接 8个	不支持	本地连接 10个

Freelance 分布式控制系统的 Profibus 通信主模块能够连接 ABB 的远程 I/O 模块，如 S700、S800 或 S900。

2.2.7 横河

自 1975 年日本横河公司推出世界上第一套分散控制系统 CENTUM 以来，相继发表了 YEWPACK、NEW MODEL CENTUM、YEWPACK MARKI Ⅱ、μXL、CENTUM-XL、CENTUM-CS、CENTUM-CS3000、CENTUM-CS1000。

横河 CENTUMCS 3000 R3 集散控制系统（DCS）是一个结构真正开放的系统，具有以下特点：

1. 开放的网络结构

采用 Windows 标准操作系统，支持 DDE/OPC。既可以直接使用 PC 机通用的 Excel、VB 编制报表及程序开发，也可以在 UNIX 上运行大型 Oracal 数据库进行数据交换。此外，横河提供了系统接口和网络接口，用于与不同厂家的系统、产品管理系统、设备管理系统和安全管理系统进行通信。

2. 高可靠性

采用 4CPU 冗余容错技术（PAIR&SPARE 成对热后备）的现场控制站，实现了在任何故障及随机错误产生的情况下进行纠错与连续不间断地控制；I/O 模件采用表面封装技术，具有 1500V/AC 分抗冲击性能；系统接地电阻小于 100Ω 等多项高可靠性尖端技术，使系统具有高抗干扰、耐环境等特点，适用于在条件较差的工业环境运行。

3. 高速的控制总线

CS3000 采用横河公司的 V-NET/IP 控制总线，该控制总线速度可高达 1Gbit/s，满足了用户对实时性和大规模数据通信的要求。在保证可靠性的同时，又可以与开放的网络设备直接相连，使系统结构更加简单。

4. 现场控制站的高效性

控制站 FCS 采用高速的 RISC 处理器 VR5432，可进行 64 位浮点运算，具有强大的运算和处理功能。此外，还可以实现诸如多变量控制、模型预测控制、模糊逻辑等多种高级控制功能。主内存高达 32M。

5. 支持各种工业标准信号的输入/输出卡

CS3000 有丰富的过程输入/输出接口，并且所有的输入/输出接口都可以冗余。

6. 高效的工程化方法

CS3000 采用控制图进行软件设计及组态，使方案设计及软件组态同步进行，最大限度地简化了软件开发流程。提供动态仿真测试软件，有效减少了现场软件调试时间。工程人员可以在更短的时间内熟悉系统。

7. 可扩展性

具有构造大型实时过程信息网的拓扑结构，可以构成多工段、多集控单元、全厂综合管理与控制综合信息自动化系统。

CENTUMCS 3000 R3 的主要总线性能参数如下：

1. SEB 总线

用于控制站内，中央主控制器 FCU 同本地 I/O 节点之间进行数据传输的双重化实时通信总线，网络拓扑构成：总线型，通信速率：128Mbit/s，每台控制站可连接 14 个 I/O 节点，最大通信距离 20m。

2. ER 总线

用于控制站内本地 I/O 节点与远程 I/O 节点之间进行数据传输的双重化实时通信总线，网络拓扑构成：总线型，通信速率：10Mbit/s，每台控制站可从本地节点连接 8 个远程 I/O 节点，最大通信距离 20km。

3. V-net/Ip 控制总线

用于进行操作监视及信息交换的双重化实时控制网络。整个网络采用星型结构，兼容 V-net 和 TCP/IP 协议。通信速率：1Gbit/s，最大通信距离 20km，连接站数：64 站/域，256 站/系统。由于增加了控制网络的开放性，更多的非 CEMTUM 网络设备可以直接挂接在控制网络上。

2.3 DCS 控制系统的主要组成部分

1. 操作员站

操作员站为 DCS 控制系统的操作人员提供人机操作界面（HMI），操作工程师可以通过操作员站及时了解现场设备运行状态、各种运行参数的当前值、是否有异常情况发生等，并可通过输入设备运行参数对工艺控制过程进行控制和调节，保证生产过程的安全和高效。

操作员站的显示管理功能可以分为标准显示和用户自定义显示两大类。具体显示功能一般包括系统全览显示、生产流程模拟显示、控制回路显示、记录点详细显示、报警信息显示、趋势显示等。

系统全览显示：DCS 控制系统中最高一层的显示，显示系统的主要架构和整个被控对象的最主要信息。一般情况下，全览显示提供导航和操作指导功能，操作员可以在全览显示下切换到任一生产分组显示。

生产流程模拟显示：将 DCS 控制系统控制的生产流程用直观的图例和流线形式进行显示。大多数生产流程无法在一个画面上完全显示，所以在显示过程中采用分级分层控制，将一个大型复杂的流程图由粗至细形成有层次的画面结构，操作员可以用控制键选择下一层画面。

控制回路显示：提供单回路显示功能或者分组回路显示功能。显示回路或分组回路主要检测值的三个相关值（设定值、测量值和控制值）的数值、柱状图及跟踪曲线，并提供控制参数，操作员可以在显示画面下完成改变控制设定值的操作。

记录点详细显示：DCS 控制系统中每个点对应一个记录，详细显示可以显示记录点的编号、名称、单位、操作输出值、显示上限下限、报警设置值、硬件地址等所有信息。

报警信息显示：显示报警时间、报警点编号名称、报警性质（上限报警或者下限报警）、报警值、极限值、单位、确认信息等，并生成报警列表，操作员可以随时调阅。

趋势显示：DCS 控制系统可以存储历史数据，并以趋势曲线的方式进行显示。趋势显示以不同周期从数据库中调取数值并画出曲线。实时趋势曲线以循环存储的方式存在内存中，并周期性更新。实时趋势用于观察某些控制点的变化情况，主要用于控制调节。趋势显示可以结合数据库软件，形成管理运算和报表。

2. 工程师站

工程师站对 DCS 控制系统进行系统调节、离线配置、组态、在线控制和维护。提供对 DCS 控制系统进行组态配置的相关软件，并在 DCS 控制系统运行时检测网络上各个节点的运行情况。系统工程师可以通过工程师站及时调整系统配置和设定系统参数，使 DCS 控制系统处于最佳工作状态。

在 DCS 控制系统硬件中，工程师站和操作员站的配置要求与主流的台式计算机基本一致，为了保证监控界面的清晰方便，一般采用大尺寸的显示器或者双屏配置。实际上大多数厂商的产品系列中，控制室的任意一台台式计算机都可以作为操作员站或者工程师站，区别在于安装的软件和设置的操作权限。

3. 现场控制站

DCS 控制系统的核心组成部分。对现场 I/O 处理并实现直接数字控制的设备。实现系统的主要控制功能，是 DCS 控制系统的主要控制任务执行器。现场控制站是一个可独立运行的计算机监测和控制系统，专门为工业过程监测控制设计，所以在外观、电源、输入/输出通道等方面与普通的计算机系统不同，主要有以下几个方面：

（1）机柜：现场控制站的机柜安装多层标准机架，安装电源模块、CPU 模块和 I/O 模块等。机柜要求可靠接地。一般情况下机柜内安装散热风扇和温度监控，柜内温度超过正常范围温度时，监控器发出报警信号。

（2）电源：现场控制站机柜的电源模块提供系统控制器、I/O 模块、现场仪表等所需的 5V、12V、24V 直流电源，基本要求是效率高、稳定性好、抗干扰能力强。

现场控制站的外部供电一般采用交流双电源供电，装设 UPS 不间断电源系统，保证控制站的运行不受外部电源故障的影响。

（3）控制器模块：现场控制站作为智能化可独立运行的数据采集和控制系统，其核心控制器模块由 CPU、存储器、总线和 I/O 通道等基本部分组成。

目前各厂商生产的 DCS 现场控制站普遍采用 16 位或者 32 位 CPU，RISC 架构或 X86 架构，主频超过 400MHz，支持 64M 或者更高的存储容量。控制器模块本身带有少量的 I/O 接口，支持多达 128 个或者更多的 I/O 扩展模块，系统总的 I/O 点数高达几千点甚至更多。

通常情况下，控制系统按被控设备和元件类型分组配置 DCS 控制器。大多数厂商的控制器硬件指标都比较高，单台控制器支持数千甚至上万个 I/O 地址。考虑到控制器的程序扫描周期和运算速度，以及系统的可靠性和维护性，不宜让单台控制器控制太多的设备。一台典型的 DCS 控制器性能参数见表 2-7。

典型的 DCS 控制器性能参数 表 2-7

存储容量	128MB	处理器主频	800MHz
程序容量	8MB	数据容量	1024K
程序扫描周期	10~2000ms	运算速度	0.02us
I/O 模块总数	256	I/O 地址空间	65535
最大支持 DI 点数	16K	最大支持 DO 点数	16K
最大支持 AI 点数	4K	最大支持 AO 点数	4K

一台典型的 DCS 控制器，实际工程中控制的所有 I/O 点数在 1000~2000 点，在性能和成本上是比较合理的。

（4）I/O 扩展模块：在现场控制站中，种类和数量最多的是各种 I/O 接口扩展模块。I/O 扩展模块分为两大类，一类是通信模块，根据通信协议的不同，可以提供支持 Modbus、PorfiNet、CAN 等常见通信协议的接口，还可以支持 RS-485、RS-232 或者某些厂商独有的通信协议。另一类是 I/O 模块，提供过程量 I/O 数据通道，分为模拟量输入（AI）、模拟量输出（AO）、数字量输入（DI）、数字量输出（DO）4 类，一块 I/O 通道模块可以提供 4~32 个不同类型的数据通道接口。

（5）系统网络：实现 DCS 控制系统不同功能站点之间的有效数据传输。系统网络的实时性、可靠性和数据通信能力关系到整个系统的性能。系统网络由工业交换机和通信光缆电缆组成，为了保证信号质量，电缆一般采用屏蔽电缆。

（6）系统软件：DCS 控制系统软件由实时多任务操作系统、数据库管理系统、数据通信软件、组态软件和各种应用软件组成。

DCS 控制系统软件采用模块化结构，系统的图形显示功能、数据库管理功能、控制运算功能、历史存储功能等都会形成完善的软件模块。DCS 控制系统厂商提供界面友好、应用方便的组态软件包，用户可以在组态软件包中方便地生成符合要求的应用界面和操作功能。

2.4 DCS 控制系统的冗余配置

为保证系统的可靠运行，大多数情况下航空发动机试验气源控制系统采用冗余架构，通常情况下包括控制器冗余、主干通信网络冗余、电源冗余，I/O 端口冗余成本较高，一般不采用冗余模式。

控制器冗余采用主/从热冗余模式，两台控制器同步执行相同的代码，主控制器失灵时，从控制器可以保证整套相同的安全和可靠运行。在冗余相同中，主控制器执行完程序后，将所有输出指令的结构传送给从控制器，从控制器在网络中获取和主控制器相同的 I/O 输入信息，确保主/从控制器内的输入、输出映象表完全一致。在冗余系统切换过程中，不会出现数据的丢失和突变，实现系统的无扰切换。

　　DCS控制系统的主干通信网采用以太网环网冗余技术，一般配置两台交换机，具备循环检测和故障告警功能，形成两个完全一致的通信环网，所有控制器、工程师站、操作员站、I/O站等控制设备均同时接入主/从通信环网。在主交换机的环网通信发生故障时，启用从交换机的通信环网，减少故障时间，提高系统可靠性。

　　电源冗余同时配置两套参数一致的电源模块，同时为系统的各功能组件提供24V和5V直流电源，任何一套电源模块均能承担系统100%的用电负荷，正常情况下两套电源模块同时供电、并列运行，任一台模块故障时自动退出，由另一台模块为系统提供全部电源。

2.5　HART协议在气源控制系统中的应用

　　HART（Highway Addressable Remote Transducer）可寻址远程传感器高速通道的开放通信协议，是美国ROSEMOUNT公司于1985年推出的一种用于现场智能仪表和控制室设备之间的通信协议。

　　在传统的DCS控制系统I/O接口的模拟量输入/输出接口，标准的4～20mA模拟电流回路只能在一根两芯电缆中单向传输一个参数，不能适应现场设备和控制室之间信号传递的发展要求。在现场设备和控制系统之间，需要一种全数字化、双向、多变量的通信规程，来代替现有的4～20mA模拟传输方式。HART协议是一种由模拟系统向数字系统转变过程中的过渡协议，即它可以在提供现场总线优越性的同时，保留对现有4～20mA系统的兼容性。

　　HART协议采用基于Bell202标准的FSK频移键控信号，在低频的4～20mA模拟信号上叠加幅度为0.5mA的音频数字信号进行双向数字通信，数据传输率为1.2kbit/s。由于FSK信号的平均值为0，不影响传送给控制系统模拟信号的大小，保证了与现有模拟系统的兼容性。在HART协议通信中模拟量输入/输出主要的变量和控制信息由4～20mA传送，在需要的情况下，另外的测量、过程参数、设备组态、校准、诊断信息通过HART协议访问。

　　HART协议规定了一系列命令，按命令方式工作。它有三类命令，第一类称为通用命令，这是所有设备都能理解和执行的命令；第二类称为常用命令，所提供的功能可以在许多现场设备（尽管不是全部）中实现，这类命令包括最常用的现场设备的功能库；第三类称为专用命令，以便于在某些设备中实现特殊功能，这类命令既可以在基金会中开放使用，又可以为开发此命令的公司所独有。在一个现场设备中通常可发现同时存在这三类命令。

　　通用命令代码的范围为0～30，提供设备识别、读取测量值、读写文本信息、读取设备信息、读写最终转配号等功能。常用命令的代码范围为32～126，提供了大多数设备的功能命令，包括读写各种变量、校准、执行自检和复位、调整零点和增益等功能。专用命令的代码范围为128～253，用于读取测量值、设置操作值、读取设备状态和单元信息、对话功能、EPROM控制、突发模式控制等。

　　HART协议采用统一的设备描述语言DDL。现场设备开发商采用这种标准语言来描述设备特性，由HART基金会负责登记管理这些设备描述并把它们编为设备描述字典，主设备运用 DDL 技术来理解这些设备的特性参数而不必为这些设备开发专用接口。但由于这种模拟数字混合信号制，导致难以开发出一种能满足各公司要求的通信接口芯片。HART 协议能利用总线供电，可满足本质安全防爆要求，并可组成由手持编程器与管理系统主机作为主设备的双主设备系统。

HART 协议采用半双工的通信方式，在现有模拟信号传输线上实现数字信号通信，属于模拟系统向数字系统转变过程中的过渡性产品，对于现有的模拟量设备而言，支持 HART 协议成本增加不多，因而在当前的过渡时期具有较强的市场竞争能力，近年来得到了较快的发展。近几年在国内的几个大中型航空发动机气源控制系统工程中，均要求现场仪表设备和控制室设备支持 HART 协议，可以快速确定和验证控制回路和设备配置，在维护时使用远程诊断，以减少不必要的现场检查。

智能变送器与 HART 协议通信器之间互联需要遵循负载电阻之和在 $250 \sim 600\Omega$，太小了不能通信，太大了变送器无法工作。在实践中，一般在校验室内要串接一个 250Ω 及以上的标准电阻，但在现场中如果系统基本满足负载电阻要求，可以直接在控制室内接线端子上跨接 HART 协议通信器。

2.6 现场总线控制系统在气源控制系统中的应用趋势

现场总线控制系统（Fieldbus Control System、简称 FCS）是分布控制系统（DCS）的更新换代产品，并且已经成为工业生产过程自动化领域中一个新的热点。现场总线技术是 20 世纪 90 年代兴起的一种先进的工业控制技术，它将现今网络通信与管理的观念引入工业控制领域。从本质上说，它是一种数字通信协议，是连接智能现场设备和自动化系统的数字式、全分散、双向传输、多分支结构的通信网络。它是控制技术、仪表工业技术和计算机网络技术三者的结合，具有现场通信网络、现场设备互连、互操作性、分散的功能块、通信线供电和开放式互联网络等技术特点。

FCS 控制系统与 DCS 控制系统的区别主要有以下几点：

（1）从系统状态上来看，DCS 控制系统是封闭式系统，各公司产品基本不兼容，设备无法混用，其数据传输需要通过协议转换。而 FCS 控制系统是开放式系统，不同厂商、不同品牌的各种产品基本能同时连入同一现场总线，达到最佳的系统集成。

（2）从程序上来看，DCS 控制系统的信息全是由二进制或模拟信号形成的，必须通过 D/A 与 A/D 转换。而 FCS 控制系统将 D/A 与 A/D 转换在现场一次完成，实现全数字化通信，使精度得到较大的提高，可提高到 0.1%。并且 FCS 控制系统可以将 PID 闭环控制功能装入现场设备中，缩短了控制周期，提高运算速度。

（3）从信号控制上来讲，DCS 控制系统可以控制和监视工艺全过程，对自身进行诊断、维护和组态，其 I/O 信号采用传统的模拟量信号（HART 协议的应用具备一定的数字化控制功能）。FCS 控制系统采用双向数字通信现场总线信号制。因此，它可以对现场装置（含变送器、执行机构等）进行远方诊断、维护和组态。

（4）从空间上来看，FCS 控制系统由于信息处理现场化，与 DCS 控制系统相比可以省去相当数量的隔离器、端子柜、I/O 终端、I/O 卡件、I/O 文件及 I/O 柜，同时也节省了 I/O 装置及装置室的空间与占地面积。同时，FCS 控制系统可以减少大量电缆与敷设电缆用的桥架等。

FCS 控制系统的本质是信息处理现场化，控制策略是下装到现场设备的，控制室出现故障，只要总线保持正常，现场设备就可以完成控制功能。对于一个控制系统，无论是采用 DCS 控制系统还是采用现场总线，系统需要处理的信息一样多。实际上，采用现场总线后，可以从现场得到更多信息。现场总线系统的信息量没有减少，甚至增加了，而传输信息的线缆却大大减少了。

目前来说，国内的航空发动机试验气源控制系统主要以 DCS 控制系统为主，FCS 控制系统仅在某些小型工程实验性应用。阻碍 FCS 控制系统全面推广的问题主要以下几点：

（1）与原有系统的集成。在大部分航空发动机研究所和制造厂，已经建立了全厂区的能源 CCS（Central Control System）中央控制系统，并与 TDM（Test Date Management）试验数据管理系统进行联通和数据交换，现有的 CCS 系统就是以 DCS 控制系统为基本构架搭建的。FCS 控制系统尽管技术优势明显，但是在与原有 DCS 控制系统集成方面没有便利性，又不可能短期内将原有 DCS 控制系统报废重建。

（2）价格偏高。FCS 控制系统的主要特点是节省安装费用和维护开销，在硬件价格方面比传统的 DCS 控制系统更高。国外的 FCS 控制系统应用试点报告已说明了这种情况，FCS 控制系统的总费用低。但在国内，一方面用户对初期投入的硬件价格十分敏感，而进口 FCS 控制系统硬件的价格确实高得惊人。另一方面，由于国内人工费用低，所以工程设计、管理、安装、调试和后期维护等费用远比国外低，总费用的优势不明显。这是 FCS 控制系统在国内应用不多的一个重要原因。

（3）冗余问题。按照现场总线的设计思想，低速部分不需要冗余，因为它已经将危险分散了，局部故障不会导致全局故障。现场总线的智能化仪表又有实现维修预报的功能，可以事先防范，而且一旦现场仪表故障、调节回路失灵，也可以由主机进行操作干预。主机出现故障时，现场仪表在现场自成调节回路而实现自主调节。但在航空发动机试验气源工程中，用户习惯甚至强调控制系统的冗余，有的甚至要做到全系统冗余。而目前 FoundationFiled 总线的 H1 级和 Profibus 总线的 PA 级都没有冗余。当然，要完全冗余，在技术上不是完全没有可能，但在经济上往往是不允许的。

（4）调试和运行维护问题。由于现场总线技术包含许多新的技术内容，现场总线本身相当复杂，在调试过程和运行维护中经常会遇到各种困难。航空发动机研制和生产企业现有的控制系统技术人员对现场总线技术不熟悉，遇到技术问题解决速度较慢，导致调试和运行维护时间长、成本高。

目前，我国航空发动机试验气源控制流域大部分过程控制都以 DCS 控制系统作为主流控制系统；因经济、技术及认识上的原因，现场总线智能仪表未成为主导产品，暂不能大量普及 FCS 控制系统。单从利用现有资源角度，DCS 控制系统的消失或完全被取代，短期内也是不合理的，应立足于现有 DCS 控制系统现状，充分挖掘现有设备的潜力（比如在原有 DCS 控制系统与新增 FCS 控制系统之间安装网关，以实现信息的传递），使既有投资不至于浪费。另外，DCS 控制系统是一个不断发展的控制系统，逐渐采用现场总线技术对自身进行改造，使 DCS 控制系统能与现场总线智能传感器（智能仪表）和局部 FCS 控制系统连接起来。目前一段时期内，所有这些情况造成 FCS 控制系统与 DCS 控制系统共存的局面。

3

主要设备相关基础知识

3.1 空气压缩机类型及控制原理

3.1.1 空气压缩机主要类型

空气压缩机是压缩气体的机器，其主要结构和水泵相似。空气压缩机的分类方法很多，按基本工作原理可分为三大类：容积式压缩机、涡轮式（透平式）压缩机、热力型压缩机。容积式压缩机的工作原理是压缩气体的体积，使单位体积内气体分子的密度增加以提高压缩空气的压力；涡轮式压缩机的工作原理是提高气体分子的运动速度，使气体分子具有的动能转化为气体的压力能，从而提高压缩空气的压力。现在常用的空气压缩机有活塞式空气压缩机、螺杆式空气压缩机、离心式空气压缩机、滑片式空气压缩机、涡旋式空气压缩机。空气压缩机主要分类见图 3-1。

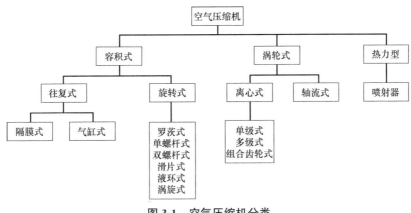

图 3-1　空气压缩机分类

3.1.2 常见的空气压缩机的结构形式和特点

（1）离心式空气压缩机（以下简称离心式空压机）：涡轮压缩机的一种，气体沿着涡轮径向流动的涡轮空气压缩机。离心式空压机由转子、定子和轴承、蜗壳等主要部分组成，按结构形式分为单级（只有一个叶轮）、多级（多个同轴叶轮）、组合齿轮式（多个带有叶轮的齿轮轴）等几类。

离心式空压机主要由转子和定子两大部分组成。转子包括叶轮和轴。叶轮上有叶片，此外还有平衡盘和轴封的一部分。定子的主体是机壳（气缸）气缸，定子上还有扩压器、弯道、回流器、进气管、排气管及部分轴封等。

离心式空压机通过高速旋转的叶轮，把原动机的能量传送给气体，使气体压力和速度提高，气体在压缩机固定元件中将速度能转换为压力能，主要用来压缩和输送气体。

离心式空压机的工作原理是气体进入离心式空压机的叶轮后，在叶轮叶片的作用下，一边跟着叶轮做高速旋转，一边在旋转离心力的作用下向叶轮出口流动，并受到叶轮的扩压作用，其压力能和动能均得到提高，气体进入扩压器后，动能又进一步转化为压力能，气体再通过弯道、回流器流入下一级叶轮进一步压缩，从而使气体压力达到工艺所需的要求。

离心式空压机具有以下优点：输气量大而连续，运转平稳；机组外形尺寸小，重量轻，占地面积少；设备易损部件少，使用期限长，维修工作量小；由于转速很高，可以用汽轮机直接带动，比较安全，容易实现自动控制。主要缺点：效率不及轴流式压缩机和往复式压缩机；稳定工况区比较窄，有喘振现象发生，气量调节的经济性不佳。

目前，离心式空压机的国际发展方向是压缩机容量不断增大、新型气体密封、磁力轴承和无润滑联轴器相继出现；高压和小流量压缩机产品不断涌现；三元流动理论研究进一步深入，不仅应用到叶轮设计，还发展到叶片扩压器静止元件设计中，机组效率得到提高；采用噪声防护技术，改善操作环境等。

离心式空压机一般是由若干级串联而成。多级压缩机的性能曲线与单级压缩机没有本质区别，由于多级压缩机的性能曲线是各单级的性能曲线叠加而成，所以多级压缩机的性能曲线更陡峭，稳定工况范围更狭窄。例如两级串联风机，其压比增加，但喘振流量增大，最大流量变小，因此性能曲线变陡，并且级数越多，密度变化越大，稳定工况区就越窄。因此高压比的多级离心式空压机更容易发生喘振和堵塞工况，这是由离心式空压机自身特点决定的。

（2）螺杆式空气压缩机（以下简称螺杆式空压机）：容积式压缩机的一种。机壳内互相平行配合的转子的齿槽容积变化形成空气压缩。转子在与其精密配合的机壳内转动，使转子齿槽内的气体不断产生周期性的容积变化，沿着转子轴线由吸入侧推向排出侧，完成吸气、压缩、排气三个工作流程。

螺杆式空压机零部件少，没有易损件，相对而言运作可靠且寿命长，操作维护也比较方便。螺杆式空压机体积小且重量轻，动力平衡好，具有强制输气的特点，容积流量几乎不受排气压力的影响，在较宽的压力范围内能保持高效率，因此适应性强，适用于多种工质。主要缺点是转子曲面的加工工艺和精度要求高，导致造价偏高。另外螺杆式空压机受到转子刚度和轴承的限值，无法用于高压范围，排气压力一般不超过 3MPa。

螺杆式空压机分为单螺杆和双螺杆两种主要形式，单螺杆空压机由一个转子和两个星轮相互啮合组成，双螺杆空压机由两个互相啮合、相反旋转的螺旋形齿的转子组成。单螺杆空压机由星轮承受气体压力，要求星轮齿具有足够的强度和刚度，双螺杆由螺杆转子承受径向和轴向气体力，要求螺杆具有强度和刚度，并选用精度较高的轴承。单螺杆空压机的星轮容易磨损，需要定期更换，双螺杆空压机没有易损件，寿命较长。新机状态下两种形式的空压机效率基本相同，时间久了单螺杆空压机由于星轮磨损会导致效率下降。

目前市场上以双螺杆空压机为主，技术成熟、可靠性高。单螺杆空压机在产品结构采用了平衡力学和引气通道的概念，理论先进，但是由于星轮磨损等关键问题无法有效解决，市场上并没有得到大范围推广。

（3）活塞式空气压缩机（以下简称活塞式空压机）：容积式压缩机的一种。主要部件是气缸和在气缸内往复运动的活塞。由电动机带动曲柄滑块机构，将曲柄的旋转运动转换为活塞的往复运动，吸气阀和排气阀依次开闭，完成吸气和排气过程。

活塞式空压机有多种结构，按压缩级数可分为单级、双级和多级，按气缸方式可分为立式、卧式、角度式、对称平衡式和对置式等形式。

活塞式空压机的优点是结构简单、使用寿命长，容易实现大容量输出和高压输出。主要缺点是往复式运动带来的振动大、噪声大。由于空压机排气为断续进行，输出有脉冲，需要配置储气罐以保证用气的连续性。

3.1.3 空气压缩机的基本控制原理

1. 压缩机与管网联合工作

管网是指除压缩机外，压缩空气所需经过的全部装置和管路的总称。实际中任何管网对于通过管网流动的气体都产生阻力作用。常见的管网阻力曲线有以下三种基本类型：

（1）恒定型管网阻力。典型案例是压缩机出口直接把气体排向大气或直接排入一个足够大的容器，在这种情况下，即使压缩机流量变化，压缩机的出口背压也不变化。

（2）平方型管网阻力。管道阻力通常与气流速度的平方成正比，也即与气体流量的平方成正比。实际上，很多长的管道具有类似特点。

（3）综合型管网阻力。综合型为恒定型和平方型管网阻力的结合，这种管网阻力类型在实际中比较常见。综合型管网阻力见图 3-2。

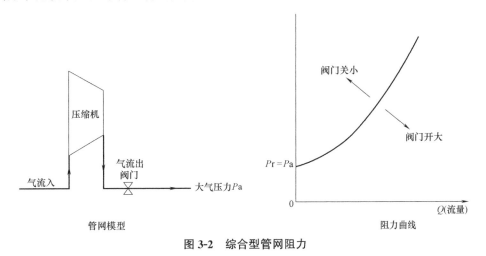

管网模型　　　　　　　　　　　阻力曲线

图 3-2　综合型管网阻力

图中，恒定阻力 Pr 等于大气压 Pa，管网系数 K 则与阀门特性有关，随阀门开度变化而变化。阀门开大，K 变小，阻力曲线的位置向靠近横坐标轴方向移动；阀门关小，K 变大，阻力曲线的位置向靠近纵坐标轴方向移动，调整阀门开度即可改变管网阻力的大小。

2. 空气压缩机和管网系统的工作点

空气压缩机在系统中与管网联合故障，分析空气压缩机运行与控制时应把空气压缩机和管网系统联合起来全面分析考虑。空气压缩机和管网系统的工作点见图 3-3。

把空气压缩机的出口压力曲线和管网阻力曲线画在同一张 P-Q 图中（图 3-3），图中纵坐标 P 为空气压缩机出口静压或管网阻力，横坐标为质量流量，曲线 P_z 为空气压缩机的出口压力曲线，曲线 P_g 为管网阻力曲线，二者相交于 M 点。M 点即为当前工况下空气压缩机的工作点，流量为 QM，出口压力为 PM；管网内的流量也是 QM，管网所产生的阻力也为 PM。系统由空气压缩机和管网组成，整个系统的工作点也是 M 点。

如果保持空气压缩机运行转速不变，采取措施加大管网阻力（将阀门开度减小），则通过空气压缩机和管网的流量将减小，管网阻力曲线和空气压缩机工作点向小流量方向移

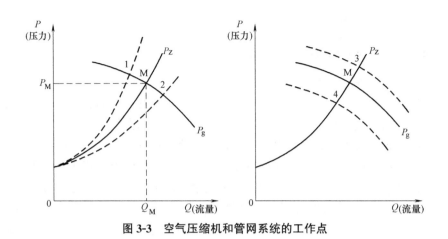

图 3-3　空气压缩机和管网系统的工作点

动。空气压缩机流量减小使其出口压力增加，直至空气压缩机出口压力和管网阻力达到新的平衡点，通过系统的流量不再变化，空气压缩机和管网的整个系统在新的工作点（图3-3中1点）工作。如果采取措施减小管网阻力，则空气压缩机和管网的整个系统将在大流量方向的2点（图3-3）工作。

如果管网阻力曲线不变，改变空气压缩机的转速，系统的工作点随之变化。空气压缩机转速增加，出口压力曲线向右上方移动，工作点将向流量增加方向移动到3点（图3-3）位置；空气压缩机转速下降，出口压力曲线向左下方移动，工作点将向流量减少方向移动到4点（图3-3）位置。

3. 空气压缩机的稳定工作范围

空气压缩机在运行时，外界的随机、短暂的小扰动因素很多，例如进气条件或者气流参数的某些变化，转速或者管网阻力的微小波动。这些扰动导致系统工作点偏离原有位置。空气压缩机的稳定工作，是指空气压缩机系统的扰动因素消失后，不采取任何调节措施的情况下，系统能自动恢复到原工作点继续工作。这些工作点称为稳定工作点，所有稳定工作点构成的工作区间称为稳定工作范围。工作点稳定性分析见图3-4。

如图3-4（a）所示，系统在空气压缩机出口压力曲线和管网阻力曲线的交点 M 工作。

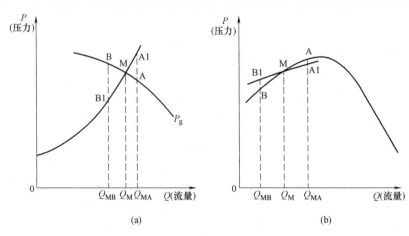

(a)　　　　　　　　　　　　　(b)

图 3-4　工作点稳定性分析

发生某短暂扰动，系统内的流量由 QM 增大到 QMA，空气压缩机的工作点移动到 A 点，出口压力为 PA，管网的工作点移动到 A1 点，管网阻力为 PA1。扰动消失后，由于 PA1>PA，压差 PA1-PA 的作用是系统内的流量减小，系统工作点向流量减小方向移动，直至空气压缩机出口压力和管网阻力平衡，系统重新回到 M 点工作。同理，当发生减小流量的扰动时，空气压缩机和管网分别工作在 B 点和 B1 点，压差 PB-PB1 的作用使系统内流量增大，系统重新达到平衡回到 M 点工作。因此 M 点是稳定工作点。

图 3-4（b）情况则不一样，初始工作点同样为 M 点。当发生短暂扰动使系统流量增大到 QMA 时，空气压缩机和管网工作点移动到 A 点和 A1 点，此时空气压缩机出口压力 PA 大于管网阻力 PA1，压差 PA-PA1 使流量继续增大，因此系统在扰动消失后无法自动回到 M 点。同样发生使系统流量减小的短暂扰动时，管网阻力 PB1 和空压机出口压力 PB 的压差使得系统内的流量继续减小，系统同样无法自动回到 M 点工作。因此 M 点为非稳定工作点。

空气压缩机出口压力曲线最高点右侧的工况点均为稳定工况点，最高点左侧的工况点均为非稳定工况点。空气压缩机不允许工作在非稳定工作点。通常情况下，整个系统能否稳定工作取决于空气压缩机，因此系统的稳定工作范围和空气压缩机一致，均为空气压缩机出口压力曲线最高点右侧部分。

4. 离心空压机的喘振控制

离心空压机流量偏离设计工况较远时，叶轮叶片的进口冲角增大，叶道内的分离区迅速扩张而产生大尺度的气流分离，这种情况称为气流脱离。气流脱离现象更容易在压缩机的小流量工况下发生。另外，在小流量工况下，叶轮或者叶片扩压器中产生选择脱离，使压缩机性能明显恶化，称为旋转失速。

压缩机流量减小时，一种不稳定的工况现象会随着压缩机旋转失速的产生而发生和发展，气体流量和排出压力使得压缩机周期性低频率，而且波动幅度较大，致使机器剧烈振动，这种现象称为压缩机喘振。

喘振发生的外因是：压缩机运行时，管网阻力过大导致压缩机的流量大大减小，达到引起喘振发生的流量界限。

喘振发生的内因是：随着压缩机流量的大幅度减小，叶轮或者叶片扩压器内流动恶化出现失速，损失大大增加，出口压力大大下降，以致低于管网中的压力，导致管网中的气体向压缩机倒流，从而引发喘振。

由许多厂商的经验可知，压缩机喘振危害性很大，喘振是压缩机不能工作在稳定运行状态下所产生的一种现象。发生喘振时，压缩机的压力和流量会发生周期性变化，反向流量就会发生，这种情况会造成压缩机的轴承、密封、叶轮以及转子的损坏。这种损坏大多数是由轴振动过大、轴位移过大和发热过高引起。即使发生喘振时没有对压缩机产生明显的危险，喘振也会使机组效率和工作寿命大幅度降低。压缩机喘振现象严重时会对机组产生严重破坏，这时往往是由操作不恰当导致或者是由压缩机的设备管道故障引起。离心式空压机喘振曲线见图 3-5。

表征和分析压缩机运行特性，通常用性能曲线表示。控制系统只要保证喘振点的流量总是小于压缩机的吸入流量就不会发生喘振，系统即可工作在稳定区。因此控制系统实质就是通过控制气体流过压缩机流量值的方法来防止喘振的发生。如果在压缩机运行过程中保证压缩机吸入流量在稳定区内工作，当出现生产负荷下降时，就要通过对部分出口气体通过旁路反流到入口处或者采取对部分出口气体进行放空处理，都能确保系统在稳定区域内运行。根据使用的不同场合分为固定极限流量法与可变极限流量法两种控制方案。

固定极限流量法让最大转速下喘振点设定流量保持低于压缩机的入口流量，这样就不会发生喘振。压缩机防喘振的固定极限流量控制系统的优点很多，例如可靠性高、方案设计简单、投资少等。固定流量控制特别适合固定转速场合。

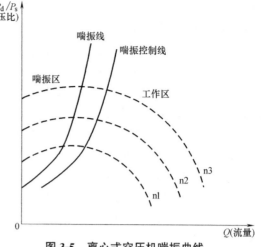

图 3-5　离心式空压机喘振曲线

缺点为当转速下降时，低负荷情况下运转的压缩机能量消耗大，限流量的裕量也很大。

可变极限流量法各种转速工况下的压缩机喘振流量是不稳定的，喘振流量和压缩机的转速有着密切关系，一般情况下，压缩机的转速减慢了，流量也相应减少。所以防喘振控制方案的最佳设计是留有相应的安全裕度，换句话说就是在喘振边界线的右侧设计出一条和喘振线类似的安全线，让防喘振控制器沿着这条安全操作线工作，使控制器预先设定好的给定值随着转速的变化而能做出相应变化，这样就可以防止喘振的发生。

通常上述固定极限流量法和可变极限流量法能够达到大多数空气压缩机防喘振控制要求。但是这两种方法没有考虑性能曲线压缩机进气状态变化的影响，所以，对于进气压力、分子量、温度等经常发生变化的工况场合，容易造成误操作，是传统控制方法的不足之处。当上述三种情况发生变化时，最初获得的喘振界限线和性能曲线会随着上述三种情况的改变而改变。这就是传统控制法具有的局限性。而通用性能曲线不会导致喘振界限偏移，因为它不受分子量、温度、进气压力等参数变化的影响。所以，通用性能曲线主要应用于经常波动的防喘振控制场合。

由于通用性能曲线不会由于压缩机所需工艺参数改变的影响而导致喘振线发生偏移。因此，即使工艺参数经常发生变化的情况下，通用性能曲线对压缩机防喘振控制系统也具有良好的适用性。

5. 离心空压机的串联运行

离心空压机的串联运行，主要解决压力不能完全满足需求的问题。串联运行的主要特点是两机质量流量完全相同，也与管网系统的质量流量完全相同。对于不同的管网阻力类型，离心空压机的串联运行有不同的特点。

（1）恒定型管网阻力。在恒定型管网阻力系统中，两机串联后质量流量相同，压比等于两机各自压比的乘积。

串联的两机流量范围应非常接近，否则串联后的工况范围会明显缩小；由于第二级的进口体积流量小于第一级的进口体积流量，一般而言，第二级压缩机更容易发生喘振，导致整个系统发生喘振。喘振流量小的压缩机放在后面有利于扩大两机串联后的工况范围。

（2）平方型管网阻力。两机串联后形成的压比高于原来两机单独在系统中运行时各自的压比，但是小于两机单独在系统中运行时压比的乘积。

两机串联后的流量大于原来两机单独在系统中运行时各自的流量。

串联的两机流量范围应非常接近，否则串联后的工况范围会明显缩小；一般而言，喘振流量小的压缩机放在后面有利于扩大两机串联后的工况范围。同时，如果两机单独运行时接近阻塞工况，串联后更容易发生阻塞。

6. 离心空压机的并联运行

离心空压机的并联运行，主要解决流量不能完全满足需要的问题。并联运行的特点是两机的进出口压力完全相同。对于不同的管网阻力类型，离心空压机的并联运行有不同的特点。

（1）恒定型管网阻力。两机并联后的流量等于原来两机在系统中单独运行时的流量之和，两机的压比相同且与原来在系统中单独运行时的压比相同。

（2）平方型管网阻力。并联后两机压比相同，均大于原来两机单独在系统中运行时的压比。两机并联后流量增加，大于原来两机单独在系统中运行的各自的流量，小于原来两机单独运行时的流量之和。

并联后，两机运行的工况点发生变化。与原来在系统中运行时相比，并联后各自新的运行工况点压比变大，流量变小。如果两机单独运行时接近阻塞工况，并联后的运行工况离阻塞工况更远；如果单独运行时接近喘振工况，则并联后容易发生喘振。

7. 离心空压机的调节

离心空压机的运行工况调节，是改变空气压缩机出口压力曲线或管网阻力曲线的位置，是工作点移动，满足系统或用户的需要。几种主要的调节方法如下：

（1）出口节流。出口节流调节是在离心空压机附近管道上安装一个阀门，通过改变阀门的开度实现调节。可以实现用户处工作压力不变，流量变化或者用户处流量不变，压力变化。出口节流的调节范围有限，调节的经济性差，阀门的节流损失大。优点在于结构简单，造价低，调节方便。

（2）进口节流。进口节流是将阀门设置在空气压缩机进口缩附件的管道。进口节流使空气压缩机的进口压力和密度降低，因此对于相同的压缩机体积流量，采用进口节流时空气压缩机的质量流量较小，可以降低压缩机功耗；对于同样的压缩机质量流量，采用进口节流的体积流量要大一些，有利于在小流量工况下防止发生喘振。

进口节流的特点是结构简单、调节方便。对于长期运行而言，经济性略优于出口节流调节，但是阀门节流损失较大，损耗依然较大，另外调节范围较小。

（3）入口导叶调节。可调入口导叶在调节过程中可以起到阀门的作用，通过改变叶片开度来改变通流截面积和节流损失的大小。另外还可以起到产生气流预旋改变叶轮做功能力的作用。当导叶从全开状态逐渐关闭，导叶产生的气流预旋作用起主要调节作用，导叶关闭的角度增大，导叶的阀门作用越来越大。

预旋作用分为正预旋和负预旋。与无预旋条件相比，正预旋使空气压缩机性能曲线上喘振工况及阻塞工况的流量向小流量方向移动，负预旋则使空气压缩机的性能曲线整体向大流量的方向移动。

入口导叶调节，相比阀门调节经济性较好，不单纯依靠损失压力调节，部分依靠预旋作用改变叶轮做功能力调节，且调节范围更大，调节作用相对较大。但是入口导叶结构比较复杂，一般只用于单级或者多级空气压缩机的第一级。

（4）可调叶片扩压器。调节原理是改变扩压器叶片的进口安装角度，以适应工况变化时叶轮出口气流方向的变化。可使空气压缩机的压比曲线在较大范围内近似平行移动，经济性优于阀门调节。但是结构比较复杂，不改变叶轮的做功能力，适合于空气压缩机出口压力变化不大、流量调节范围较大的应用。

（5）变转速调节。通过改变空气压缩机转速，提高或者降低叶轮的圆周速度改变叶轮的做功能力，从而改变空气压缩机的压比曲线位置。具有调节范围广、节能性好的优点。但是调节装置要求高，如果采用变频调节，在大型空气压缩机应用中综合成本相对较高。

3.1.4 空气压缩机的控制方式及特性分析

空气压缩机的控制方式种类繁多，每一种控制方式都有优缺点，不同种类的空气压缩机有不同的适用性。表3-1说明常见的离心式空压机、螺杆式空压机、活塞式空压机对应的各种代表性的控制方式及适用范围。

空气压缩机控制方式适用范围　　　　表3-1

空气压缩机控制方式	基本控制原理	活塞式空压机	螺杆式空压机	离心式空压机
两段式控制	空气压缩机加/卸载，适用于卸载频率不高、卸载时间不长	适用	适用	适用
多段式控制	每一个压缩段采用单缸双动或多缸运行	适用	不适用	不适用
定压（节流）控制	采用节流阀控制，节流比例控制在75%～100%	适用	适用	适用
双重控制	结合加/卸载控制和定压控制	不适用	不适用	适用
定流控制	工艺要求输出固定质量的空气	不适用	不适用	适用
变速控制	常用变频控制，调节范围较大，成本较高	适用	适用	不适用

1. 起动/停止控制

起动/停止控制是最简单的控制方式，当供气管网压力处于较低压力不能满足当前供气需求时，空气压缩机起动并满载状态运行产生压缩空气增加供气管网压力，当压力达到设定最大压力时，空气压缩机停止运行。中间间隔时间取决于储气罐及有关管道容积的大小和允许的排气压力波动范围，针对大中型空气压缩机系统，由于频繁起动和停止会导致产生较大电流冲击电路并造成电机过热，减少空气压缩机寿命，一般来说需要将起动次数限制在4～6次/h。由于空气压缩机只处于满载和停机两种状态，所以是一种高效的调节方式。

2. 两段式或多段式控制

适用于定排量式空气压缩机的简单控制方式。两段式（0～100%）或多段式（0～25%～50%～75%～100%或更多阶段）控制，一般采用一组多设定值的压力开关，在空气压缩机出口压力达到某一上限设定值时卸载部分或全部空气压缩机，达到某一下限设定值时加载部分或全部空气压缩机。

当供气管网压力不能满足当前用气需求时，空气压缩机加载满负荷运行产生压缩空气，当压力达到系统设定卸载压力时，空气压缩机控制器发出信号，关闭进气阀，此时空气压缩机空载运行不产生压缩空气，同时控制系统将压缩机排气端后的高压空气通过电磁阀放空到进气端，降低空负荷时空气压缩机进出口压比，但空气压缩机在卸载时仍会消耗全负荷 20% 左右的功耗。随着管网压力的降低，压力达到设定加载时，重新打开进气阀，空气压缩机再次满负荷运行，依次循环。这种控制方式可以满足用户 0~100% 的气量调节，并保证电动机的连续运行，避免重复起动对电网的冲击。缺点是加卸载控制方式使得系统压力在加载压力 p（min）到卸载压力 p（max）之间上下波动，造成一定的能源浪费。

两段式或多段式控制的优点在于调节范围大，适用性强，卸载后能源消耗可以降到比较低的水平。缺点在于需要较大的压差范围来设定压力控制点。

3. 定压控制（节流控制）

在压缩机运行过程中，当用气负荷小于压缩机的产气量时，系统管网的压力随之增加，当系统压力达到设定压力时，压缩机组的控制系统逐渐关闭进气节流阀，减小进气量直至与用气负荷平衡。此种控制方式可以保证压缩机的连续供气，使得在满足用户的压力需求下系统压力波动更小，但是随着进气压力的降低，进入空气压缩机的空气密度不断降低，此外由于降低进气压力而排气压力保持不变，使得进出口压比增大，功耗增大。所以此控制方式只适用于排气量调节范围大于 60% 的条件下。

离心式空压机具有等压变容的特性，适合定压控制方式。相比之下活塞式空压机和螺杆式空压机也有类似的控制方式，但是控制效果比不上离心式空压机。离心式空压机的定压节流控制方式进气阀节流、入口导叶节流、排气阀节流、回流定压控制等多种形式。定压控制的排气压力比较稳定，一般不需要设置储气罐。定压控制没有加/卸载控制的压差，排气压力可以设定在需求范围下限而达到节能效果。耗气量在节流范围内，空气压缩机会保持负载运行而不会生产卸载或排放损耗。

4. 双重控制

双重控制结合了空气压缩机加/卸载控制和定压控制的综合控制方式，主要适用于离心式空压机。双重控制在系统耗气量处于定压节流控制范围之内时采用节流控制方式，在耗气量超出定压节流控制范围时增加空气压缩机的加/卸载。这种控制方式适用于耗气量不稳定的系统，在应用中注意控制加/卸载频率和系统排放量。

5. 定流控制

某些项目的工艺要求气源输送一定质量的压缩空气，采用离心式空压机定流控制方式。定流控制方式较为复杂，需要从空气压缩机出口管路流量计取流量信号，并且取得压力、温度和湿度信号，在控制器中换算成排气的质量数据，从而在不同空气密度时保持设定排气质量。

6. 变速控制

变频空压机通过调节电源频率以调节电机转速，从而实现空气压缩机产气量大小的自动调节，使空气压缩机处于平稳的运行状态，电机运行功率大幅度降低。变速驱动调节与其他调节方式相比具有显著优点。在压缩机运行过程中，进气压力即为大气压力，当排气压力保持不变的情况下，压缩机功率随排气量的减小而减小，且调节范围可以达到 30%~100%，可以满足用户的工况变化。

此外，变速调节与其他调节方式的系统相比省去了一整套复杂的机械调节装置，增加了机组的稳定性，并且变频空气压缩机在起动时，电机转速由低到高，避免了起动电流过大对电网的冲击。

目前变速控制主要缺点是成本较高，限制了使用范围的推广。

3.1.5 空气压缩机的起动方式

目前在国内航空发动机试验气源领域，大型空气压缩机通常为 10kV 电机驱动。国内现有常用的 10kV 电机软起动装置根据工作原理可分为变频软起动装置、可控硅软起动装置、磁控软起动装置、电抗器起动装置和自耦减压起动装置。变频软起动装置基本原理通过改变电机的电源频率实现调节电动机转速，从而达到让电机从零转速到额定转速平稳上升，实现软起动；可控硅软起动装置基本原理为通过改变串并联晶闸管导通角，调节电动机的端电压实现软起动；磁控软起动装置基本原理为采用电力电子技术，改变磁饱和电抗器的阻抗；电抗器起动装置基本原理为通过固定不变电感线圈的分压作用，降低电机的端电压；自耦减压起动装置基本原理为通过变压器初次级不同的耦合降低电机端电压。10kV 空气压缩机的起动方式比较见表 3-2。

10kV 空气压缩机的起动方式比较 表 3-2

起动方式		磁控软起动装置	电抗器起动装置	自耦减压起动装置	可控硅软起动装置	变频软起动装置
基本性能	起动过程有无电流冲击	起动过程中，磁饱和电抗器的阻抗由最大逐渐下降为0，短接时电机端电压能达到全压，电流冲击较小	起动过程中，阻抗基本固定不变，电机得不到全压，强行短接冲击电流很大	起动过程中，自耦减压器的变比及外加电压固定不变，电机端电压也基本不变，短接时冲击电流大	起动过程中，改变晶闸管导通角从小到大作限流起动，电动机端电压可从逐步升到全压，基本无冲击	起动过程中，通过改变电源频率，电源频率 5~100Hz 可调，对应电机端电压由 0~10000V 可调，无电流冲击
	起动电流调整范围	1.5~3.5 倍无级调整（改变励磁电流实现）	有级调整	有级调整	无级调整	无级调整
	有无冲击	冲击较小	有冲击，存在二次冲击电流	冲击较大	基本无冲击	无冲击
	起动过程可控性	闭环控制，可控	不可控	不可控	闭环控制，可控	闭环控制，可控
高压执行器件		可改变阻抗的磁饱和电抗器	固定不变的电抗器	变比固定的变压器	可控硅	功率单元
体积		较大	较大	较大	小	一般
价格		适中	低	低	适中	高

从目前的工程实际应用来看，磁控软起动、电抗器起动和自耦降压起动应用逐渐减少，新建工程以可控硅降压软起动和变频软起动为主。可控硅降压软起动又称固态软起动，国内产品应用比较成熟，最大应用范围可到 12~16MW 电机。变频软起动应用范围更大，最大有 50MW 电机的应用案例，但是大功率的变频软起动设备以进口品牌为主，相对成本较高。

3.2 加热器类型及结构特点

3.2.1 加热器主要类型

在航空发动机试验气源领域，为了给燃烧室、涡轮叶片等高温工况元件提供试验条件，一般包括高温气源部分，为试验台提供各种不同温度和压力的高温压缩空气。高温气源的进气引自常温气源空气压缩机的排气出口，经加热器加热后获得各种温度的高温压缩空气。

加热器根据供气范围的不同，可分为公共加热器和专用加热器。公共加热器一般设置在专用的加热器厂房，加温能力和设备体积较大，加温后供气经高温管路分配输送至各类用气试验器；专用加热器为某试验器专用，一般设置在所属试验器厂房，规模较小。

某些用气试验器，经过公共加热器一级加温后获得的 500~800K 高温压缩空气即可满足试验需求。某些用气试验器还需要设置二级加温，将一级加温输送的高温气进一步加热到 1000~1200K。

根据能源的不同，航空发动机试验气源领域的加热器主要有燃气加热器和电加热器两大类。燃气加热器采用气体燃料作为热源，气体燃料有城市煤气、发生炉煤气、天然气和液化石油气等，目前以天然气和液化石油气为主。燃气加热器只要燃料燃烧充分，对环境的污染可控且余热可回收利用，热效率高。在天然气供应充分的地区，采用天然气作为燃料能源价格相对较低、热值高，能耗的综合成本较低。

燃气加热器的核心部件为辐射管及燃烧机。在采用天然气的燃气加热器中，较多采用辐射管间接加热的形式，即燃烧喷嘴通过火焰将辐射管加热，再通过辐射管辐射热量，同时将尾气排出。辐射管有各种类型，主要有 P 形、S 形、U 形和 W 形等。

电加热器采用电作为能源进行加热，接入简单，热转化效率高，控制相对简单，无区域限制。电加温与一般燃料加温相比可获得较高温度（电弧加热温度可超过 3000℃），易于实现温度的自动控制和远距离控制，可根据设定使被加热对象的温度保持在一定范围内。在电加热过程中，基本不产生废气、废渣和烟尘，可保持被加热对象的洁净度，对环境影响小。根据电能转换为热能的方式，电加热可分为电阻加热、电弧加热、电子束加热、红外线加热和电介质加热等，工业中温度不超过 1000℃的应用中大多采用电阻加热方式。

燃气加热器和电加热器特点的综合对比见表 3-3。

燃气加热器和电加热器特点的综合对比　　　　　　　　　　　　　表 3-3

特点	燃气加热器	电加热器
能耗及运行成本	能耗低、运行成本低，尾气排放热效率降低，约为 70%	能耗高、运行成本高，热效率为 100%
	燃气加热器的综合能耗费用约为电加热器的 60%~70%（和当地燃气价格、电价相关）	
设备投资成本及制造工艺	燃烧机配合辐射管加热，管道阀门复杂，安全措施较多，整体构造复杂	电阻丝直接加热，元件构造简单
	燃气加热器的综合投资约为电加热器的 180%~240%（和规模相关，规模越大，比例相对越小）	

特点	燃气加热器	电加热器
设备使用寿命	辐射管材质稳定性好,可长时间稳定工作,寿命10～15年	电阻丝使用过程中老化功率减小,寿命5～8年
维护方便性	后期基本可以免维护长时间工作	结构简单、供货周期短,电热元件需定期保养维护
温度的均匀性和控制	火焰辐射加热,加热器内部前后端存在温差,均匀性较差,且控制调节不便	加热元件组合方式灵活,温度均匀性和控制性较好
设备运行安全性	电气方面的超温、过电流、短路等保护措施,燃气高低压、风压、泄漏等保护措施,安全保护复杂	电气方面的超温、过电流、短路等保护措施
余热利用	燃气尾气可进行余热回收利用	无余热回收

电加热器需要非常大的电力容量供应,一台电加热器的功率在2～8MW,高温气源的总用电功率可以高达100MW以上,这对于整个实验园区和市政电网的供电能力都是不小的考验。近年来随着我国电力行业的飞速发展,市政供电能力的瓶颈基本得到缓解,限制电加热器应用的主要障碍在逐年减小。电加热器体积小、调节精度高、调节速度快,这些优点在航空发动机试验领域的实际应用中表现得非常明显,在新建项目中得到普遍应用。以下主要介绍电加热器的性能和控制。

3.2.2 电加热器常见的控制方式

电加热器在实际项目中常见的三种控制方式如下:

1. 交流接触器控制

在这种控制方式中,控制仪表接受感温元件的反馈信号并和设定值比较,输出开关量信号控制多组交流接触器的闭合和分断,从而控制多组加热元件投入退出。

为避免交流接触器频繁吸合分断,温控仪表需要设置适当的回差值。在实际运用中,交流接触器控制方式成本低廉且易于实现,但温控精度较低。

2. 磁性调压器控制

磁性调压器是一种没有机械传动无触点的调压器,可实现平滑无级调节电压,适用于需要低压大电流的电加热元件。磁性调压器的结构类似于一般的变压器,基本构成是变压器和饱和电抗器两部分,通过调节控制端直流电流的大小,改变电抗器的磁导率和电抗值,从而改变电抗器上的压降,实现磁性调压器输出端电压的调节。

控制器接受测温元件反馈的温度测量值,与温度设定值比较,经控制算法运算后输出调节信号至触发器,触发器输出触发信号至可控硅整流模块的触发端,可控硅整流模块输出脉动直流电压至磁性调压器的直流控制端,从而调节磁性调压器作用于加热元件的次级电压。

磁性调压器成本较高,且大容量的调压器体积也较大。磁性调压器控制平稳,运行寿命长,对控制信号及回路干扰较小,且磁性调压器的输出有限流作用。作用于直流控制端的直流电可以通过变压器加可控硅模块的方式,也可以通过线性电源、开关电源的方式。

3. 调功器控制

调功器是将触发板、可控硅模块、散热风扇、散热片等元件组合在一起并用外壳封装的调功调压装置，绝缘性、安全性、抗干扰性较好。

控制器接受测温元件反馈的温度测量值，与温度设定值比较，经控制算法运算后输出调节信号直接作用于调功器，调功器输出电压作用于电加热元件。

调功器内部的可控硅模块为双向可控硅模块，可实现交流调压或交流调功。一般采用移相触发或过零触发两种调功模式。

3.2.3 调功电加热器的结构形式和特点

国内外大部分调功器电加热产品均由加热器本体、调功柜、变压器和配套的PLC控制柜组成。典型的电加热器系统主要构成见图3-6。

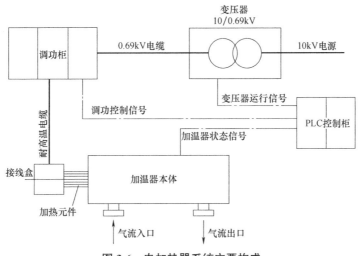

图 3-6 电加热器系统主要构成

1. 加热器本体

加热器本体为管状容器，实际是一段压缩空气管道，常温气从一端的气流入口进入，加温后的高温气从另一端的气流出口排出。加热器本体安装形式有卧式和立式两种，卧式加热器占地面积大，厂房高度要求较低，压缩管道接管比较方便；立式加热器占地面积小，对厂房净高有较高要求，且加热器的安装和管道联结要求较高。加热器加热温度很高，热应力很大，在支架设计、安装及管道的热应力计算配合上都需要严格计算。

电加热器由电热集束、筒体、封头、支座、进出口接管等组成。需加热的介质通过管道在压力作用下进入电加热器，沿电加热器内部特定的且根据热力学设计的路径，带走电热集束表面散发的热量，通过出口接管排出，完成换热过程。

加热器的加热元件，一般采用耐温合金制成的电热丝，绕制成弹簧状的螺旋体，用耐高温的氧化镁或者陶瓷粉末封装在金属管内制成长管状加热棒，加热棒插入加热器的管状容器中。在某些国外产品中，也有未封装的电阻丝直接装设在加热器管状容器中，这种产品对输入常温器的干燥度要求很高，如果干燥度达不到要求，则有可能在加热器加热流程结束后气体冷却过程中产生水分凝结，导致加热电阻丝或者加热器本体损坏。

管状加热棒的另一头是接线端子，一台加热器一般会有十几根甚至几十根加热棒，接线端子均封闭装设在接线盒中，每根加热棒引出一回电缆至调功柜。加热器的管状容器带保温层，加热棒的电阻丝和金属外壳会产生热桥效应，导致接线端子处的温度超出普通电缆的工作范围，所以加热器的供电需要选择耐高温电缆。根据加热器的工作温度和热场分析，可以选择硅橡胶绝缘电缆（工作温度180℃）或者氟塑料绝缘电缆（工作温度250℃）。

2. 调功柜和变压器

调功柜的主要功能是调节加热器加热元件的功率输出，从而控制加热器工作温度。调功柜的主要工作元件是晶闸管，根据加热器的加热元件分组，每套调功柜内设置几个或者十几个调功单元。

根据工艺需求，可以选择全部调功或者部分调功的方式。如果工艺需求不需要0～100%的调节范围，且加热均匀性也不影响使用效果，可以将某台加热器的部分加热元件设置成开关控制，不进行功率调节。另外一部分加热元件由调功柜进行功率调节，实现设定范围内的温度控制。

加热器的负荷容量很大，单台电加热器功率在2～8MW，按照国内供配电设计建设原则，外部电源均采用10kV电压等级。调功柜的输入电压一般为低压690V，变压器将10kV输入电压转换为690V。

电加热器的调功单元由于加热器材料、制造工艺及接口形式的不同，对供电电压的要求不同，目前一般有低压（690V以下）和高压（1000～2000V）两种供电需求。但不论加热器采用低压供电还是高压供电，都需要基于晶闸管SCR来调节输出到电加热器的功率大小。

晶闸管是一种常用的电力电子器件。把两个晶闸管反并联后串联在交流电路中，通过对晶闸管的控制就可以控制交流电力，这种电路不改变交流电的频率，称为交流电力控制电路。目前在电路中晶闸管的触发控制方式一般采用过零触发和移相触发两种方式。

3. 过零触发和移相触发

晶闸管作为交流元器件的一种，有双向和单相晶闸管。由于双向晶闸管的双向性，因此在正负电源均可以导通，经常被用于交流调节负载电路当中，双向晶闸管控制方式一般为过零触发和移相触发两种。

过零触发顾名思义就是过零点时触发可控硅，交流电因为有正负半周，在正半周到负半周或者由负半周到正半周过程时都要经过零点，在一定时间内改变导通周波数来改变可控硅的输出平均功率，实现调节负载功率效果。周波数是指交流电完成一次完整的变化，即一个正弦波形所经历的时间称为一个周波。这种类似于PWM信号调节电压输出，在一定时间内导通次数越多，平均输出功率也就越大。

在过零触发控制电路中，控制器在交流电源电压波形的过零时刻点发出触发信号，使晶闸管完全导通。在过零触发的控制方式下，晶闸管导通时，负载的电流电压都是正弦波形，因此，晶闸管的触发方式不会对电网造成通常意义的电流电压谐波污染。由于晶闸管要么处于全开，要么处于全关状态，因此单台控制器运行时存在对电网的电流冲击。过零触发工作原理见图3-7。移相触发工作原理见图3-8。

移相触发就是改变每周波导通的起始点位置或结束位置，从而调节其输出功率或电压，实际上通过控制可控硅的导通角大小来控制可控硅的导通量。

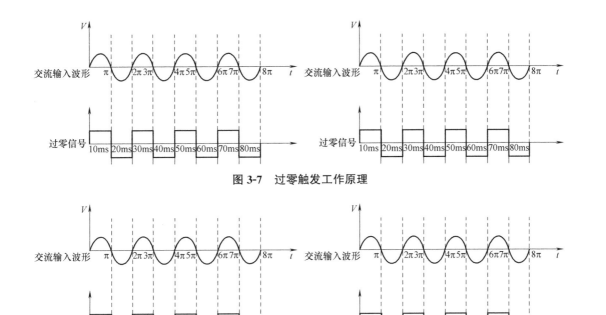

图 3-7　过零触发工作原理

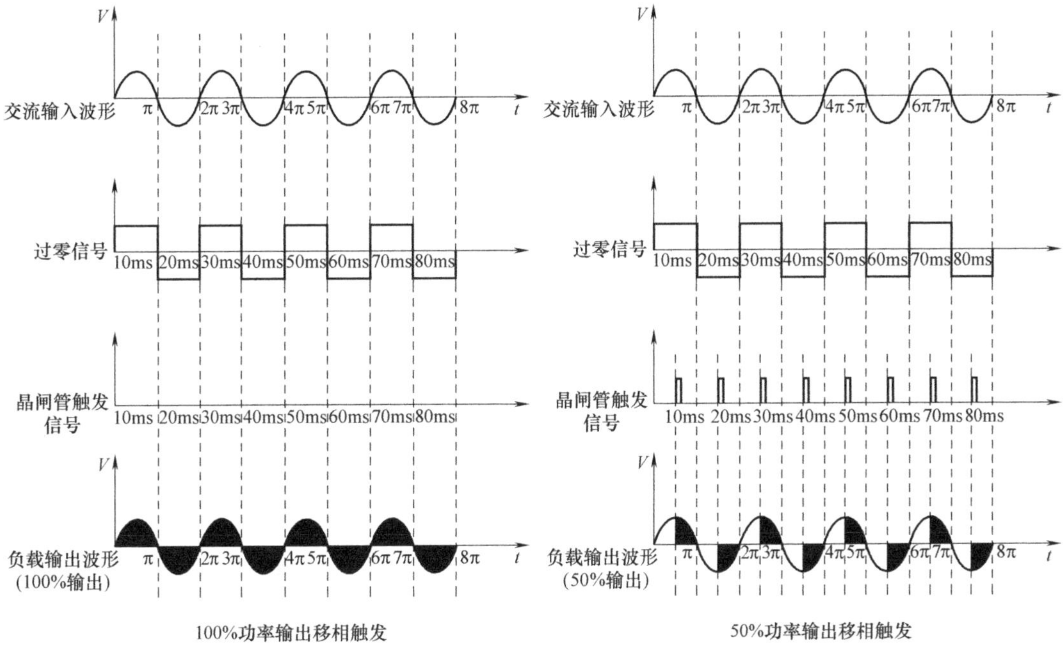

100%功率输出移相触发　　　　　　　50%功率输出移相触发

图 3-8　移相触发工作原理

4. PLC 控制器

加热器系统工艺输出目标的实现，需要控制系统来对系统的运行状态进行监测，对工作元件的运行进行调节。目前加热器系统均配置 PLC 控制器，需要检测的状态信号包括加热器内部温度、加热器气流入口和出口温度、加热器出口流量和压力、调功柜各回路的电流和电压、变压器的运行温度等。

控制器监测加热器内部温度，保证工作温度不超过安全限值，同时受到材料工艺性能和热应力导致的管路形变的限值，加热器升温速率必须控制在一定范围。控制器监测加热器出口温度、流量和压力参数，发生调节信号至调功柜，控制调功柜晶闸管元件的导通角，以改变晶闸管的输出功率，从而调节加热器加温元件的加温功率，以实现需要的出口气流温度、流量和压力。

电加热器系统的主要装置电阻加热炉的加热温度控制过程具有大滞后、时变、非线性等特点，系统抗干扰能力差、鲁棒性差，容易出现超调现象。传统的开关控制虽然响应速度较快，能使温度尽快达到设定值，但是其超调量大、温控精度低。常见做法是在 PLC

控制器中对电阻炉的加热升温过程采取 PID 控制算法，使得加热过程均压温度且可以将温度精度控制在±1℃左右。

在 PID 算法调试中，一般先制定比例部分，逐步增大比例系数，同时观察系统响应，直至系统有较好的调节时间且超调量合理。然后加入积分环节，将积分参数逐步增大，同时比例系数适当下调，使得控制系统的控制曲线振荡次数减少，得到一个稳定性好的系统参数。最后加入微分时间，同时调整比例系数和积分参数，直至系统稳定的同时得到较快的响应时间，温度达到预定控制范围。

3.3 制冷机类型及结构特点

3.3.1 制冷机主要类型

在航空发动机试验气源领域，为了模拟高空低温环境，一般包括低温气源部分，为试验台提供各种不同温度低温压缩空气。低温气源的进气引自常温气源空气压缩机的排气出口，经制冷机降温后获得各种温度的低温压缩空气。

目前国内航空发动机试验气源站常用的制冷机有三种：冷水机组、气波制冷机、膨胀涡轮制冷机。根据工艺流程的需要和成本控制的考虑，可选择其中一种制冷机或者两种制冷机的组合。在大多数工程项目中，制冷系统采用二级制冷形式，第一级采用常温冷水机组，将空压机组输出的常温压缩空气降温到 5～15℃；第二级采用低温冷水机组、气波制冷机或者膨胀涡轮制冷机，将第一级制冷输出的压缩空气进一步降温至−50～−100℃。

3.3.2 冷水机组的结构形式和特点

根据压缩机形式，冷水机组分为螺杆式冷水机组、离心式冷水机组和涡旋式冷水机组；根据外部冷却形式可分为风冷式冷水机组和水冷式冷水机组。在温度控制上分为常温冷水机组、低温冷水机组和超低温冷水机组。常温冷水机组出水温度一般为 5～20℃，低温冷水机组在 0～35℃，超低温冷水机组可达−120～−40℃。

冷水机组包括四个主要组成部分：压缩机、蒸发器、冷凝器、膨胀阀（节流阀）。其工作循环分为五个过程：由蒸发器循环来的冷媒状态为气体；经压缩机绝热压缩后，变成高温高压的气态蒸气；被压缩后的气态冷媒，在冷凝器中等压冷却凝结，经冷凝后变成液态冷媒，再经膨胀阀膨胀至低温状态，变成气液混合物；低温低压的液态冷媒，在蒸发器中吸收被冷却物质的热量，重新变成气态冷媒；气态冷媒重新进入压缩机，开始新的循环。

压缩机是为冷媒循环提供动力的主要元件，也是冷水机组的主要能耗部件，一般由电机驱动，冷水机组分类中螺杆式、离心式或者涡旋式，就是压缩机的形式。冷凝器的主要作用是为冷媒换热提供条件，压缩机排除的高温高压的气体冷媒在冷凝器中冷却为低温高压的液体冷媒，冷水机组的外部散热分为风冷和水冷两种，水冷形式配置冷却塔。蒸发器的主要作用是为冷媒的蒸发提供条件，冷媒从高温液态流过膨胀阀后再蒸发，通过蒸发吸收被冷却介质的热量，从而完成制冷过程。膨胀阀的主要作用是控制冷媒的流量，一般安装在储液桶和蒸发器之间。膨胀阀是高温高压的液体冷媒通过其节流变为低温低压的湿蒸汽，然后送至蒸发器吸收热量达到制冷效果。

3.3.3 气波制冷机的结构形式和特点

气波制冷机是利用气体的压力能产生激波和膨胀波使气体制冷的一种设备，又称压力波制冷机或热分离机。气波制冷机具有效率高、运行周期长、节能、工况适应性强等优点。气波制冷机不需要外部能源，对气体组成、流量、压力及膨胀比的变化有较强的适应性。

气波制冷机操作维护简单，特性曲线平坦。与透平类膨胀机相比，操作简单，维护方便，起停容易，对气体在机器内发生液化现象不敏感（透平类膨胀机允许带液量最高为16%，而气波制冷机的允许带液量高达50%），允许操作工况范围大，适用膨胀比范围广（可在2~7变化），不需控制仪表。

气波制冷机利用装置进出口气体压差来使机器旋转，依靠压力气体射流对接收管内的驻留气体做不定常膨胀功来制冷，能在较低转速下高效完成制冷过程，机器的等熵效率可达75%以上。可根据压力、流量及膨胀比来确定采用单级或多级气波制冷机，还可根据工艺条件选择自旋式或者电机驱动式结构。

旋转式气波制冷机主要是由旋转喷嘴、接受管和激波吸收腔组成。气波制冷机工作时，带有压力的来料气通过旋转喷嘴膨胀、加速，由喷嘴高速喷出，驱动喷嘴旋转。由于旋转喷嘴的旋转，高速气流依次射入沿喷嘴圆周排布的各接受管中，射入的气体与原接受管内的气体之间形成一个接触面，该接触面可看作是一个无质量的"活塞"。由于接触面两边气体的速度和压力都不相等，为满足接触面的相容性条件（即接触面两边气体速度、压力相等），该"活塞"向前运动，在"活塞"前方将出现同方向运动的激波。激波扫到的气体受到压缩，温度和压力升高，接受管从此形成热腔。在激波产生的同时有一束膨胀波产生，作用于接触面后的气体，使该部分气体经等熵膨胀获得高速，静温下降，形成冷腔。

喷射停止后，关闭接收管开口端。由于接触面与管口之间的气体正随"活塞"向前运动，突然关闭管口，管口气流速度骤降至零，因此从管口产生一束右行膨胀波，使管口与接触面间气体进一步膨胀，静温下降，而激波继续压缩管内气体。此时激波对气体做功的能量由管口接触面之间的气体供给，又使该部分气体总温下降。

当接受管管口与低压排气管接通时，进入排气阶段。由于接受管内外压力不平衡，内部压力高于外部，又有一束右行膨胀波传至管内，使管口与接触面之间的气体静温再度下降。同时，由于激波对管内气体做功的能量继续来自管口与接触面之间的气体，该部分气体总温亦进一步下降，变成冷气排出管外。冷气排尽时，接触面到达管口。运动到接受管封闭端的激波被激波吸收腔吸收，以免产生激波反射，影响降温效果。排气终止后结束一个工作循环。被激波加热的气体通过管壁向外界散热。

根据结构形式的不同，气波制冷机可分为两大类：静止式和旋转式。静止式气波制冷机主要由喷管、喷管两侧的共鸣腔及振荡管、排气管组成。工作时，高压气体经喷管膨胀，压力降低速度增高，形成高速射流，借助表面附壁效应及喷管两侧共鸣腔的压力脉动来改变射流方向，使之依次间隔射入各振荡管中，管内气体在两次射气间隔期排气。静止式气波制冷机结构简单，无旋转部件，操作维护方便；缺点在于充、排气混合严重，制冷效率较低，大约为30%。

旋转式气波制冷机主要由喷管、气体分配器及振荡管组成。工作时,高压气体进入气体分配器,经喷管膨胀加速生成高速射流,高速射流借助气体分配器的选择改变方向,依次间隔射入呈放射状圆周分布的各振荡管中,管内气体在两次射气间隔周期间排出。旋转式气波制冷机的热分离器由于充、排气不易混合,因此制冷效率较高,目前应用较为普遍。

气波制冷机源自热分离机,虽然结构比较简单,但是制冷机理和内部气体流动过程相当复杂。气波制冷机实质上是一种波机器,冷效应主要依赖气波在振荡管内的运动来实现。激波对气体产生致热作用,而膨胀波对气体产生制冷作用。各种波在气波振荡管内相互作用,使振荡管产生冷热效应。

气体分配器的转速对制冷效率有关键影响:制冷效率随转速变化而大幅度波动,并出现多个峰值。在一定的结构和工况下,存在一个效率最高的最佳转速。另外,气体膨胀比对最佳转速也有很大影响,最佳转速随膨胀比的增大而明显升高。

3.3.4 膨胀制冷机的结构形式和特点

膨胀制冷机是利用压缩气体膨胀降压时向外输出机械功使气体温度降低的制冷机器。膨胀机主要利用气体在膨胀机内进行绝热膨胀对外做功消耗气体本身的内能,达到使气体的压力和温度大幅度降低的目的。膨胀制冷机常用于深低温设备,按结构形式可分为活塞膨胀制冷机和涡轮膨胀制冷机两类。

活塞膨胀制冷机使气体在可变容积中膨胀,输出外功制冷。活塞膨胀制冷机分为立式和卧式两种,结构形式类似活塞式压缩机,由机身、气缸和中间座等固定件以及曲轴、连杆、活塞、进气阀、排气阀等活动件组成,进气阀和排气阀依靠进、排气凸轮定时启闭,也有不带凸轮的无阀或单阀活塞式膨胀机。

调节活塞膨胀制冷机产生流量的方法主要由改变膨胀机转速、改变充气度和节流调节。节流调节降低进气压力的方法最简单,但是不经济,很少采用。改变转速的方法需要专门的变速拖动设备,成本较高。目前,调节活塞膨胀制冷机冷量主要是改变充气度。充气度增加,通过膨胀机的空气量增加,因而制冷量增大。在接近于最佳充气度范围的充气度改变时,膨胀机的绝热效率变化不大。

涡轮膨胀制冷机是以气体膨胀时速度能的变化来传递能量的制冷机械,也称为速度型膨胀机。具有高转速、低温、压差大等特点,另外具有体积小、重量轻、效率高、噪声小、操作方便等优点。

涡轮膨胀制冷机按结构形式可分为单级和双级、立式和卧式、冲动式和反动式。常见的为单级向心径流反动式。涡轮膨胀制冷机的结构形式类似单级离心空压机,具有可调节进气量的导流器(可调喷嘴)。在制动方式方面,除电机制动、风机制动外,常用的还有增压机制动,组成增压涡轮膨胀制冷机组。

增压涡轮膨胀制冷机主要由膨胀机通流部分、增压机部分和机体三部分组成。膨胀机通流部分是获得低温的主要部件,包括蜗壳、喷嘴、膨胀轮和扩压器;增压部分是涡轮膨胀制冷机功率消耗元件,同时也对输入气体提供增压作用;机体起传递支撑和隔热的作用。由膨胀轮、增压轮和主轴等旋转部件组成转子,膨胀轮和增压轮位于主轴两端,称为双悬臂转子。

涡轮膨胀制冷机将来自上游的高压气体膨胀为低压气体，连续不断地将动能转换为机械能。高速气流使叶轮旋转，再通过由轴承支撑的转轴将机械能传递给压缩机制动消耗。气体在涡轮膨胀制冷机的通流部分中膨胀获得动能，并由工作轮输出外功，从而降低膨胀机出口气体的内能和温度。

目前增压涡轮膨胀制冷机的轴承形式有气体轴承、油轴承、磁悬浮轴承三种。气体轴承承载力相对较低，多用于中小型涡轮膨胀机。油轴承承载力较大，一般用于大中型增压涡轮膨胀机。磁悬浮轴承的轴承摩擦损失约为油轴承的1/4，节能效果显著。由于磁悬浮轴承需要高精度的电磁铁系统，并需要配置辅助轴承，目前成本较高，限值了产品的推广应用。

3.4 干燥机类型及结构特点

3.4.1 干燥机主要类型

空压机组输出的常温压缩空气中含有大量的水分，在空气降温过程中水分会结露析出，在管道和设备内部形成凝结水或者结冰，对设备造成严重损害，试验器或者低温制冷机都是不能接受的。因此压缩气都要经过一个干燥处理的过程，目前国内干燥机有冷冻式干燥机和吸附式干燥机两种形式。

冷冻式干燥机根据冷冻除湿原理，将来自上游的饱和压缩空气经过与冷媒的热交换冷却到一定的露点温度，凝析出大量的液态水，经气液分离器分离后排出，从而达到除水干燥的目的。吸附式干燥机根据变压吸附或者变温吸附原理，将来自上游的饱和压缩空气在一定的压力下经过与干燥剂接触，将大部分水分吸附在干燥剂里，干燥空气进入下游，从而达到深度干燥的目的。

冷冻式干燥机因为制冷原理限值，如果温度太低会出现结冰现象，所以输出的干燥气露点温度通常在 2～10℃。吸附式干燥机无须通过温度变化，干燥机可以进行深度干燥，所以其出口干燥气露点温度可以到 −40℃ 以下，实现深度干燥。

在电能消耗上，冷冻式干燥机通过冷媒压缩做功达到冷却目的，需要消耗电能，电源功率上比较高。吸附式干燥机利用干燥机吸附，正常干燥流程不需要很多电能消耗。吸附干燥的再生流程中，如果是无热再生，也不需要消耗很多电能，有热再生则需要进行空气加温和强制通风，电能消耗相对较大。

在气量损耗方面，冷冻式干燥机通过变温达到除水的目的，没有气量的损耗。而吸附式干燥机在吸附剂吸水饱和后进入再生流程，再生需要消耗干燥气，一般会有 12%～15% 的再生气消耗。

3.4.2 冷冻式干燥机的结构形式和特点

冷冻式干燥机按冷凝器的冷却方式分为气冷型和水冷型两种；按进气温度高低分为高温进气型（80℃ 以下）和常温进气型（45℃ 以下）；按工作压力分为普通型（0.3～1.2MPa）和中高压型（1.2MPa 以上）。

1. 工作原理

潮湿高温的压缩空气进入前置冷却器散热后流入热交换器，与从蒸发器出来的冷空气进行热交换，使进入蒸发器的压缩空气温度降低。换热后的压缩空气流入蒸发器，通过蒸发器的换热功能与制冷剂进行热交换，压缩空气中热量被制冷剂带走，压缩空气迅速冷却，潮湿空气中的水分达到饱和温度迅速冷凝，冷凝后的水分经凝聚后形成水滴，经过独特气水分离器高速旋转，水分在离心力的作用下与空气分离，分离后的水从自动排水阀处排出。

降温后的冷空气经空气热交换与入口的高温潮湿热空气进行热交换，经热交换的冷空气吸收了入口空气的热量而提升温度，同时压缩空气还经过冷冻系统的二次冷凝器与高温的冷媒再次热交换，使出口的温度得到充分加热，保证出口空气管路不结露。

2. 主要组成部件

（1）压缩机。目前冷冻式干燥机使用的压缩机大多采用全密封往复式压缩机，特点是结构紧凑、体积小、重量轻、振动小、噪声低、能效比较高。由于全密封压缩机的电动机和压缩机主体密封在金属壳体内，电动机处于冷媒气态环境中，电动机的冷却条件好。在大型冷冻式干燥机中，也经常采用半密封往复式压缩机或者螺杆压缩机，制冷功率大，可以进行负荷调节以适应不同的用气需求。

（2）热交换器和蒸发器。热交换器在冷冻式干燥机的主要作用是利用被蒸发器冷却后的压缩空气所带的冷量来冷却携带大量水蒸气温度较高的压缩空气，从而减轻冷干机制冷系统的热负荷。同时，低温压缩空气在热交换器中温度回升，使排气管道外壁不致因温度过低出现结露现象。

蒸发器是冷冻式干燥机的主要换热部件，压缩空气在蒸发器中被强制冷却，其中大部分水蒸气冷却而凝结成液态水排出，从而使压缩空气得到干燥。在蒸发器中进行的是空气与冷媒低压蒸汽之间对流热质交换，通过节流装置后的低压冷媒液体，在蒸发器中发生相变成为低压冷媒蒸汽，在相变过程中吸收热量从而使压缩空气降温。

为了获得较好的换热效果，应增加换热面积。因此冷冻式干燥机蒸发器和热交换器管道的外壁上一般采用设置金属翅片的措施。

（3）冷凝器。冷凝器的作用是将冷媒压缩机排出的高压过热冷媒蒸汽冷却成为液态制冷剂，使制冷过程得以连续不断地进行。由于冷凝器排出的热量包括冷媒从蒸发器吸取的热量以及由压缩功转换过来的热量，所以冷凝器的负荷比蒸发器大。冷凝器分为风冷式和水冷式两种。

二次冷凝器（预冷回收器）与热交换器功能基本相同，区别在于热交换器主要是高温和低温的压缩空气的换热，二次冷凝器主要利用低温压缩空气与冷冻系统的高压部分进行换热，使冷媒得到充分冷却，从而提高制冷效率。

（4）气水分离器。工业中常用的气水分离器有管式分离器、百叶窗式分离器、旋风式分离器等几种。冷冻式干燥机常采用旋风式分离器，属于惯性分离器。大量含水的蒸汽进入气水分离器，在其中以离心向下倾斜式运动，夹带的水分由于速度的降低被分离出来。被分离出来的液体流至下部经疏水阀排出，干燥气体从分离器出口排出。

（5）热气旁路阀。压缩空气在蒸发器中冷却时，有大量凝结水析出。如果冷媒蒸发温度过低，使蒸发器管道表面温度在负荷条件下低于水的冰点，凝结水就会在蒸发器内结冰，影响管道气流。为了控制冷媒蒸发温度，在冷凝器和蒸发器之间加设热气旁路阀，热气旁路阀的测压管与蒸发压力直接连接。当蒸发压力低于设定值，热气旁路阀自动开启，冷凝器中的高温冷媒蒸汽直接进入蒸发器，提升蒸发温度，避免结冰堵塞管道。

（6）膨胀阀。膨胀阀是制冷系统的节流元件。在冷冻式干燥机中，蒸发器制冷剂的供给及其调节通过节流元件实现。节流元件使制冷从高温高压液体进入蒸发器。当负荷变化时，膨胀阀通过检测压缩机吸气过热温度来调节阀芯开度，从而控制进入蒸发器冷媒供给量。

（7）自动排水阀。冷冻式干燥机装设自动排水阀，自动排水阀分为机械式和电子式两种。机械式自动排水阀装有储水器和浮球，当储水器水位升高，浮球升高打开排水孔，储水器内的冷凝水自动排除机外。电子式自动排水阀的排水时间和排水间隔时间都可以调整，使用更加方便。

3.4.3 吸附式干燥机的结构形式和特点

吸附式干燥机是工业中压缩空气除水干燥的常见设备。目前工业中需要产生压力露点温度低于零度的干燥压缩空气，吸附式干燥机几乎是唯一的选择。按吸附剂再生方式来说，主要分为无热再生吸附式干燥机和有热再生吸附式干燥机两种。无热再生吸附式干燥机工作原理为等温吸附，也称变压吸附。有热再生吸附式干燥机原理为等压吸附，也称变温吸附。还有一种微热再生吸附式干燥机，原理为变压吸附，类似于无热再生吸附式干燥机。

1. 工作原理

吸附作用是两种物质交界面上物质分子浓度发生变化的自然现象。吸附体系由吸附质和吸附剂组成，具有吸附能力的材料称为吸附剂，被吸附的材料称为吸附质。吸附剂与吸附质接触后会自发产生吸附现象，吸附过程降低了吸附剂本身所拥有的表面分子能量，根据热力学定律，在吸附式干燥机中，水蒸气被吸附的过程是不需要外界提供任何能量的自发过程。

干燥机中的吸附作用属于物理吸附，吸附作用力小，吸附过程可逆，且所有的吸附过程都是放热过程。物理吸附作用与凝聚相关，只有在低于被吸附物质的沸点时才能发生。

吸附剂的吸附量是基本参数，吸附量可分为静态吸附量和动态吸附量两个指标。静态吸附量是指当吸附剂与吸附质达到充分平衡后，单位质量吸附剂所吸附气体的数量或者质量。动态吸附量是指当混合气体通过吸附剂时被吸附的气体量的平均值。在吸附式干燥机中，压缩空气视为干空气和水蒸气的混合物，当干燥机出口达到设定露点温度值时，所吸附的水蒸气量和干燥塔内吸附剂重量的比值即为吸附剂的动吸附量。

按吸附剂的再生方法，将吸附循环分为变温吸附和变压吸附两大类。变温吸附是吸附过程在常温下进行，再生过程在高温下进行。变压吸附是吸附过程在较高的吸附质分压下进行，再生过程在较低的分压下进行。变温吸附工艺复杂，需要升温，循环周期长，投资较大，但是再生彻底，通常用于微量杂质的干燥净化。变压吸附循环周期短，吸附剂利用率高，吸附剂用量较少，不需要加热设备，但是再生不彻底，被吸附的杂质解吸程度低。

工业用于脱水干燥的吸附剂主要有硅胶、活性氧化铝和分子筛三种。硅胶在吸附后有压力的状态下容易破裂，所以在压缩空气的干燥机应用较少。活性氧化铝再生温度低，耐压能力好，在合适的条件下干燥露点可达−70℃以下。常用的分子筛是结晶硅铝酸盐的多水化合物，对水的亲和力很大，表面积大，可用于深度干燥；缺点是机械强度不高，压力作用下容易破碎。

活性氧化铝在大多数应用场合是吸附式干燥机的首选，但是由于在低水分环境下活性氧化铝的吸附能力不如分子筛，所以在获取极低压力露点温度的干燥空气时，经常是活性氧化铝和分子筛结合使用，活性氧化铝进行初步干燥，然后再用分子筛吸附剂进行深度干燥。

2. 吸附式干燥机主要结构和特点

为了保证供气连续性，几乎所有的吸附式干燥机都是双塔结构。其中一个塔在进行吸附流程时，另外一个塔可进行再生流程，经过一定时间后双塔工况进行自动切换。无热再生吸附式干燥机的工作周期比较短，一般为几分钟至十几分钟；有热再生吸附式干燥机由于吸附剂升温和降温的时间比较长，工作周期一般为几小时以上。

目前比较普遍的无热再生吸附式干燥机的工作流程：开机后，A塔做吸附运行，B塔做再生运行。在设定程序控制下，A塔的进气阀打开，含水分的压缩空气从下部入口进入A塔，水蒸气被吸附剂吸附，失去水分的干燥空气通过A塔上部出口的单向阀排出后进入用气管道。同时，A塔出口的一部分干燥空气通过节流阀孔板和微调阀从上部进入B塔，做从上至下的逆向流动，B塔中原先吸附剂吸附的水分在低压环境中脱附，并经B塔下部的再生排气阀排出塔外。在完成单塔吸附周期后，A塔和B塔运行工况切换，进入B塔吸附A塔再生的另外一个周期。

有热再生吸附式干燥机的工作流程与无热再生吸附式干燥机基本类似，再生周期分为两步，第一步是用经加温的高温室外空气从上部送入再生塔进行脱附；第二步是用冷却干燥空气从上部送入再生塔进行冷却流程。

在工业运用中，吸附式干燥机上游配置一台冷冻式干燥机，可以同时兼顾达到极低露点温度和降低再生气耗。通常情况下，这种组合应用在设备寿命周期内的节能降耗费用可以远远超过增加的设备投资。

3. 吸附塔的分类和特点

吸附塔的结构形式，可分为轴向立式吸附塔、轴向卧式吸附塔、径向立式吸附塔三种。轴向立式吸附塔为空气下进长出立式结构，压缩空气自下而上流经吸附床层而得到干燥。轴向卧式吸附塔为空气下进长出卧式结构，压缩空气自下而上流经吸附床层而得到干燥。径向立式吸附塔为空气由外到内径向结构，压缩空气自径向周边经吸附床层而得到干燥。三种形式吸附塔特点对比见表3-4。

不同形式的吸附塔特点对比　　　　　　　　　　　　表3-4

形式	轴向立式吸附塔	轴向卧式吸附塔	径向立式吸附塔
气流进床层型式	圆柱形填装下进上出	近长方形填装下进上出	圆环形填装外进内出
设备占地	较小	较大	较小
设备高度	较高	较低	较高
吸附剂粉化程度	较卧式稍大	较小	较大
气体通过阻力	较大	较径向稍大	较小

形式	轴向立式吸附塔	轴向卧式吸附塔	径向立式吸附塔
吸附剂填装量	按照基准~110%	基准	按照基准~110%
周期及适用	适用于气体量偏小型式，吸附周期偏短	适用于气体量较大型式，吸附周期较长	适用于气体量介于立式和卧式之间,吸附周期较短
产品气纯度稳定性	较低	较高	较高
更换吸附剂	较简单	较简单	很复杂
设备结构稳定性	较好	较好	很复杂,内筒体(多层)应力及变形情况比较复杂
设备投资	基准	较基准增加15%~30%	较基准增加40%~70%
再生能耗	基准	较基准增加15%~30%	较基准增加0~20%

4

自动化仪表和执行器

4.1 自动化仪表总体要求

4.1.1 概述

自动化仪表是检测仪表、显示仪表、调节与控制仪表及其辅助设备的总称。自动化仪表的专业范围为生产过程中的受控对象（热工量、机械量、成分量、设备状态等）的检测、显示、控制、存储、通信等。仪表是用于测量各种自然量（压力、温度、速度、电量等）并做一定信号处理，按指定方式输出的设备。

从目前国内仪表应用现状分析，常规的简单型仪表由于制作工艺成熟、价格低廉，在工业领域应用较为广泛；常规的调节性仪表（以常见的 PID 调节方式为主，具备位式控制和设置面板），在生产过程中对于简单对象的控制应用较多，作为单回路控制系统的主要元件；先进的智能仪表，利用集成化技术，可作为仪表、电路、功能单元和其他专用模块，应用领域越来越广泛。

未来仪表发展趋势以高速、高精度、高可靠性、高适用性为主要特征，向微型化、组合化、智能化、软件化、集成化、网络化、节能化等方面发展。

工业自动化仪表种类很多，分类方式也很多，具体如下：

（1）按仪表进程可分为单元式仪表、组合式仪表、数字式仪表、智能式仪表、虚拟式仪表、网络式仪表等。

（2）按仪表内容可分为热工仪表、分析仪表、机械仪表、调节仪表、显示仪表等。

（3）按仪表功能可分为检测型仪表、指示型仪表、变送型仪表、记录型仪表、积算型仪表、调节型仪表、执行型仪表等。

（4）按仪表能量可分为电动仪表、气动仪表、液动仪表、光电仪表等。

（5）按仪表规模可分为单元仪表、单体仪表、组合仪表、组装仪表、综合仪表、尖端仪表等。

4.1.2 仪表信号类型

工业自动化仪表的信号类型是由国际电工委员会（IEC）通过的标准规定的。过程控制系统的模拟信号为直流电流 4～20mA，电压信号为直流 1～5V。

采用电流信号的优点：不受传输线及负责电阻变化的影响，不容易受干扰，电流源内阻无穷大，导线电阻串接在回路中不影响精度，适用于信号的远距离传输；很多电动单元组合仪表是由力平衡原理构成的，采用电流信号可直接作用于磁场，产生正比于信号的机械力；对于需要电压输入的仪表和元件，在电流回路中串接电阻即可得到相应的电压信号，使用灵活。

采用直流信号的优点：传输过程中易于与交流感应信号干扰相区别；不存在相移问题；不受线路中电感、电容和负载性质的限制。

采用 4～20mA 的优点：4mA 表示零信号，这种零信号有利于识别仪表断线断电等故障，可以取 2mA 作为断线报警值；上限取 20mA 限制了线路能量，可以满足大多数场所的防爆要求；20mA 作为信号上限，取其 20％作为下限，保证了精度和量程。

仪表采用 4~20mA 信号模式，需要外接电源。可以采用电源线和信号线分别敷设，为四线制变送器；也可以信号和电源共用 N 线，为三线制变送器（和 PT 热电阻的 RTD 三线制不同）；也可以在控制端将电源和接收器串接，现场只需两线制接线。两线制接线一般采用双绞线，可以降低外部磁场耦合干扰，不易受线路寄生热电偶、电阻压降和温度漂移的影响。对于电容性干扰，4~20mA 的两线制环路，接受器电阻通常为 250Ω，较小的电阻不会产生明显误差。同时，两线制接线便于增设防电涌保护和安全栅等器件。

4.1.3　仪表性能指标

工业自动化仪表的性能指标，取决于误差的形成、误差的维持时间、误差特性及影响效果，性能指标可分为静态特性和动态特性两个方面。

仪表的静态特性是指仪表在信号输入时稳定运行后仪表的输出信号与输入信号之间的函数关系。动态特性是指仪表在信号输入时仪表输出信号与输入信号之间的函数关系。静态特性表示仪表稳定状态下的输入-输出关系，动态特性表示仪表的输出对输入变化的跟随能力。

1. 静态特性

静态特性反映了仪表在长期运行下的稳定性、精确性和可靠性。静态误差是指仪表稳定运行后仪表输出与设定参数的偏离值，反映了仪表的精度、稳定性和静态输出-输入特性。

精确度是测量结果与真实值的一致度，任何仪表都有一定的误差。精确度一般称为精度，用仪表满量程的最大绝对误差与该仪表量程的比值来表示，这种比值称为相对百分误差。工业仪表规定，去除相对百分误差中的百分比符号，称为仪表的精度，分为 7 个等级：0.1 级、0.2 级、0.5 级、1.0 级、1.5 级、2.5 级和 4.0~5.0 级。

稳定性是指在规定的工作条件保持恒定时，在规定时间内仪表性能保持不变的能力。一般用精密度数值和观测时间来表示。

仪表的静态输出-输入特性包括灵敏度、线性度、时滞、重复性几个方面。

仪表的灵敏度表示测量仪表达到稳定后对被测参数变化的敏感程度，以仪表输出与被测参量输入增量之比表示。仪表的分辨率表示能够检测到被测量最小变化的能力。仪表的灵敏限度是指仪表所能感受并开始发生动作的被测输入量的最小变化量，小于该值的部分就是死区，即不会引起仪表输出的输入值最大变化范围。

仪表的线性度是指线性仪表的校正曲线对一条直线的符合程度。实际仪表的输出-输入曲线是用标准设备对仪表反复测试得出的，只能接近线性，相比理论直线有偏差。实际曲线与两个端点连线之间的偏差最大值与输出满度值之比作为评价线性度的指标。

仪表的时滞是指仪表量程范围内被测量值上行和下行所得到的两条特性曲线之间的最大偏差与输入量程的比值。仪表的时滞越小，其输出的重复性和稳定性越好。

仪表的重复性是指仪表的输入量在同一方向变化时，在全量程内连续进行重复测量得到的输出-输入曲线不一致的程度。

2. 动态特性

工业自动化仪表在输入量随着时间变化时，由于仪表内部的惯性和滞后，存在动态误差。动态特性决定了仪表测量快变参数的精度，通常用稳定时间和极限频率表示。稳定时间又称阻尼时间，是指给仪表一个阶跃输入，从阶跃开始到输出信号稳定在最终稳定值规定的运行误差时所需的时间。极限频率是指仪表的有效工作频率，在这个频率内仪表的动态误差不超过允许值。

3. 仪表误差

误差是指测量结果与被测量真值之间的差别。真值是理论值，实际上是不存在的，一般用约定真值、相对真值、指定真值来代替。减少误差可以通过改进和提高测量手段，也可以对测量数据进行误差处理。仪表误差可分为系统误差、渐变误差、随机误差、粗大误差等几类。

系统误差是指测量工具或仪表本身以及测量者对仪表使用不当所造成的有规律的误差。可以采用多种方法减少或消除：引入更正值法、替换法、零位式测量法、补偿法、抵消法。

渐变误差又称趋势误差，是指随时间做缓慢变化、变化周期超过设备测量周期和记录周期的测量误差。渐变误差需要经常修正。

随机误差是在相同条件下多次重复测量同一量时，误差的大小和符号按照统计规律变化或符合正态分布的误差。通过多次重复测量结果取平均值，可以将随机误差控制在允许范围。

粗大误差是指某种过失导致的明显与事实不符的误差，也称反常误差。粗大误差必须通过统计方法甄别和删除。

4.1.4　仪表的检定、标定、校准

工业自动化仪表在应用前必须要进行标定，对于具有计量检测与显示的仪表，如电子秤、温度计、流量计、压力表等，不仅要对仪表的示值标尺进行标定，还要对仪表的示值准确度进行检定。

1. 检定

检定是指法制计量部门或法定授权组织按照检定规程，通过试验提供证明来确定测量器具的示值误差满足规定要求的行为。检定有两个目的：一是为了校验计量仪表与相对应的已知量值之间的偏差，使其始终小于有关计量仪表管理的标准规范规定的最大允许值。二是根据检定的结果对计量仪表做出继续使用、进行调查修理、降级使用或报废的决定。在检定完成时，应在计量仪表的专门记录上记载检定情况。

2. 标定

仪表标定的主要作用：确定仪表或测量系统的输入-输出关系，赋予仪表或测量系统分度值；确定仪表或测量系统的静态特性指标；消除系统误差，改善仪表或系统的准确度。在科学测量中，标定是一个不可忽视的步骤。

3. 校准

校准是在规定条件下，为确定测量仪表或测量系统指示的量值，与对应的由标准所复现的量值之间关系的操作。校准包括以下步骤：检验、矫正、报告、通过调整消除比较的测量装置在准确度方面的偏差。校准对于环境条件、标准仪表的选用、校准操作人员的资质都有相应的要求。

检定与校准有本质区别。检定结论具有法律效力，可作为计量器具或测量装置检定的

法定依据，《检定合格书》属于具有法律效力的技术文件。校准结论不具备法律效力，《校准证书》只是表面量值误差的技术文件。

4.1.5 传感器与变送器

仪表包括信号获取、信号处理和信号显示及输出。常规仪表基本结构见图 4-1。

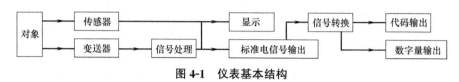

图 4-1　仪表基本结构

仪表中的首要环节就是传感器/变送器。传感器是感知被测物体，并将被测对象的变化按照某理化原理转换成电信号输出的装置。根据检测对象不同和检测方法不同，仪表分为整体式（配传感器探头）和分体式（传感器探头与主体仪表之间需要线缆连接）。对于分体式检测仪表，为保证传感器探头（又称一次仪表）提供的信号能够有效传送到主体仪表（又称二次仪表），同时也保证主体仪表具有通用性，将包括传感器探头在内的检测部分形成变送器，为主体仪表提供标准电流信号。

1. 传感器

传感器可以按不同的分类方式进行分类。根据输入物理量可以分为位移传感器、加速度传感器、温度传感器、压力传感器、流量传感器等；根据工作原理可以分为电容式传感器、差动变压器式传感器等；根据能量方式可以分为有源传感器和无源传感器。有源传感器将非电量转换为电量，有电磁式、压电式、热电式等。无源传感器无能量转换，被测非电量仅对传感器中的电量起调节作用，这种传感器必须有辅助电源，包括电阻式、电感式、电容式等。根据传感器的电信号输出分类，电阻输出有电位器式、热电阻式、热电耦式，电感输出有自感式、互感式，电容输出有极距式、面积式，电压输出有压电式、热电势式、霍尔式等，数字量输出有光栅式、磁栅式等。

检测方法可以分为接触式测量和非接触式测量。接触式测量，敏感元件得到的是被测对象在接触点的变化率，而非接触式测量则是处于被测对象所形成的一个物理场内的感知，如磁场、温度场等。

2. 变送器

变送器是传感器的一种标准化模式，输出与输入呈线性关系的标准电信号，实现自动控制系统中与显示调节系统的连接。工业过程中测量的各种非电物理量和各类电量，都需要转换成可接受的直流模拟量电信号才能传输到控制室或显示设备上，将被测物理量转换成可传输直流电信号的设备称为变送器。

变送器分为电量变送器和非电量变送器两大类。电量变送器包括电压变送器、电流变送器、功率变送器、频率变送器等，是将电网中的电压、电流、功率、频率等电参量，经隔离变送成线性的直流模拟信号或是数字信号。非电量变送器包括温度变送器、压力变送器、流量变送器、液位变送器等，将控制过程中的非电参量，变送成线性的直流模拟信号或是数字信号。另外还有组合型变送器、成分分析变送器、智能变送器等。

3. 温度变送器

温度变送器分为热电阻和热电偶两种主要类型。一体化温度变送器由热电阻或热电偶传感器组成的温度探头和配套的电子单元组成，采用固体模块形式将测温探头与接线盒形成一体化构造。一体化温度变送器具有结构简单、线路节省、抗干扰能力强、信号线性度好等优点。

热电阻温度变送器由基准单元、电阻/电压转换单元、线性电路、保护电路、电压/电流转换单元等组成。测温热电阻探头的信号转换放大，由线性电路对温度和电阻的非线性关系进行补偿，经电压/电流转换电路后输出一个与被测温度呈线性关系的 4～20mA 的恒流信号。

热电偶温度变送器的基本构成与热电阻温度变送器类似。不同的是热电偶温度变送器配备断偶保护，当热电偶断丝或接触故障，变送器输出电流最大值（28mA）作为报警信号。

4. 压力变送器

压力变送器由测压元件传感器、模块电路、显示表头和相关连接件组成，将测压元件接收的气体、液体压力信号转换成标准的电流电压信号。主要工作原理为：流程压力和参考压力分别作用于压力敏感元件（集成硅、陶瓷等材料）两侧，其差压使硅片产生微米级的形变，使压力敏感元件上半导体材料制成的电桥电路在外部电流源驱动下输出正比于压差的 mV 级电压信号，经过差动放大器将信号放大和消除温度漂移干扰，放大后的信号经电压/电流转换电路后输出一个与被测压力呈线性关系的 4～20mA 的恒流信号。

5. 其他变送器

工业自动控制中常见的变送器还有液位变送器（包括浮球式液位变送器、浮筒式液位变送器、静压式液位变送器等）、电容式物位变送器、超声波变送器、酸碱盐浓度变送器、电导变送器等。

随着计算机和智能技术的发展，目前的智能变送器在变送器内集成了智能处理单元。利用微处理器的运算和存储能力，对传感器数据进行处理，包括对测量信号的调节处理、数据显示、自动校正补偿等，还可以通过反馈回路对传感器进行调节。

4.1.6 仪表供电要求

1. 电源质量和容量

仪表电源为测量和控制仪表提供直流或交流动力的电源，可以由无后备系统的普通电源供电，也可以由不间断电源供电。具体供电电源质量和容量要求见表 4-1。

仪表供电电源质量和容量要求 表 4-1

电源类型	方式	电压	频率	波形失真度	纹波电压	交流分量	电源容量
普通电源	交流	220±22V	50±1Hz	<10%	—	—	≥1.5倍
	直流	24±1V	—	—	<5%	<100mV	≥1.5倍
不间断电源	交流	220±11V	50±0.5Hz	<5%	—	—	≥1.5倍
	直流	24±0.3V	—	—	<0.2%	<40mV	≥1.5倍

采用 DCS、SIS、PLC 等控制系统时，二线制变送器宜由控制系统的 I/O 卡件供电。电磁阀电源电压宜采用 24V 直流电源。安全联锁作用的电磁阀的直流电源应由冗余

配置的直流稳压电源供电或由 UPS 的直流电源供电。

2. UPS 电源要求

（1）输入参数：

输入电压：三相，380V±57V 或单相，220V±33V；

输入频率：50Hz±2.5Hz。

（2）UPS 5s 内过载能力不小于 150％。后备电池供电时间不少于 30min。UPS 应具备故障报警、过载保护、变压稳压功能，且应具备维护旁路功能。

3. 直流稳压电源的要求

（1）输入参数：

输入电压：三相，380V±57V 或单相，220V±33V；

输入频率：50Hz±2.5Hz。

（2）外界因素影响的要求：

环境温度对输出的影响：<1.0％/10℃；

机械振动对输出的影响：<1.0％；

输入电压瞬断（100ms）对输出的影响：<1.0％；

输入电压瞬时过压对输出的影响：<0.5％；

接地对输出的影响：<0.5％；

负载变化对输出的影响：<1.0％；

长期漂移：<1.0％。

4. 电压线路要求

电压线路长期运行载流量不应小于线路上端保护电器整定电流的 1.25 倍。交流电源线应与其他信号导线分开敷设，无法分开时应采取金属隔离或屏蔽措施。配电线路上的电压降不应影响用电设备的正常工作。

4.1.7 仪表配管配线要求

1. 测量管线的选用

（1）测量管线与仪表根部阀应根据管道等级表采用螺纹连接、法兰连接或承插焊的连接形式。测量管线（包括阀门和管件）之间的连接方式，宜采用焊接方式（包括对焊和承插焊）或卡套方式。

（2）测量管线的材质宜选用不锈钢。测量管线、管件和阀门宜选用同种材质。

（3）测量管线规格和壁厚见表 4-2。

测量管线规格和壁厚   表 4-2

	压力等级	卡套连接	对焊连接	承插焊连接
壁厚(mm)	≤PN160	1.5,2.0	2	3
	≤PN260	—	4	4
	≤PN420	—	4,5	5
外径(mm)		Φ12	Φ14,Φ18	Φ14,Φ18

2. 测量管线敷设

（1）测量管线敷设，应避开高温、工艺介质排放口、腐蚀、振动及妨碍检修等场所。

（2）测量管线水平敷设，应有 1∶10～1∶100 的坡度。当冷凝液或气体难以自流返回工艺管道或设备时，液相介质的测量管线最高点应设排气装置；气相介质的测量管线最低点应设排液装置。

（3）当压力等级大于或等于 PN160 且根部阀为双阀时，仪表排放阀应设置为双阀或单阀加管帽。

（4）测量管线上排放或排污的端口应设堵头，直接与大气连接的仪表接口宜设不锈钢保护网。

（5）测量管线与高温设备、管道相连时，应采取热膨胀补偿措施。

3. 电缆的选用

（1）仪表信号电缆的线芯截面积应满足线路阻抗和机械强度要求，最小不应小于 $0.75mm^2$。敷设在桥架或者保护管中的二芯或三芯仪表信号电缆的线芯界面宜为 $1.0\sim1.5mm^2$，热电偶补偿导线宜为 $1.0\sim2.5mm^2$。

（2）仪表信号电缆宜选用多股铜芯聚乙烯绝缘聚氯乙烯护套带屏蔽的软电缆。屏蔽选择，宜选总屏蔽加分屏蔽电缆。

（3）不同电平的信号，不应共用同一根多芯电缆和同一接线箱。

（4）仪表电缆与电力电缆交叉敷设时，宜成直角跨越；与电力电缆平行敷设时，两者之间的最小距离见表 4-3。

仪表电缆和电力电缆平行敷设的最小允许距离（mm） 表 4-3

电力电缆电压和工作电流	相互平行敷设的长度			
	＜100m	＜250m	＜500m	≥500m
125V,10A	50	100	200	1200
250V,50A	150	200	450	1200
200～400V,100A	200	450	600	1200
400V～500V,200A	300	600	900	1200
3000V～10000V,800A	600	900	1200	1200

（5）多芯电缆的备用芯数宜为使用芯数的 10％～15％。

（6）电缆桥架的材质可选用热浸锌碳钢、带金属屏蔽网的复合材料、铝合金或不锈钢。电缆桥架应有排水孔。

（7）仪表交流电源线路，应与仪表信号线路分开敷设；补偿信号电缆，应与其他信号电缆分开敷设；本安信号线和非本安信号线也应分开敷设。分隔方式可采用可靠接地的金属隔板，也可采用不同桥架。铠装电缆、光缆可不分开敷设。

4.1.8 仪表接地要求

1. 保护接地

（1）下述用电仪表及自控设备应做保护接地：仪表盘、仪表操作台、仪表柜、仪表架和仪表箱；仪表控制系统机柜和操作站；计算机系统机柜和操作台；供电盘、供电箱、用电仪表外壳、电缆桥架、保护管、接线箱和铠装电缆的铠装护层。

（2）低于 36V 供电的现场仪表、变送器、就地开关等，可不做保护接地。

（3）已设置保护接地的设备可认为已做了静电接地。防静电活动地板应做静电接地。静电接地和保护接地应合用接地系统。

2. 工作接地

（1）工作接地包括信号回路接地和屏蔽接地。

（2）信号回路接地：非隔离的信号需要建立一个统一的信号参考点，应进行信号回路接地（通常为直流电源负极）；隔离信号可以不接地，隔离要求每一信号和其他信号是绝缘的，对地绝缘，电源是独立且相互隔离的。

（3）电缆的屏蔽层、排扰线、仪表上的屏蔽接地端子均做屏蔽接地；不带屏蔽层的普通多芯电缆的备用芯应接地；屏蔽层已接地的屏蔽电缆的备用芯可不接地；穿保护管的多芯电缆备用芯可不接地。

（4）模拟量信号的屏蔽线宜采用单端屏蔽接地（接地点应靠近干扰源）；数字量信号和差分信号的屏蔽线宜采用双端屏蔽接地；如果双端接地的两个接地点之间电位差可能造成等电位电流流过两端连接的屏蔽层，这时就应该在两个接地点之间另外安装一个等电位导体。

3. 接地方法

（1）现场仪表电缆槽、仪表电缆保护管和 36V 以上的仪表外壳的保护接地，应每隔 30m 用接地连接线与就近已接地的金属构件相连，并应保证其接地的可靠性和电气连续性。不得利用可燃性介质的金属设备管道及构件进行接地。

（2）现场仪表的工作接地一般应在控制室侧接地；需要在现场接地的现场仪表，应在现场侧接地；控制室侧和现场侧同时接地的，应将两个接地点做电气隔离。

（3）现场仪表接线箱两侧的电缆屏蔽层应在箱内跨接；多芯电缆的备用芯应做端子连接。

（4）控制室安装仪表的自控设备内应分类设置保护接地汇流排、信号机屏蔽接地汇流排和本安接地汇流排。保护接地汇总板和工作接地汇总板应经过各自的接地干线接到总接地板。

4. 接地系统连接要求

（1）接地系统导线应采用多股绞合铜芯绝缘电线或电缆。

（2）接地系统连接导线的界面要求：

接地连线：$1\sim2.5mm^2$；接地分干线：$4\sim16mm^2$；接地干线：$10\sim25mm^2$；接地总干线：$16\sim50mm^2$。

（3）接地汇流排宜采用 $25mm\times6mm$ 的铜条制作，也可用连接端子组合。

（4）所有接地连接线在接到接地汇流排之前应良好绝缘；所有接地分干线在接到接地汇总板前应良好绝缘；所有接地干线在接到总接地板之前均应良好绝缘。

5. 接地电阻要求

仪表系统的接地连接电阻不应大于 1Ω；仪表系统的接地电阻不应大于 4Ω。

4.1.9 仪表施工相关要求

1. 取源部件安装

（1）在设备或管道上进行取源部件的开孔和焊接工作，必须在设备和管道的防腐、衬里和压力试验前进行。取源部件安装完毕，应与设备和管道同时进行压力试验。

（2）取源部件不应在焊缝及其边缘上开孔及焊接。

（3）温度取源部件安装应符合以下要求：

① 与管道相互垂直安装时，取源部件轴线应与管道轴线垂直相交。

② 与管道呈倾斜角度安装时，宜逆着物料流向，取源部件轴线应与管道轴线相交。

③ 在管道拐弯处安装，宜逆着物料流向，取源部件轴线应与工艺管道轴线重合。

（4）压力取源部件的安装位置应选取物料流速稳定的位置。压力取源部件与温度取源部件在同一管段上时，应安装在温度取源部件的上游侧。

（5）在水平和倾斜的管道上安装压力取源部件，取压点应符合以下要求：

① 测量气体压力时，应在管道上半部。

② 测量液体压力时，应在管道下半部与管道水平中心线成 0°～45° 夹角的范围内。

③ 测量蒸汽压力时，应在管道上半部，以及下半部与管道水平中心线成 0°～45° 夹角的范围内。

（6）流量取源部件上下游直管段的最小长度应满足相关规定。

（7）在流量节流件上游安装温度计时，温度计与节流件的直管段距离不小于 $5D$（温度计套管直径 $\leqslant 0.03D$，D 为管道内径）或 $20D$（$0.03D <$ 温度计套管直径 $\leqslant 0.13D$）。

在节流件下游安装温度计时，温度计与节流件的直管段距离不应小于管道内径的 5 倍。

（8）流量测量元件的节流装置取压口安装方位要求同压力取源部件取压点。

（9）皮托管和均速管等流量检测元件的取源部件轴线应与管道轴线垂直相交。

2. 仪表设备安装

（1）现场仪表的安装应位于观测、操作和维护方便的位置，不应安装在有振动、潮湿、电磁场干扰、高温和腐蚀性的位置。仪表的中心距地高度宜为 1.2～1.5m。

（2）直接安装在管道上的仪表，应在管道吹扫后安装，或者在吹扫前将仪表拆下。

（3）测量低压的压力表或变送器的安装高度，宜与取压点高度一致。测量高压的压力表距离操作面不小于 1.8m，或者加设保护罩。

（4）节流件的安装方向，应使流体从节流件的上游端面流向节流件的下游端面。孔板的锐边或喷嘴的曲面应迎着流体的方向。

（5）电磁流量计外壳、被测流体和管道连接法兰之间应连接为等电位，并应接地。电磁流量计在管道上垂直安装时，被测流体应从下而上，在水平管道上安装，两个测量电极不应在管道的正上方和正下方。

（6）均速管流量计的总测压孔应迎着流向，其角度偏差不应大于 3°。检测杆应通过并垂直于管道中心线，其偏离中心的偏差、与管道不垂直的偏差均不应大于 3°。

4.2　主流仪表品牌介绍

目前国内工业仪表市场，高端产品以进口品牌为主，包括罗斯蒙特中国有限公司（Rosemount，以下简称罗斯蒙特）、日本横河电机公司（Yokogawa，以下简称横河）、恩德斯豪斯（中国）自动化有限公司（Endress＋Hauser，以下简称 E＋H）、德国科隆仪表

（中国）有限公司、西门子中国有限公司等厂商。国产品牌正在逐渐增强竞争力，扩大市场份额，主要国产品牌有重庆川仪自动化股份有限公司（以下简称重庆川仪）、上海自动化仪表有限公司（以下简称上海自仪）、北京京仪集团有限公司等，规模较大的 DCS 厂商也有自己的仪表产品线，例如浙江中控与和利时，都有工业仪表产品。

4.2.1 罗斯蒙特

罗斯蒙特是艾默生公司旗下的仪表公司，产品包括全面的压力、温度、流量、液位和安全测量仪表。创立 100 多年以来，罗斯蒙特公司一直在压力、温度、流量和物位等系列仪表产品领域中被公认为产品设计和制造方面的世界领先企业。

罗斯蒙特压力、温度、液位和流量测量技术可缩短项目执行周期，并降低成本支出。在仪表全寿命周期内，可以帮助客户提高正常运行时间，最大限度地减少成本，并增强环保性。

罗斯蒙特包括以下产品系列：

（1）罗斯蒙特压力变送器产品包括：罗斯蒙特 3051S 系列仪表，罗斯蒙特多参数变送器，罗斯蒙特 3051/2051 压力变送器，罗斯蒙特 2088 表压和绝压变送器，罗斯蒙特 2090P 纸浆和造纸变送器，罗斯蒙特 2090F 卫生型变送器，罗斯蒙特 4600 面板安装式变送器。

（2）罗斯蒙特差压流量产品包括：罗斯蒙特多参数变送器，罗斯蒙特阿牛巴流量计，罗斯蒙特调节孔板流量计，罗斯蒙特紧凑型孔板流量计，罗斯蒙特其他孔板产品。

（3）罗斯蒙特差压液位产品包括：罗斯蒙特 3051S 电子远程传感器，罗斯蒙特 3051S 可扩展液位变送器，罗斯蒙特 3051 液位变送器，罗斯蒙特 2051 液位变送器，罗斯蒙特 1199 密封系统。

（4）罗斯蒙特仪表阀组包括：罗斯蒙特 305 集成式仪表阀组，罗斯蒙特 306 直通式集成式仪表阀组，罗斯蒙特 304 传统式仪表阀组。

4.2.2 横河

横河公司是一个全球知名的测量、工业自动化控制和信息系统的制造商，创建于 1915 年。2020 年 6 月，主营产品 EJA 智能变送器突破总销量 400 万台大关；2021 年，变送器年产量超过 40 万台，是世界主要智能差压/压力变送器的生产基地之一。

横河公司的仪表产品系列主要为 EJA 和 EJX 两个系列。EJA 系列产品是世界首创——单晶硅谐振传感器。EJX 变送器是横河公司 2006 年推出的产品，精度比 EJA 变送器提高，部分产品的量程比扩大，量程分档更细。EJX 的稳定性也大幅度提高，稳定性达到 10 年以上，EJA 的稳定性在 5 年以上。当然 EJX 价格也高于 EJA。

EJX 系列产品是采用单晶硅传感器的高品质电子差压变送器，适用于液体、气体或蒸汽的流量以及液位、密度和压力测量。可以通过内藏显示表或 BRAIN 协议或 HART 通信协议显示其静压。还具有快速响应、通信协议远程设定、自诊断功能以及任选高/低压力报警状态输出功能等特征。可提供 FF 现场总线型。EJX 系列标准配置具有 TUV 认证，除 FF 现场总线型外都适用于 SIL2 场合。EJX 和 EJA 的性能指标对比见表 4-4。

表 4-4

性能指标	EJX	EJA
(基表)重量	2.7kg	3.9kg
准确度(标准)	0.04%	0.075%
准确度(R 级)	0.025%	0.04%
稳定性	10 年免调校	5 年免调校
静压影响/6.9MPa	(0.025URL＋0.1SPAN)%	(0.028URL＋0.1SPAN)%
温度影响/28℃	(0.009URL＋0.04SPAN)%	(0.02URL＋0.07SPAN)%
含零点静压误差	0.24%(1/5 量程)	0.30%(1/5 量程)
总精度(含零点静压,过载压力影响)	0.12%URL 0.25%1/5URL	0.34%1/5URL
显示	宽大 LCD 显示,棒状图,压力显示	液晶显示
输出	上下限报警	无
响应时间	90ms	600ms
防护等级	IP67	IP67
通信距离(多芯双绞线)	1.5km	1.5km
静压 EJA110A/EJX110A	25MPa	16MPa
量程比(基表)	200：1	100：1
外壳	铝合金	铝合金
静压输出(标准功能)	0.2%准确度	有可能无
质量保证	1 年(12 年：R 级)	1 年

4.2.3 E＋H

E＋H 公司提供专业用于过程自动化行业的仪表、系统和服务，涉及物位、流量、压力、温度、分析测量与数据采集。E＋H 的仪表产品组合能够利用不同的测量原理测量各类过程变量，能够为每项测量任务提供适合的解决方案。

现场仪表根据不同的应用场合，采用不同的测量原理，进行可靠、精确的测量，满足不同的测量要求。借助各类不同的现场测量和控制仪表、系统组件和可视化数据管理以及记录单元和软件，支持现场仪表无缝集成至不同的自动化系统，改善生产过程控制水平。

在过程自动化领域，E＋H 提供用于流量、物位、压力、温度测量，过程分析和数据管理的产品、服务和解决方案，为化工、食品与饮料、生命科学、能源与电力、原材料与冶金、石油与天然气以及水和污水等多个行业提供产品。

E＋H 的 FLEX 细分产品选型系统（Fundamental - Lean - Extended - Xpert）提供不同类型的产品选择，包括：Fundamental 选型（简易产品），适合基本测量任务；Lean 选型（标准产品），适合关键工艺的测量；Extended 选型（高端产品），适合工艺流程优化；Xpert 选型（定制产品），适合特殊测量要求。E＋H 流量计产品参数见表 4-5，压力变送器产品参数见表 4-6，温度变送器产品参数见表 4-7。

E＋H流量计产品参数　　　　　　　　　　表 4-5

类型	电磁流量计	科氏力质量流量计	涡街流量计	超声波流量计	热式流量计
型号	PROline	PROline	Prowirl	ProsonicFlow	t-mass
公称口径(mm)	2～2000	1～100	15～300	50～3000	15～1000
测量范围	11300m³/h	350t/h	5380m³/h	380000 m³/h	155000m³/h
测量精度	0.2%	0.1%	1%	2%	2%
输入/输出	4～20mA 频率/继电器	4～20mA 频率/继电器	4～20mA 电压脉冲	4～20mA 频率/继电器	4～20mA 电压脉冲
供电	85～260VAC/20～55VAC/16～62VDC				20～30VDC
通信	HART/PROFIBUS /FF			HART	HART

E＋H压力变送器产品参数　　　　　　　　表 4-6

类型	压力变送器	压力变送器	压力变送器	差压变送器	静压变送器
型号	CerabarT	CerabarM	CerabarS	DeltabarS	DeltapilotS
精度	0.5%	0.2%	0.1%	0.1%	0.1%
长时间稳定性	0.15%/年	0.1%/年	0.1%/年	0.1%/年	0.1%/6 个月
过载	40 倍量程	40 倍量程	40 倍量程	420bar	25bar
量程	100mbar～400bar	10mbar～400bar	5mbar～400bar	1mbar～40bar	10mbar～4^{10}bar
过程温度	－20～100℃	－40～350℃	－40～350℃	－40～350℃	－10～100℃
输出信号	4～20mA	4～20mAHART Profibus		4～20mAHART Profibus/FF	

E＋H温度变送器产品参数　　　　　　　　表 4-7

型号	TMT137	TMT187	TMT188	TMT181	TMD182	TMD834
输入	Pt100	RTD/TC	TC	Pt100/RTD/TC	Pt100/RTD/TC	Pt100/RTD
输出	4～20mA	4～20mA	4～20mA	4～20mA	4～20mA	Profibus
通信	无	无	无	PCP	HART	Profibus
安装	表 B/现场外壳 IP66				现场外壳 IP66	

4.2.4　重庆川仪

重庆川仪是集科研、生产制造、销售、进出口贸易、投资为一体的大型企业，目前在工业自动控制系统装置制造国内综合实力排名第一。仪表产品的年生产能力为工业自动化仪表 80 万台套、电工仪器仪表 3 万台套、成分分析仪器 4000 台套、光学仪器 10000 台套、实验室仪器及装置 3000 台套、仪表元件 30000 万件、仪表材料 500t。重庆川仪温度仪表产品及特性见表 4-8，压力仪表产品及特性见表 4-9，流量仪表产品及特性见表 4-10。

重庆川仪温度仪表产品及特性　　　　　　　表 4-8

仪表分类	仪表型号	主要性能参数	主要特性
温度仪表	WR 系列热电偶	测温范围－40～1300℃； 分度号 K/N/E/J/T/S/B/R； 允差Ⅰ级/Ⅱ级/P 级	测温范围广、使用寿命长、安装便利、抗振性能好、热响应快

仪表分类	仪表型号	主要性能参数	主要特性
温度仪表	WZ 系列热电阻	测温范围-200~600℃; 分度号 Pt100/Pt1000; 允差 A 级/B 级	铠装式、装配式和多点式,测温精度高,稳定性好,结构紧凑,安装方便
	SBW 一体化变送器	测量精度±0.1%/±0.2%; 输出信号 4~20mA; 通信协议 HART/PA/FF	自带就地显示和隔离单元,可分体安装,多种信号传输模式
	WSS 系列双金属	测温范围-80~600℃; 测量精度 1.0 级/1.5 级; 压力等级 Class150~2500	不锈钢表盘匹配元件打印刻度,精确匹配温度点,变形小,传动效率高

重庆川仪压力仪表产品及特性　　　　　　　　　　　　表 4-9

仪表分类	仪表型号	主要性能参数	主要特性
压力仪表	PDS 智能压力变送器 (PDS805)	精度±0.1%FS(最高±0.025%FS); 响应时间 90ms; 最大量程比 100∶1; 稳定性±0.1%FS/10 年; 量程范围 0~40MPa(G)/; 0~20MPa(A)	用于测量液体、气体或蒸汽压力,高稳定性,智能诊断及仿真,组态方式多样化
	PDS 差压变送器 (PDS843)	精度±0.04%FS; 响应时间 90ms; 最大量程比 100∶1; 稳定性±0.1%FS/10 年	用于测量液体、气体、蒸汽的差压、流量,并将其转换为 4~20mA d.c. 电流(叠加HART 通信)、Profibus-PA 通信信号、FF 通信信号
	PDS 液位变送器 (PDS863)	精度±0.04%FS; 最大量程比 30∶1; 稳定性±0.1%FS/10 年; 量程范围 0~10MPa	用于测量液体液位

重庆川仪流量仪表产品及特性　　　　　　　　　　　　表 4-10

仪表分类	仪表型号	主要性能参数	主要特性
电磁流量计	MFL 两线制	口径范围:DN1.5~DN600; 准确度等级:0.5; 介质温度:-25~140℃	两线制系统,无须 AC 电源,功耗为普通型的 1%~4%,带 LCD 显示器
	MFE-X1 高精度	口径范围:DN2.5~DN2400; 准确度等级:0.5/0.3; 介质温度:-25~140℃	交流 AC(100-230)±15%V,50Hz,最大功耗 10W;具备开关量输入功能,可控制流量计是否计量
	MMFE-S 多功能	口径范围:DN2.5~DN2400; 准确度等级:0.5/0.2; 介质温度:-25~180℃	测量准确度高,可达示值的±0.2%,而且可测量正/反两个方向的流量;测量范围宽,可达 1500∶1
	MFC 通用性	口径范围:DN2.5~DN2400; 准确度等级:0.5/0.2; 介质温度:-25~180℃	测量准确度高,可达示值的±0.2%,而且可测量正/反两个方向的流量;管道空管后,自动检测并使数据置零和报警
差压流量计	一体化孔板流量计	口径范围:DN15~DN1000; 准确度等级:0.5/1.0; 介质温度:-40~500℃; 压力等级:0.25~42MPa	一体化孔板流量计集成了整体式孔板、三阀组、差压变送器等部件,安装维护简便、定位准确度好、测量准确度高、性能稳定可靠

仪表分类	仪表型号	主要性能参数	主要特性
差压流量计	多孔孔板流量计	口径范围:DN25～DN3000; 准确度等级:1.0; 介质温度:－196～600℃; 压力等级:0.25～42MPa	多孔平衡孔板流量计的测量准确度是传统节流装置的5～10倍,流动噪声降低到1/15,永久压力损失约为1/3,压力恢复快2倍,最小直管段小至1D
	喷嘴流量计	口径范围:DN50～DN1200; 准确度等级:1.0; 介质温度:－196～600℃; 压力等级:0.25～42MPa	结构简单,安装方便;可耐高温高压、耐冲击;耐腐蚀性能好,寿命长;精度高、重复性好、流出系数稳定
	均速管流量计	口径范围:DN200～DN6000; 准确度等级:1.0; 介质温度:－196～600℃; 压力等级:0.25～10MPa	长期稳定、重复性好,安装维护简单压损小;可在管线运作状态下插入和拔出,方便维护
涡街流量计	VFE智能型	口径范围:DN15～DN300; 准确度等级:0.5/1.0; 介质温度:－40～250℃	自带温度传感器、压力传感器,能实时测量流体的温度和压力;低流量:仪表的可测下限流速低至0.2m/s
	VFD抗振型	口径范围:DN15～DN600; 准确度等级:0.5/1.0; 介质温度:－40～400℃	管道振动强度高达3g;流速低至0.2m/s的流体情况下可以准确测量

4.2.5　上海自仪

上海自仪为上海电气(集团)有限公司控股企业。主营产品有:温度仪表、压力仪表、流量仪表、物位仪表、称重仪表、转速仪表、校验装置、显示/记录/巡检仪表、执行器/阀门、节流装置、分析仪表、仪表盘/柜、调节器、成套装置、电动单元组合仪表、气动单元组合仪表、电测量仪表及变送器共17个大类,下属十几个分厂生产制造,广泛应用于火电、核电、石油、化工、轻工、纺织、冶金、机械制造、警医药、食品以及国防科研行业的自动化控制系统中。上海自仪各分厂产品分类见表4-11。

上海自仪各分厂产品分类　　　　表4-11

分厂名称	主要产品
上海自动化仪表一厂	3151系列电容式压力/差压变送器,SH1151、SH1153核安全级压力/差压变送器,3151系列现场总线电容式压力/差压变送器
上海自动化仪表三厂	接触式温度仪表、非接触式温度仪表和智能温度变送器等,以及其他配套使用的仪表与装置产品
上海自动化仪表四厂	压力检测仪表和压力计量仪表,二位式控制器
上海自动化仪表五厂	物位类仪表(有各系列变选器、控制器、物位开关和指示液位计、基地式仪表就地指示液位计);压力测量类仪表(高压、超高压压力表和精密高压压力表以及船用压力控制器);机械量仪表
上海自动化仪表六厂	XTMA-100/XTMA-1000型数显调节仪和记录仪表。大小型自动平衡记录仪,电位差记录仪及智能数显调节仪(可用于流量,压力,温度显示和报警)
上海自动化仪表七厂	气动、电动调节阀;气动、电-气阀门定位器;气动辅助仪表
上海自动化仪表九厂	YF型系列旋涡流量计、LL型系列腰轮流量计、LLQ型气体腰轮流量计、LZ型系列金属管转子流量计、LWGY型系列涡轮流量传感器、LS型旋转活塞式流量计

分厂名称	主要产品
上海华东电子仪器厂	拉向、压向、梁式、多用及压力 5 大系列不同等级的近 30 个型号 200 余种规格传感器
上海自动化仪表十一厂	6 大系列(DDZ 系列、A/M 系列、AI/MI 系列、ID/IDM 系列、TK/IK 系列、HA/HM 核电系列)近百种型号的电动执行机构
上海调节器厂	DSC 控制系统,KM 系列数字式单回路调节器,上调上自仪,SFX-2000 信号源、HCC、DF-2031 调节器,1151、3351 变送器,卡式仪表系列、温度仪表、扩散硅变送器、S 系列控制仪表、K 系列卡式仪表、磁翻板液位计、节流装置
上海转速表厂	机械转速表、电子式转速表及智能化仪表、标准转速发生装置、转速传感器 4 大类
上海大华仪表厂	DCS 控制系统、PLC 以及电控装置等产品,有 SUPMAX 系列分散控制系统、SUPSIS 系列安全仪表系统、SUPNOVA 系列可编程控制器、SUPDEH/DAS 专用控制装置
上海远东仪表厂	二位式控制器,受控物理参量有压力、差压、温度、流量、密度、振动等多种
上海光华仪表厂	CEC 系列电容式差压/压力变送器、CEC(H)系列核安全级变送器、LD 系列电磁流量计、LC 系列椭圆齿轮流量计、孔板节流装置(含核级)、UCA(H)系列核安全级吹气装置
上海自一船用仪表有限公司	法国 CMR 公司技术引进的 Q96、Q72 系列电量与非电量测量指示电表

4.3　主要类型的自动化仪表

4.3.1　温度监测仪表

1. 温度与温标

温度是表征物体冷热程度的物理量。温标是衡量物体温度的标尺。温标规定了温度的起始点和测量温度的基本单位。常用温标有以下 4 种:

(1) 摄氏温标（℃）:分度方法规定在标准大气压下纯水的冰点为 0℃,沸点为 100℃,将汞柱在这两点之间变化的液柱长度分为 100 等分,每一等分代表 1℃。

(2) 华氏温标（℉）:分度方法规定在标准大气压下纯水的冰点为华氏 32 ℉,沸点为 212 ℉,将汞柱在这两点之间变化的液柱长度分为 180 等分,每一等分代表 1 ℉。

(3) 热力学温标（K）:又称绝对温标或者开尔文温标。体现温度仅与热量有关而与工质无关。绝对温标规定水在标准大气压下的三相点为 273.16℃,沸点与三相点分为 100 格,每格为 1℃,记作符号 K,把水的三相点以下 273.16K 定为绝对零度。使用中以气体温度计经过示值修正后复现热力学温标。

(4) 国际温标:国际协议性温标,它与热力学温标相接近,而且复现精度高,使用方便。目前使用的是 1990 国际温标（ITS-90）,定义了国际开氏温度（符号为 T_{90}）和国际摄氏温度（符号为 t_{90}）,物理量 T_{90} 的单位是开,符号是 K;物理量 t_{90} 的单位是摄氏度,符号为℃。

2. 温度监测方法

温度不能直接测量,必须借助冷热不同物体之间的热交换,或者物体的某些物理性质随温度不同产生的变化来间接测量。温度测量方式分为接触式和非接触式两大类。各种不同的测量方法及仪表分类见表 4-12。

温度测量方法及仪表适用范围   表 4-12

测量方法	温度计种类			测温范围（℃）
接触式	膨胀式温度计	液体膨胀式	有机液体	−100～+100
			水银	−50～+600
		固体膨胀式	双金属片	−80～+600
	压力式温度计	液体型	水银	0～+600
			甲醛	0～150
			二甲苯	0～400
		气体型		500
		蒸汽型		150
	热电阻温度计	铂热电阻		−200～+960
		铜热电阻		−50～+100
		特殊热电阻		−200～+700
		半导体热敏电阻		−40～+350
	热电偶温度计	铂铑-铂		1600
		镍铬-镍硅		1000
		镍铬-铸铜		600
非接触式	光电高温计			800～6000
	辐射高温计			100～2000
	比色高温计			800～2000

3. 双金属温度计

双金属温度计的感温元件是用两片线膨胀系数不同的金属片叠焊在一起制成的。双金属片受热后，由于两种金属片的膨胀长度不同而产生弯曲，温度越高，线膨胀长度差就越大，弯曲的角度就越大。实际双金属温度计用双金属片制成螺旋状感温元件，外加金属保护套管。当温度变化时，螺旋状感温元件的自由端转动，带动指针在刻度盘显示对应的温度值。

4. 热电阻温度计

热电阻温度计利用导体和半导体的电阻随温度变化的原理。一般金属在温度升高 1℃时，电阻增加 0.5％左右。半导体的电阻一般随温度增加而减小，且灵敏度比金属高，每升高 1℃，电阻减少 2％～6％。

热电阻温度计的特点是测量精度高，在测量 500℃以下的温度时，输出信号比热电偶大很多，项目稳定，灵敏度高。热电阻温度计输出为电信号，便于信号传输、多点测量和自动控制，不需要进行冷端补偿。工业上常用的金属热电阻温度计有铂电阻和铜电阻。

（1）铂电阻

铂的特点是精度高、稳定性好、性能可靠、耐氧化性强、测温范围宽。铂容易提纯加工，有较高的电阻率；相对缺点是电阻温度系数较小，价格较高。铂电阻的电阻-温度公式见式（4-1）和式（4-2）。

$$R_t = R_0(1 + At + Bt^2) \quad -273 < t < 0℃ \tag{4-1}$$

$$R_t = R_0[1 + At + Bt^2 + Ct^2(t-100)] \quad 0 < t < 961.78℃ \tag{4-2}$$

式中，R_0 为温度在0℃时电阻值（Ω）；

R_t 为温度在 t℃时的电阻值（Ω）；

A 为铂电阻温度系数，A＝3.90802×10^{-3}℃；

B 为铂电阻温度系数，B＝-5.082×10^{-7}℃；

C 为铂电阻温度系数，C＝-4.2735×10^{-12}℃。

铂电阻的分度号为 Pt100、Pt500 和 Pt1000 等，是指在0℃时铂电阻 R_0 值分别100Ω、500Ω 和 1000Ω。

（2）铜电阻

铜易于提纯加工且价格便宜，在-50～+150℃范围内稳定性好。因此在精度要求不高、温度较低的场所，普遍使用铜电阻温度计。铜电阻-温度公式见式（4-3）。

$$R_t = R_0[1 + \alpha(t - t_0)] \tag{4-3}$$

式中，R_0 为温度在0℃时电阻值（Ω）；

R_t 为温度在 t℃时的电阻值（Ω）；

α 为铜电阻温度系数，α＝4.25×10^{-3}℃。

铜电阻的分度号为 Cu50、Cu100 等，是指在0℃时铜电阻 R_0 值分别50Ω、100Ω。

（3）金属热电阻温度计

热电阻温度计由热电阻、引线、连接导线、测量桥路和显示仪表组成。工业用热电阻主要由电阻、绝缘体、保护套管和接线盒组成，还配有外部测量控制装置的连接件。

热电阻温度计的接线形式有两线制、三线制和四线制三种。热电阻作为测量桥路的一个桥臂电阻。

两线制接线比较简单，由于引线都接在电桥的一个桥臂上，引线电阻及阻值变化会带来测量误差，适用于线路较短、精度要求不高的应用。

三线制接线是指在热电阻的一端连接一根导线，另一端连接两根导线的接线方法。由于热电阻的两根连线分别接至相邻两桥臂内，温度引起的连线电阻的变化对电桥的影响相互抵消。这种接法可以较好地消除连线电阻的影响，测量精度比较高。工业应用中一般采用三线制接法。

四线制接线是指热电阻两端分别接两根导线的接法。其中两根导线为热电阻提供恒流源，热电阻上产生的压降通过另外两根导线引至电位差计进行测量。这种接线能完全消除引线电阻带来的附加误差，主要用于高精度测量。

5. 热电偶温度计

热电偶温度计是以热电效应为基础的测温装置。它属于自发电型传感器，工作时可以不需要外部电源，可以直接驱动动圈式仪表。热电偶测温范围广，下限接近绝对零度，上限超过2000℃，而且结构简单、使用方便、准确可靠，信号便于传输、记录和集中控制。

热电偶是两种材料成分或电子浓度不同的金属材料经过特殊加工形成的闭合回路，将温度信号转换成热电动势信号，通过传输导线到电气仪表转换成被测介质的温度。热电偶产生的电动势数值，当热电偶材料均匀时，与热电偶的长度和直径无关，只与热电偶的成分和两端的温差相关。

热电偶在冷端温度不为0时，会出现较大的测量误差，因此需要使用补偿导线进行冷端补偿。补偿导线有相关要求：在导线工作温度范围内，应具有与热电偶相同的热电效应；每一种热电偶均有对应的补偿导线，不能混用，连接时极性也不能接反；热电偶与补偿导线连接应可靠，且接头处温度不应超过100℃；热电偶与补偿导线的接头温度应与二次仪表接头温度一致，否则会产生测量误差。

国际电工委员会和国际计量委员会共同制定了ITS-90的分度表，规定了8种标准热电偶，分度号分别为S、R、B、K、N、E、T、J，采用的材质和测温范围都不一样，根据工程实际需要选用。

同一分度号的热电偶可以串联或并联使用。热电偶正向串联，可以获得较大的热电势输出，从而提高灵敏度；测两点温差时可以采用热电偶反向串联；热电偶并联可以测平均温度，同时可以提高系统的可靠性，避免单支热电偶断线中断工作。

6. 辐射式高温计

辐射式高温计基于物体热辐射作用来测量温度，属于非接触式测量。这类温度计按测量方法分为亮度法、辐射法、比色法等。辐射式高温计的测量原理是任何热源均有其对应的电磁波向外辐射，辐射的波长区域包括微波、红外线、可见光、紫外线等。

辐射式高温计的具体类型有全辐射高温计、光学高温计、光电高温计和红外探测器。红外探测器可分为热探测器和光探测器两类。热探测器基于热电效应，有热电堆型、热释电型和热敏电阻型。光探测器基于光电效应，反应速度比热探测器快得多，主要有光敏电阻型和光生伏特型。

7. 温度仪表的选用

(1) 温度仪表单位应采用摄氏温度（℃）；且应采用直读式。

(2) 温度检测元件在满管流体管道上垂直安装或与管壁成45°角安装时，温度检测元件末端浸入管道内壁长度不应小于50mm，不宜大于125mm。

温度检测元件在设备上安装时，温度检测元件末端浸入设备内壁长度不应小于150mm。

温度检测元件套管宜选用整体钻孔锥形保护套管。

(3) 就地温度仪表的最高测量值不应大于仪表测量范围上限的90%，正常测量值宜在仪表测量范围上限值的50%左右。

压力式温度计测量值应在仪表测量范围上限值的50%～75%。

0℃以下低温测量，仪表测量范围应覆盖环境温度。

(4) 就地温度检测宜选用双金属温度计。双金属温度计表壳直径宜选用$\phi100mm$，观测调节较差可选用$\phi150mm$。

(5) 在温度测量精度要求较高、反应速度较快、无振动的场合，宜选用热电阻，热电阻宜采用Pt100分度号，宜采用三线制接线。

在温度测量范围大、有振动的场合，宜选用热电偶。其测量端在满足响应速度的情况下，宜选用绝缘式；对于响应速度要求快的情况，热电偶测量端应选用接壳式。

(6) 保护套管与工艺过程宜采用法兰连接方式。在不允许采用法兰连接的场合，可以采用焊接连接；在压力等级不大于150Lb及非危险介质的保护套管，也可以采用螺纹连接方式。

8. 常规温度仪表产品选型

Pt100 热电阻选型见表 4-13，热电偶选型见表 4-14。

Pt100 热电阻选型 表 4-13

型号	分度号	测量范围	精度	允许偏差
WZP	Pt100	−200～+650℃	A 级	±(0.15 或 +0.002 $\lvert t \rvert$)
WZPK			B 级	±(0.3 或 +0.005 $\lvert t \rvert$)
电阻体个数	无	单支		
	2	双支		
安装固定方式		1	无固定装置	
		2	固定卡套螺纹	
		3	活动卡套螺纹	
		4	固定卡套法兰	
		5	活动卡套法兰	
接线盒形式			1	赫斯曼接头
			2	防喷式
			3	防水式
			4	防爆式
			6	圆插接式
			7	扁插接式
			8	手柄式
			9	补偿导线式
产品直径(mm)				3	$\phi 3$	铠装式
				4	$\phi 4$	
				5	$\phi 5$	
				6	$\phi 6$	
				8	$\phi 8$	
				1	$\phi 12$	装配式
				0	$\phi 16$	
$L \times I$		长度(mm)×插入深度(mm)				

型号示例：WZP-230(PT100/防水接线盒/直径 16mm/固定螺纹 M27×2)$L \times I$＝500×350

热电偶选型 表 4-14

型号	分度号	材料	测量范围	允许偏差
WRN	K	镍铬-镍硅	0～1200℃	±(2.5 或 +0.75 $\lvert t \rvert$)
WRE	E	镍铬-铜镍	0～900℃	±(2.5 或 +0.75 $\lvert t \rvert$)
WRP	S	铂铑 10-铂	0～1600℃	±(1.5 或 +0.25 $\lvert t \rvert$)
WRR	B	铂铑 30-铂铑 6	600～1700℃	±(1.5 或 +0.25 $\lvert t \rvert$)

型号	分度号	材料	测量范围	允许偏差
WRC	T	铜-铜镍	−40～350℃	±(1.0 或 +0.75│ t │)
WRF	J	铁-铜镍	−40～750℃	±(2.5 或 +0.75│ t │)

电偶个数	0	单支
	2	双支

固定方式	1	无固定形式
	2	固定螺纹
	3	活动法兰
	4	固定法兰
	5	活动法兰角尺形
	6	固定螺纹锥形保护管
	7	其他

接线盒形式	2	防溅式
	3	防水式

保护管直径(mm)和材料	0	$\phi16$ 金属管
	1	$\phi20$ 金属管
	2	$\phi16$ 陶瓷管
	3	$\phi20$ 陶瓷管
	4	$\phi25$ 陶瓷管

$L\times I$	长度(mm)×插入深度(mm)

型号示例：WRK2-230(镍铬—镍硅/双支/防水接线盒//固定螺纹 M27×2/$\phi16$ 金属保护管)

4.3.2 压力检测仪表

在工业生产过程中，压力是重要参数。在航空发动机试验气源领域，压力和真空度的测量是非常重要的工作参数和安全保护参数。在某些项目中，高压可超过 50MPa，抽气压力低于 20kPa。如果压力不符合要求，不仅无法满足试验任务需求，还可能造成严重的安全事故。另外，某些参数如物位、流量等，往往通过测量压力或者差压进行。

1. 压力的基本概念

在工程应用中，介质垂直均压作用于单位面积上的力成为压力或压强。压力分为绝对压力和表压力。绝对压力式从绝对真空算起，而表压力式表示物体受到超出大气压的压力大小。习惯上把绝对压力低于大气压力的情况称为负压或真空。

压力的国际标准单位是帕斯卡（Pa），1Pa 为 $1N/m^2$，其他单位还有工程大气压（at、kgf/cm^2）、物理大气压（atm）、巴（Bar）、psi（pound/inch^2）、米水柱（mH$_2$O）、毫米汞柱（mmHg）等，基本换算如下：

1 标准大气压=760mmHg=1.01325×10^5Pa=10.336（mH$_2$O）；

1 工程大气压=98.0665 千帕（kPa）；

1 千帕（kPa）=0.145 磅力/平方英寸（psi）=0.0102 千克力/平方厘米（kgf/cm^2）=

0.0098 大气压(atm)；

1 磅力/平方英寸(psi)＝6.895 千帕(kPa)＝0.0703 千克力/平方厘米(kgf/cm²)＝0.0689 巴(bar)＝0.068 大气压(atm)；

1 物理大气压(atm)＝101.325 千帕(kPa)＝14.695949400392 磅力/平方英寸(psi)＝1.01325 巴(bar)。

在工程应用中，常用的管道和阀门压力有公称压力 PN 和美国标准磅级。PN 是一个用数字表示的与压力有关的代号，是提供参考用的一个方便的圆整数。PN 近似于折合常温的耐压 MPa 数，是国内阀门通常使用的公称压力。

美国标准的阀门以磅级表示公称压力。磅级是对于某一种金属的结合温度和压力的计算结果，根据美国国家标准协会《钢制阀门标准》ANSI B16.34 的标准计算。磅级与公称压力不是一一对应的，主要原因是磅级与公称压力的温度基准不同。PN 是指在 120℃下所对应的压力，而磅级美国标准是指在 425.5℃下所对应的压力。压力等级 PN 和磅级的换算见表 4-15。

压力等级 PN 和磅级的换算   表 4-15

磅级(Class)	150	300	400	600	800	900	1500	2500	3500	4500
公称压力 PN	20	50	63	100	130	150	250	420	560	760

2. 压力表的分类

压力表按照仪表作用原理可分为 4 类：

（1）液柱平衡式压力计。根据流体静力学原理，将被测压力转换为液柱高度进行测量。

（2）弹性力平衡式压力计。利用各种弹性元件受压作用后产生弹性形变所产生的位移进行测量。可以根据弹性元件种类分为膜片式压力计、波纹管式压力计、弹簧管式压力计等；根据弹性变形的测量方法可分为简单机械弹簧式压力计、电测变形式压力计。

（3）电气式压力计。通过机械和电气元件将被测压力转换成电量进行测量，如各种压力传感器和压力变送器。

（4）活塞式压力计。利用水压液体传送压力的原理，将被测压力转换成活塞上所加平衡力的数值进行测量。

3. 弹性式压力计

弹性式压力计应用广泛，利用各种形式的弹性元件，在被测介质的作用下，使弹性元件受压后产生弹性形变而制成的测量压力仪表。弹性压力计具有结构简单、工作可靠、读数清晰、价格低廉、测量范围宽、精度高等优点。例如增加记录机构、电气变换线路等附件，可以实现压力的记录、远传、报警联锁、自动控制等。

根据弹性元件的不同，可以分为薄膜式、波纹管式、弹簧管式、螺旋管式等。弹簧管是弯曲成圆弧形的金属管，可以分为单圈弹簧管和多圈弹簧管两种。薄膜式弹性元件可以分为膜片和膜盒，测压范围比弹簧管式要小。波纹管易于变形，位移较大，一般用于低压测量。

弹簧管压力计可以增加报警或控制触点，做成电接点信号压力表。在压力表上设置动触点和静触点，压力超过上限时动触点与上限静触点接触，接通上限报警回路。压力低于下限式动触点与下限静触点接触,接通下限报警回路。

4. 电气式压力计

电气式压力计是将压力转换成电信号进行传输和显示的仪表,由压力传感器、测量电路和信号处理装置组成。电气式压力计的测量范围很广,可以从 $7×10^{-5}$MPa 到 500MPa 的压力,误差小于 0.2%。可以远距离传输信号,实现压力自动控制和报警联锁。压力传感器的种类很多,常见的有霍尔片式、应变片式、压阻式、电容式等。

（1）霍尔片式压力传感器

当电流垂直于外磁场通过半导体时,载流子发生偏转,垂直于电流和磁场的方向会产生附加电场,从而在半导体的两端产生电势差,这一现象就是霍尔效应,这个电势差也被称为霍尔电势差。霍尔片式压力传感器由弹簧管、固定在弹簧管自由端的磁性材料和霍尔元件组成。被测对象的压力引起的弹性元件弹簧管产生的位移通过霍尔片转换成霍尔电势差输出,再通过转换电路转换成标准电信号,完成压力的测量。

（2）应变片式压力传感器

应变片式压力传感器由应变筒体、应变片、固定外壳、密封膜片几部分组成。被测对象的压力作用于密封膜片,从而使应变筒发生形变,固定在应变筒上的由康铜丝材料制成的应变片也随之发生形变,应变片的电阻值发生相应变化。两个应变片布置方式分别沿应变筒的轴向和径向固定,并与两个固定电阻组成桥式电路。在外部压力带来的应变筒形变下,两个应变片的形变方向相反,导致电阻值相应增大或减小,从而在桥式电路获得不平衡电压输出,再通过转换电路转换成标准电信号,完成压力测量。

（3）压阻式压力传感器

压阻式压力传感器利用单晶硅压阻效应,采用单晶硅片作为弹性元件,在单晶硅的特定方向上布置一组等值电阻,并将电阻接成桥路。当压力发生变化时,单晶硅产生应变,使直接布置在硅体表面的应变电阻产生与压力线性比例的变化,从而在桥式电路获得电压输出信号,再通过转换电路转换成标准电信号,完成压力测量。

压阻式压力传感器精度高、工作可靠、响应频率高、尺寸小、结构简单、重量较小,能适应恶劣的工作环境,便于实现数字化传输。

（4）电容式压力变送器

电容式压力变送器内部有两片隔离膜片构成的空腔,其内充满硅油。空腔中间是由弹性材料制成的测量膜片作为电容的中央动极板。当被测压力和基准压力分别加于左右两侧的隔离膜片时,通过硅油将差压传递到测量膜片上,使其向压力小的一侧弯曲变形,引起中央动极板与两边固定极板之间的距离发生变化,从而使两侧的电容不再相等,电容量的变化通过引线传递至测量线路,再通过转换电路转换成标准电信号,完成压力测量。

5. 活塞式压力计

活塞式压力计分为密封式和非密封式两种。测量原理是在自由运动活塞上,被测压力与标准重物所产生的力相互平衡,从而根据标准重物的重量来测定被测压力。活塞式压力计测量精度很高,误差可低于 0.02%,但是结构复杂、造价昂贵,且在工程上使用不方便,一般用作标志性压力测量仪表,用来校验其他类型的压力计。

6. 压力仪表的选用

压力仪表的选用,应根据工艺要求的技术条件、被测介质的工作环境等,合理选择压力仪表的种类、型号、量程和精度。

（1）就地压力表的选择：压力在−40～40kPa时，宜选用膜盒压力表；压力在40kPa以上时，宜选用波纹管压力计或弹簧管压力表；压力在−100～0kPa时，宜选用弹簧管真空管。

在管道和设备上安装的压力表，表盘直径宜选用φ100mm或者φ150mm；在仪表气动管路及其辅助设备上安装的压力表，表盘直径宜为φ60mm。

（2）量程的选择：压力表所测压力的最大值一般不超过仪表测量上限的2/3；当被测压力波动较大时，压力变化范围应控制在量程上限的1/3～1/2。为保证测量精度，被测压力不应低于量程上限的1/3。

（3）压力测点的选择：测点前后应有足够的直管段；取压管不能突出管道内壁，避免流体动压造成的误差；测点应选择在管道不易堵塞的部位；阀门附件设置测点时，取压口在阀前，距离阀门不小于2倍管道直径，如取压口在阀后，距离阀门不小于3倍管道直径。

（4）取压管的选择：取压管要求减少延迟时间，当取压管长度不大于20m时，取压管内径不小于3mm；当长度不大于20m时，取压管内径不小于5mm；取压管长度超过50m，取压管内径不小于8mm。

取压管的敷设应有一定的倾斜度，便于排除凝结水或气体。被测介质为气体，在取压管的最低点要装设排泄凝结水的装置；被测介质为液体，在取压管的最高点要装设排气装置。

（5）压力表位置误差修正：被测介质为气体，一般可不做位置修正；如被测介质为液体，由于压力表安装位置和被测点不在同一标高，之间的垂直距离取压管中的液柱重量会导致仪表指示值和被测压力之间产生误差，因此仪表的读数应根据液柱的高度进行修正。

（6）使用注意事项：检查取压管的密封性，及时消除泄漏现象；压力表使用前，检查零位是否正确；起动压力表，先开启一次阀门，导压管内介质温度稳定后再开启二次阀门；开启仪表阀门应缓慢操作，开满后应倒回半圈。

7. 常规压力仪表选型

罗斯蒙特3051系列压力变送器型号特点见表4-16，罗斯蒙特3051C系列压力变送器选型见表4-17。

罗斯蒙特3051系列压力变送器型号特点　　　　表4-16

型号	类型	量程范围	精度	传感器形式	安装方式
3051CD	差压变送器	−13800～13800kPa	0.075%	电容式	引压管
3051CG	表压变送器	−101～13800kPa	0.075%	电容式	引压管
3051CA	绝压变送器	0～27580kPa	0.075%	电容式	引压管
3051TG	表压变送器	−101～68900kPa	0.075%	多晶硅压电式	直连式
3051TA	绝压变送器	0～68900kPa	0.075%	多晶硅压电式	直连式
3051SD	差压变送器	−13800～13800kPa	0.04%	电容式	引压管
3051SG	表压变送器	−101～13800kPa	0.04%	电容式	引压管
3051SA	绝压变送器	0～27580kPa	0.04%	电容式	引压管

型号	类型	量程范围	精度	传感器形式	安装方式
3051PD	参考级差压变送器	0~248kPa	0.05%	电容式	引压管
3051PG	参考级表压变送器	0~13800kPa	0.05%	电容式	引压管
3051HD	高温差压变送器	−13800~13800kPa；≤191℃	0.075%	电容式	引压管
3051HG	高温表压变送器	−101~13800kPa；≤191℃	0.075%	电容式	引压管
3051L	液位变送器	0~2070kPa	—	电容式	法兰安装

罗斯蒙特 3051C 系列压力变送器选型　　　　　　表 4-17

型号	变送器类型		
3051C	共平面压力变送器		
测量类型			
D	差压		
G	表压		
A	绝压		
压力范围	差压(3051CD)	表压(3051CG)	绝压(3051CA)
1	−6.21~6.21kPa	−6.21~6.21kPa	0~206.84kPa
2	−62.16~62.16kPa	−62.16~62.16kPa	0~1034.21kPa
3	−248.64~248.64kPa	−97.71~248.64kPa	0~5515.80kPa
4	−2068.4~2068.4kPa	−97.90~2068.4kPa	0~27579.03kPa
5	−13789.5~13789.5kPa	−97.90~13789.5kPa	不适用
0	−745.9~745.92Pa	不适用	不适用
变送器输出			
A	4~20mA,支持基于 HART 协议的数字信号		
F	FOUNDATION 现场总线协议		
W	PROFIBUS PA 协议		
X	无线(2.4GHz WirelessHART)		
M	低功耗,1~5Vdc,支持基于 HART 协议的数字信号		
结构材质	过程法兰类型	法兰材质	排放/通气阀
2	共平面	不锈钢	不锈钢
3	共平面	铸造 C-276	合金 C-276
4	共平面	合金 400	合金 400/K-500
5	共平面	镀层碳钢	不锈钢
7	共平面	不锈钢	铸造 C-276
8	共平面	镀层碳钢	铸造 C-276
隔膜			
2	316L 不锈钢		

型号	变送器类型	
3	合金 C-276	
4	合金 C400	
5	钽(不可用于 3051CA)	
6	镀金合金 400	
7	镀金 316 不锈钢	
O 型圈		
A	玻璃填充 PTFE	
B	石墨填充 PTFE	
传感器填充液		
1	硅油	
2	惰性(差压和表压)	
外壳材质		导线管入口尺寸
A	铝制	½-14NPT
B	铝制	M20×1.5
J	不锈钢	½-14NPT
K	不锈钢	M20×1.5
P	工程聚合材料	无导线管入口
D	铝制	G½
M	不锈钢	G½

4.3.3 流量检测仪表

1. 基本概念

流量是指单位时间内流经封闭管道的流体量，可分为体积流量（单位为 m^3/s、m^3/h）和质量流量（单位为 kg/s、kg/h）。单位时间为 1s 时称为瞬时流量，单位时间为 1h 时称为累积流量。流量检测仪表分为流量计和计量表两大类，流量计指示或记录流体的流量，计量表则计算流体的总量。

流体检测仪表的检测对象为流动介质，有以下特点：流体介质在流动时其内部分子的摩擦力影响流体的状态；流体介质在流动时，介质与管道的内部的摩擦力影响流体的状态；流体介质的自身重量在不同的重力加速度区域，有不同的流体状态。

表示流体状态用雷诺数概念。雷诺数 Re 式表征黏性介质流动特效的无量纲量，与流体介质的黏度 η、管道内径 D、介质密度 ρ 和介质的流速 V 见式（4-4）：

$$Re=(\rho \times V \times D)/\eta \tag{4-4}$$

式中，Re 为雷诺数，无量纲；

ρ 为介质密度（kg/m^3）；

η 为流体介质的黏度（$kg \cdot s/m^2$）；

D 为管道内径（mm）；

V 为介质流速（m/s）。

流体的流动状态由雷诺数决定，雷诺数小时为层流，雷诺数大时为湍流。换言之：流速越大，流过物体表面距离越长，密度越大，层流边界层便越容易变成湍流边界层；相反，黏性越大，流动起来便越稳定，越不容易变成湍流边界层。流体由层流向湍流过渡的雷诺数，称为临界雷诺数，记作 Re。

2. 流量计的分类

流量计可分为速度式流量计、容积式流量计、差压式流量计、质量式流量计、流体阻力式流量计、测速式流量计和流体振动式流量计等。

速度式流量计是以测量流体在管道内的流速作为依据来计算流量的仪表。基于测速原理可以分为两类，一是直接测量流量流速的仪表，如电磁流量计、超声波流量计等。这种工作方式无须在管道内设置检测元件，不会改变流体的流动状态，也不会产生压力损失。二是通过设置在管道内的检测变换元件（如孔板、涡轮等），将被测流体的流速通过函数关系变换成压差、位移、转速等信号，由此间接测量流速。这种工作方式下的流量仪表有差压式流量计、涡轮流量计、涡街流量计、靶式流量计等。

容积式流量计是精度最高的一类流量仪表。利用机械测量元件把流体连续不断分隔成多个已知的体积部分，根据计量仓逐次、重复地充满和排放该体积部分的流体，统计次数来测量流体体积流量，可分为椭圆齿轮流量计、腰轮流量计、活塞式流量计、刮板式流量计等。

容积式流量计的特点是计量精度高，误差可低于 0.2%，可用于高黏度流体的测量，属于直读式仪表，无须外部能源即可直接获得累积总量。缺点是结构复杂、体积大，对被测介质的工况限值较大，不适用于高低温场合，也不适用于带有杂质的流体。

质量式流量计是以测量流体流过的质量为依据的流量计。质量式流量计采用速度式流量仪表先测出体积流量，再通过密度换算成质量流量。由于介质密度会随压力、温度变化而有所变化，工业上的质量流量计应采取温度、压力的补偿措施。

3. 流量计的测量方法

（1）容积法。利用流量计内部活动部件的旋转，将流体按某个确定的容积依次连续排出，从而测量出排出的流量总量。

（2）流体力学法。第一种利用流体动压测量流量，在管道中安装一个阻力体，使与阻力体接触的流体改变流动方向，阻力体上获得动压，通过该动压测得流量。该种测量方法有动压板式流量计、动压管式流量计、靶式流量计、皮托管流量计等。第二种利用流体介质的振动测量流量。在管道中插入非流线型物体，流体流过时在下游方向产生两排交替出线的旋涡，测量旋涡频率可算出流量。该种测量方法有涡街流量计。第三种根据流体在不同流通面积的流动状态测量流量。流体流经节流元件改变流通面积，节流元件前后的流动状态改变，通过测量前后压差可获得流量，如差压式流量计。第四种是利用流体离心力测量流量，利用动压能和静压能的转换测量流量等。

（3）电学法。通过电磁感应原理测量流量，如电磁流量计、涡轮流量计等。

（4）声学法。通过声音在流体中传播的时差、频差、相差等变化率来测量流量，如超声波流量计。

（5）热学法。流体介质在流动时产生热量损失，热量损失大小可以反映流体速度，从而获得流量，如托马斯式流量计、边界式流量计。

4. 椭圆齿轮流量计

工作原理：当被测液体经管道进入流量计时，由于进出口处产生的压力差推动一对齿轮连续旋转，不断地把经初月形空腔计量后的液体输送到出口处，椭圆齿轮的转数与每次排量 4 倍的乘积即为被测液体流量的总量。

工作特点：流量测量与流体的流动状态无关；黏度愈大的介质，从齿轮和计量空间隙中泄漏出去的泄漏量愈小，因此被测介质的黏度愈大，泄漏误差愈小，对测量愈有利；椭圆齿轮流量计计量精度高，适用于高黏度介质流量的测量，但不适用于含有固体颗粒的流体（固体颗粒会将齿轮卡死，以致无法测量流量）。如果被测液体介质中夹杂气体时，也会引起测量误差。

5. 差压式流量计

差压式流量计又称节流式流量计，是基于流体流动的节流原理，利用流体流经节流装置时产生的压力差实现流量测量。节流装置将被测流量转换成差压信号，差压计测量差压信号并传输信号，显示部分将差压计的信号转换成流量信号显示。

流动流体的能量包括流动速度形成的动能和流体压力形成的静压能。根据能量守恒定律，流体的动能和静压能，加上克服流动阻力的能量损失，在没有外加能量的情况下保持不变。流体在有节流装置的管道中流动时，在节流装置前后的管壁处，流体的静压力产生差异的现象称为节流现象。管道中流动的流体流量越大，在节流装置前后产生的压差也越大，也即节流式流量计测量的原理。节流装置的种类很多，常见的有孔板、喷嘴、文丘里管等。

根据流量基本公式，流量与压力差的平方根成正比。所以差压流量计使用时被测流量不应接近量程下限，否则误差会比较大。差压式流量计的标准节流装置取压方法有角接取压和法兰取压。标准孔板可以采用两种方法，标准喷嘴只能采用角接取压。

节流装置的选用和安装应注意以下几点：

（1）从加工难度和造价而言，孔板最简单，喷嘴次之，文丘里管最复杂。工程上选用孔板较多。要求压力损失较小时，可以采用喷嘴、文丘里管。

（2）测量某些带有杂质和腐蚀性的流体介质时，推荐采用喷嘴。

（3）在流量值与差压值相同的情况下，喷嘴有较高的测量精度，流量计前后所需的直管段也较小。

（4）被测介质为高温、高压时，建议选择孔板和喷嘴。文丘里管只适用于低压的流体介质。

（5）节流装置的开孔和管道的轴线必须同心，且节流装置端面与管道的轴线垂直。

（6）节流装置前后长度为 2 倍管径的管道内壁不应有突出物和不平整现象。

（7）节流装置的前后均应配置一定长度的直管段。

（8）标准节流装置适用于直径大于 50mm 的管道中。

（9）被测介质应充满管道并连续稳定流动。

6. 涡轮流量计

在流体流动的管道内，安装一个叶轮，当流体流过叶轮式，流体的动能使叶轮转动。流体的流速越高，动能越大，叶轮转速越高。在规定的流量范围和一定的流体黏度下，转速和流速呈线性关系。由于叶片有导磁性，它处于信号检测器（由永久磁钢和线圈组成）

的磁场中，旋转的叶片切割磁力线，周期性地改变着线圈的磁通量，从而使线圈两端感应出电脉冲信号，此信号经过放大器的放大整形，形成有一定幅度的、连续的矩形脉冲波，可远传至显示仪表，显示出流体的瞬时流量和累计量。在一定的流量范围内，脉冲频率 f 与流经传感器的流体的瞬时流量 Q 成正比。

涡轮流量计具有精度高、重复性好、结构简单、耐高压、测量范围宽、体积小、重量轻、压力损失小、维修方便等优点，用于封闭管道中测量低黏度气体。涡轮流量计的涡轮易于磨损，被测介质不应带有杂质，否则容易影响测量精度和损坏涡轮。

7. 靶式流量计

靶式流量计是一种流体阻力式仪表。测量元件是一个放在管道中的靶，靶受到的流体阻力由两部分组成，一部分是流体和靶表面的摩擦阻力，另一部分是流体在靶后分离产生的压差阻力。选用靶式流量计，应明确测量介质的相关参数，包括介质种类、测量范围、常用流量、工作压力、工作温度、机制动力黏性系数、介质使用状态密度等。

靶式流量计安装时，靶的安装应于管道通中，且应控制管道内表面粗糙度对流量系统的影响，并需要靶前（6～8D）靶后（4～5D）的直管段。

8. 涡街流量计

涡街流量计又称卡门旋涡流量计，是利用流体自然振荡原理制成的一种旋涡分离式流量计。流体在管道中经过涡街流量变送器时，在三角柱的旋涡发生体后上下交替产生正比于流速的两列旋涡，旋涡的释放频率与流过旋涡发生体的流体平均速度及旋涡发生体特征宽度有关。根据这种关系，旋涡频率可以计算出流过旋涡发生体的流体平均速度，再乘以横截面积得到流量。

涡街流量计的特点：结构简单而牢固、无可动部件、可靠性高、长期运行十分可靠；安装简单、维护十分方便；检测传感器不直接接触被测介质，性能稳定，寿命长；输出与流量成正比的脉冲信号，无零点漂移，精度高；测量范围宽，量程比可达 1：10；压力损失较小，运行费用低，更具节能意义。

9. 电磁流量计

被测介质是导电性液体时，可以采用电磁感应的方法测量流量。电磁流量计基于法拉第电磁感应定律。在电磁流量计中，测量管内的导电介质相当于法拉第试验中的导电金属杆，上下两端的两个电磁线圈产生恒定磁场，流动的液体作为切割磁力线的导体，产生感应电压，管道内部的两个电极测量产生的感应电压。测量管道通过不导电的内衬（橡胶，特氟隆等）实现与流体和测量电极的电磁隔离。当磁感应强度不变、管道直径一定时，感应电动势的大小仅与流体的流速有关。

电磁流量计具有双向测量系统。传感器所需的直管段较短，长度为 5 倍的管道直径。对压力损失小，且测量不受流体密度、黏度、温度、压力和电导率变化的影响，可以应用于污水处理方面。电磁流量计有最高工作温度和最高工作压力的限值，由于管道和衬里材料的形变限值，最高工作温度一般不超过 120℃。管壁太厚会增加涡流损失，所以测量导管壁厚受限，最高工作压力也受限，一般不超过 0.3MPa。被测流体的导电率不低于 $50\mu S/cm$，不能测量气体、蒸汽或石油等非导电流体。

电磁流量计属于速度型流量计，流体流动时截面上各点流速分布对仪表读数有很大影响。所以电磁流量计的流速有下限要求，一般不低于 50cm/s。电磁流量计的信号比较弱，满量程时不超过 10mV，所以安装时要避免磁场干扰。

10. 超声波流量计

超声波在静止流体和流动流体中的传播速度是不同的，顺着流体和逆向传播的速度也是不同的，随着流体流速不同而变化。超声波流量计通过检测流体流动对超声波产生的影响来对液体流量进行测量，其利用的是"时差法"。首先，使用探头发射信号，信号穿过管壁、流体、另一侧管壁后被另一侧的探头接收到；同样另一侧的探头也发出同样的信号，经过另一侧管壁、流体、管壁后被探头接收到；由于流速的存在使得两个时间不相等，存在时间差，因此根据时间差便可求得流速，进而得到流量值。

超声波流量计属于非接触式流量计，在被测流体中不插入任何元件，不影响流体的流动状态，也没有压力损失。超声波流量计可以测量常规管道流量，也可以测量不易观察、不易接触的管道的流量；其不仅可以测量常规流体流量，还可以对具有强腐蚀性、放射性、易燃、易爆等特点的流体进行流量测量。但是超声波流量计对所测流体的温度范围有所限制，目前我国超声波流量计仅可用于 200℃以下流体的测量。同时，超声波流量计的测量线路相当复杂，对测量线路要求较高。

11. 皮托管流量计和均速管流量计

皮托管流量计是一根弯成直角的双层空心复合管，带有多个取压孔，能同时测量流体总压和静压力，与差压变送器、流量显示仪配套使用。它能对气体、液体、蒸汽等流体进行流量测量。

在皮托管头部迎流方向开有一个小孔，称为总压孔，在该处形成"驻点"，在距头部一定距离处开有若干垂直于流体流向的静压孔。各静压孔所测静压在均压室均压后输出，由于流体的总压和静压力之差与被测流体的流速有确定的数值关系，因此可以用皮托管测得流体流速，从而计算出被测流量的大小。

均速管流量计采用皮托管测量原理测量挡体上游的动压力与下游的静压力之间形成的压差，从而达到测量流量的目的。均速管流量计由一根沿直径插入管道中的中空金属杆，在迎向流体流动方向有成对的测压孔，一般说来是两对，但也有一对或多对的，其外形似笛。迎流面的多点测压孔测量的是总压，与全压管相连通，引出平均全压，背流面的中心处一般开有一个孔，与静压管相通，引出静压力。均速管流量力是利用测量流体的全压与静压力之差来测量流速的。

均速管流量探头主要有阿牛巴（Annubar）、威力巴（Vrabar）、威尔巴（Wellbar）、德尔塔巴（Deltaflow）、托巴（Torbar）、双 D 巴等几种。与孔板等标准节流装置比较，均速管流量计具有以下特点：计算简便，易于按现场使用条件变更和修改参数；结构简单、易于加工，价格低廉；安装方便、维护量小；性能稳定，在长期使用过程中其测量精确度基本不变；阻力损失小，相当于标准节流装置阻力损失的 5%。

以制造成本为例，对直径 100mm 的管道来说，孔板的价格稍高于均速管。随着管径的增加，孔板的制造成本直线上升，而均速管增加不多。当管径达到 400mm 时，孔板的制造成本较 100mm 管径时增加了 3～4 倍，而均速管仅增加 0.5 倍。管径再大，价格相差更多。由于对均速管流量计的研究深度远不及标准节流装置，所以对流体介质较为清洁并需精确计量的场合，一般仍应选择标准节流装置。

用均速管进行流量测量，最大的缺点是差压值很小，特别是对低流速的气体更是如此。设计时应通过精确计算或估算，求出最大差压值，依此确定微差压变送器的量程。如果无根据地选定微差压变送器的量程，往往导致流量计现场投运时量程不符、需重新选型的错误。

12. 流量仪表的选用

（1）确定流量计形式应包括（但不限于）：量程比、精度、流体特性、管径、雷诺数、永久压力损失、流速、温度、压力等。

（2）方根刻度范围应符合：最大流量不应超过满刻度的 95％；正常流量应为满刻度的 60％～85％；最小流量不应小于满刻度的 30％。

线性刻度范围应符合：最大流量不应超过满刻度的 90％；正常流量应为满刻度的 50％～70％；最小流量不应小于满刻度的 10％。

（3）差压式流量计宜选择标准节流装置，包括标准孔板、标准喷嘴、经典文丘里管和文丘里喷嘴。

流体雷诺数大于 5000 时，节流装置首选标准孔板（同心、锐边），在要求永久压损较低的场合，宜选用标准喷嘴、文丘里管和文丘里喷嘴。

在直管段长度较短且要求量程比较大的情况，可选用多孔孔板。

雷诺数大于 5000 小于 100000 且被测介质为干净气体液体，可选用 1/4 圆喷嘴。

被测介质为干净气体、液体，且要求压力损失较低的场合，可选用均速管流量计。

差压式流量计上游直管段宜为 5～8D，下游不小于 2D。

（4）孔板流量计取压方式：$D<50$mm：角接取压；50mm$\leqslant D \leqslant 300$mm：法兰取压或交接取压；$D>300$mm：径距取压。

（5）涡街流量计适用于洁净的气体、蒸汽和液体的流量测量。测量介质的雷诺数不宜小于 20000。涡街流量计有小流量切除功能，不宜用在测量接近零点的流量。涡街流量计上游直管段宜为 15～20D，下游不小于 5D。

（6）涡轮流量计适用于气体级运动黏度不大的洁净液体的流量测量，适用于精度要求高，且量程比不大于 10：1 的流量测量。涡轮流量计应安装在水平管道上。上游直管段不小于 20D，下游不小于 5D。

（7）靶式流量计适用于精度要求小于 1.0 级，量程比小于 10：1 的液体流量测量。

（8）电磁流量计适用于电导率大于 5μS/cm 的介质。可垂直水平安装，也可倾斜安装，垂直安装时液体应自下而上。被测流体的流速宜在 0.3～10m/s。电磁流量计应使液体充满管道。上游直管段不小于 5D，下游不小于 3D。

13. 常见的流量仪表选型

罗斯蒙特 3051CFA 阿牛巴流量计选型见表 4-18，罗斯蒙特 3051CFC 紧凑型孔板流量计选型见表 4-19，罗斯蒙特 8700 系列电磁流量计选型见表 4-20。

罗斯蒙特 3051CFA 阿牛巴流量计选型　　　　　　　　　　　　　　　　表 4-18

型号	产品描述
3051CFA	阿牛巴流量计
测量类型	
D	差压

型号	产品描述		

流体类型

L	液体		
G	气体		
S	蒸汽		

管线规格

020	50mm	180	450mm
025	63.5mm	200	500mm
030	80mm	240	600mm
035	89mm	300	750mm
040	100mm	360	900mm
050	125mm	420	1066mm
060	150mm	480	1210mm
070	175mm	600	1520mm
080	200mm	720	1820mm
100	250mm	780	1950mm
120	300mm	840	2100mm
140	350mm	900	2250mm
160	400mm	960	2400mm

管道材料/安装组件材料

C	碳钢（A105）
S	316 不锈钢
0	无
G	F-11 级铬-钼
N	F-22 级铬-钼
J	F-91 级铬-钼

安装类型

T1	紧压或螺纹连接	AF	1500♯ RF ANSI
A1	150♯ RF ANSI	AT	2500♯ RF ANSI
A3	300♯ RF ANSI	R1	150♯ RTJ 法兰
A6	600♯ RF ANSI	R3	300♯ RTJ 法兰
D1	DN PN16 法兰	R6	600♯ RTJ 法兰
D3	DN PN40 法兰	R9	900♯ RTJ 法兰
D6	DN PN100 法兰	RF	1500♯ RTJ 法兰
A9	900♯ RF ANSI	RT	2500♯ RTJ 法兰

配管方向

H	水平配管

型号	产品描述
配管方向	
D	竖向配管,向下流
U	竖向配管,向上流
阿牛巴类型	
P	Pak-Lok
F	法兰型,带对侧支架
L	Flange-Lok
G	齿轮驱动 Flo-Tap
M	手动 Flo-Tap
传感器材质	
S	316 不锈钢
H	合金 C-276
传感器规格	
1	传感器规格 1:管线尺寸 50～200mm
2	传感器规格 2:管线尺寸 150～2400mm
3	传感器规格 3:管线尺寸大于 300mm
对侧支架(法兰型需要)	
C	NPT 螺纹对侧支架组件
D	焊接对侧支架组件
温度测量	
T	一体化 RTD(不适合 600♯ 及以上的法兰型)
0	无
R	分体热电偶套管和 RTD
变送器连接平台	
3	直接安装,一体化 3 阀组(不适合 600♯ 及以上的法兰型)
5	直接安装,5 阀组(不适合 600♯ 及以上的法兰型)
7	分体安装 NPT 连接件
6	直接安装,高温 5 阀组(不适合 600♯ 及以上的法兰型)
8	分体安装 SW 连接件
压差范围	
1	0～6.21kPa
2	0～62.16kPa
3	0～248.64kPa
变送器输出	
A	4～20mA,支持基于 HART 协议的数字信号
F	FoundatION 现场总线协议

型号	产品描述	
变送器输出		
W	Profibus-PA 协议	
X	无线(2.4GHz WirelessHART)	
M	低功耗,1~5Vdc,支持基于 HART 协议的数字信号	
外壳材质		导线管入口尺寸
A	铝制	½-14NPT
B	铝制	M20×1.5
J	不锈钢	½-14NPT
K	不锈钢	M20×1.5
P	工程聚合材料	无导线管入口
D	铝制	G½
M	不锈钢	G½
变送器性能等级		
1	1.8%流量精度,8:1流量量程比,5年稳定性	

罗斯蒙特 3051CFC 紧凑型孔板流量计选型　　　　表 4-19

型号	产品描述		
3051CFC	紧凑型孔板流量计		
测量类型			
D	差压		
材质类型			
S	316 不锈钢		
管线规格			
005	15mm	060	150mm
010	25mm	080	200mm
015	40mm	100	250mm
020	50mm	120	300mm
030	80mm	140	350mm
040	100mm		
一次元件类型			
N000	阿牛巴传感器规格 1		
N040	0.40 Beta 比		
N050	0.50 Beta 比		
N065	0.65 Beta 比		
温度测量			
0	无		
R	分体热电偶套管和 RTD		

型号	产品描述
变送器连接平台	
3	直接安装,一体化3阀组(不适合600♯及以上的法兰型)
7	分体安装NPT连接件
压差范围	
1	0~6.21kPa
2	0~62.16kPa
3	0~248.64kPa
变送器输出	
A	4~20mA,支持基于HART协议的数字信号
F	FoundatION现场总线协议
W	Profibus-PA协议
X	无线(2.4GHz WirelessHART)
M	低功耗,1~5Vdc,支持基于HART协议的数字信号

外壳材质		导线管入口尺寸
A	铝制	½-14NPT
B	铝制	M20×1.5
J	不锈钢	½-14NPT
K	不锈钢	M20×1.5
P	工程聚合材料	无导线管入口
D	铝制	G½
M	不锈钢	G½

变送器性能等级	
1	±1.65%流量精度,8:1流量量程比,5年稳定性

罗斯蒙特8700系列电磁流量计选型　　　　　　　　表4-20

传感器型号	产品描述	连接方式	尺寸规格	精度
8705	标准工艺	法兰式	15~900mm	0.15%/0.25%
8707	大信号传感器	法兰式	80~900mm	0.25%/0.5%
8711	紧凑型	夹持式	4~200mm	0.15%/0.25%
8721	卫生型传感器	多用工艺连接	15~100mm	0.25%/0.5%

最小/最大流量

小流量切除	最小范围设置	最大范围设置
0.012m/s	0.3m/s	12m/s

衬里材料

T	PTFE	F	ETFE	
P	聚氨酯橡胶	N	氯丁橡胶	
A	PFA	L	天然橡胶	

传感器型号	产品描述	连接方式	尺寸规格	精度
电极材料				
S	316 不锈钢	T	钽	
H	镍合金 276	P	80％铂-20％铱	
N	钛			
电极类型				
A	2 个测量电极	B	2 个子弹头电极	
E	第 3 个接地电极	F	第 3 个接地子弹头电极	
法兰和传感器材质				
C	碳钢突面平焊法兰			
S	不锈钢(304/304L)突面平焊法兰			
P	不锈钢(316/316L)突面平焊法兰			
J	碳钢环连接(RTJ)对焊法兰			
K	不锈钢(304/304L)环连接(RTJ)对焊法兰			
法兰类型和等级				
1	ASME B16.5 ANSI Class 150			
2	MSS SP44 Class 150			
3	ASME B16.5 ANSI Class 300			
6	ASME B16.5 ANSI Class 600(最大压力:1000psig)			
7	ASME B16.5 ANSI Class 600			
9	ASME B16.5 ANSI Class 900			
M	ASME B16.5 ANSI Class 1500			
N	ASME B16.5 ANSI Class 2500			
D	EN 1092-1(DIN)PN 10			
E	EN 1092-1(DIN)PN 16			
F	EN 1092-1(DIN)PN 25			
H	EN 1092-1(DIN)PN 40			
电极外壳配置				
W0	密封焊接外壳			
W1	带压力释放阀的密封焊接外壳			
W3	带独立电极腔的密封焊接外壳			
变送器型号	**产品描述**			
8732E	一体式变送器			
8712E	分体式变送器			
8712H	分体式变送器(配合 8707 使用,115V ac)			
变送器类型				
S	标准			

自动化仪表和执行器

4

传感器型号	产品描述	连接方式	尺寸规格	精度
变送器安装				
T	一体式安装			
R	2英寸管道或面板采用分体安装			
变送器电源				
1	交流电源(90~250V AC,50~60Hz)			
2	直流电源(12~42V DC)			
12	交流电源(115V AC,50~60Hz)			
变送器输出				
A	4~20mA数字电子装置(HART协议)			
B	4~20mA数字电子装置(HART协议),本安输出			
F	带FISCO本案输出的基金会现场总线数字电子装置			
P	带FISCO本案输出的Profibus-PA现场总线数字电子装置			
导线口				
8732E-2个导线口/8712E-4个导线口				
标准	1/2-14NPT			
2	CM20			
3	PG 13.5			

4.3.4 物位检测仪表

物位检测仪表包括液位计、料位计和界面计。测量容器中液体介质高低的称为液位计,测量容器中固体或颗粒状物质堆积高度的称为料位计,测量两种各不同密度且不相溶的液体介质分界面的称为界面计。

物位仪表的选择从精度、量程、经济性、安全性几方面考虑。一般情况下物位仪表只需要考虑上下限,且测量范围有限,精度要求不高,不需要连续测量。按工作原理可分为直读式物位仪表、压力式物位仪表、浮力式物位仪表、电磁式物位仪表、核辐射式物位仪表、声波式物位仪表和光学式物位仪表等。

1. 直读式物位仪表

直读式物位仪表示用户通过带刻度的透明材质的连通管或观察窗,直接观察介质的物位变化。这种仪表精度不高,有效可靠,是工业中就地监控的重要手段。

2. 压力式物位仪表

压力式物位仪表有应变片式、压力式、差压式等类型。应变片式通过估计应变片的阻值变化率反映介质物位的变化,可以测量液位、料位。压力式通过估计压力与介质高度的函数关系,根据压力变化反映物位的变化。差压式根据两种不同介质的不同压力值,通过差压的大小反映两种介质界面的变化,可以测量液位及相界面。

差压式变送器的应用中会产生正负迁移现象,为使仪表准确反映液位,使液位的零值与和满量程值与变送器的上下限对应,需要设置零点迁移调节。

3. 浮力式物位仪表

浮力式物位仪表原理简单，浮球或浮筒高度随液位变化，可分为浮球带钢丝绳、浮球带杠杆和沉筒式。一般做成上下限信号输出的比较多，也可以做成连续信号输出。浮力式物位仪表可以配备电信号输出，通过位开关触发指示灯或者通过转换电路输出标准电信号。

4. 电磁式物位仪表

电磁式物位仪表使物位的变化转换成电量的变化，通过测出这些电量的变化来测量物位，可以分为电阻式、电极式、电容式和电感式。

电容式物位仪表应用广泛，在电容器的极板之间充以不同介质时，电容量的大小也有所不同。对于导电介质，将电容探头插入被测物料中，探头进入物料的深度随物位高低变化，引起电容的变化。对于非导电介质，由内外电极组成的测量元件，可以测量由液位变化引起的内外电极之间的电容变化，从而测量液位。电容法还可以测量固体块状、颗粒状及粉状的料位，一般采用电极棒和容器壁组成电容器的两极来测量非导电固体的物位。

5. 声波式物位仪表

声波式物位仪表式由于物位的变化引起声阻抗的变化、声波的遮断和反射距离不同，从而测量物位，可分为声波遮断式、反射式和阻尼式。

超声波液位计是近年来广泛应用的液位测量仪表，可以用于连续测量腐蚀性液体、高黏度液体和有毒液体；没有活动部件，不接触介质，没有测量盲区，而且测量精度不受被测介质温度、压力等状态的影响，可以在易燃易爆的环境下正常工作。

6. 物位仪表的选择

常用物位仪表的基本参数和使用条件见表 4-21。

物位仪表的基本参数和使用条件　　　　　　　　　　　　表 4-21

物位仪表		测量对象	位移距离	环境条件	使用特点
直读式	玻璃管式	液位	1.5m	常压、<150℃	直观
	玻璃板式	液位、料位	3m	4MPa、<150℃	直观
压力式	压力式	液位、料位	50m	常压、<200℃	大量程
	吹气式	液位	15m	常压、<200℃	黏性液体
	差压式	液位、界面	25m	40MPa、<200℃	适用各种物料
浮力式	浮力式	液位、界面	2.5m	1.6MPa、<150℃	温度影响大
	沉筒式	液位、界面	2.5m	32MPa、<200℃	温度影响大
	随动式	液位、界面	20m	常压、<100℃	量程大、精度高
电测式	电阻式	液位、料位	50m	常压、<200℃	导电介质
	电感式	液位	5m	6.4MPa、<100℃	介质变化影响小
	电容式	液位、料位	50m	32MPa、<200℃	应用广泛
非接触式	超声波式	液位、料位	30m	常压、<200℃	不接触介质
	光学式	液位、料位	—	常压、<1500℃	不接触介质
	热学式	液位、料位	—	常压、<80℃	不接触介质

4.3.5　机械量检测仪表

机械量检测仪表种类很多，一个参数就是一个仪表，其信号转换流程为机械量对象→传感器→信号处理、转换、显示。机械量检测可以检测的机械量包括力、振动、速度、尺度、移动、质量、机械特性等。典型的机械量检测仪表检测技术和类型见表 4-22，力和位移检测仪表检测技术和使用条件见表 4-23，振动检测仪表检测技术和使用条件见表 4-24，速度检测仪表检测技术和使用条件见表 4-25。

机械量检测仪表检测技术和类型

表 4-22

采用的传感器		可测对象	备注
模拟式传感器	电阻式传感器	0~1mm、±0.01mm	电位器式
		0~100mm、±1.5%	应变片式
	电容式传感器	−0.05~+0.05mm、±1.0%	变极距式
		0~250mm、±0.01%	变面积式
	电感式传感器	0~100mm、±1.0%	电涡流-阻抗式
		0~1.5mm、±2.5%	电涡流-电感式
		0~0.1mm、±2.0%	自感-变间隙式
		±125mm、±0.5%	自感-差动管式
		±625mm、±2.0%	互感-差动变压器式
	光电式传感器	±10mm、±1.0%	非扫描式
		0~970mm、±4.0%	扫描式
		0~1500mm、±0.5%	CCD线阵
数字式传感器	光电式传感器	光栅传感器	
		摩尔条纹传感器	
	磁电式传感器	磁栅传感器	
	压电式传感器	感应同步器	
		光码盘	
	电容式传感器	容栅传感器	

力和位移检测仪表检测技术和使用条件

表 4-23

采用的传感器	可测对象	备注
应变式传感器	力、压力、质量	
磁弹性式传感器	张力、轧力	
电容式传感器	轧力、张力	位移
压电式传感器	振动、短时作用力	机械阻抗
振弦式传感器	较大压力、地层压力	

振动检测仪表检测技术和使用条件 表 4-24

采用的传感器	可测对象	备注
惯性传感器	位移、速度、加速度	
磁电传感器	速度	
振动传感器	振动	机械式、涡流式、电容式
电阻应变式传感器	加速度	
压电式传感器	加速度	

速度检测仪表检测技术和使用条件 表 4-25

采用的传感器	可测对象	备注
转速测量	转速-位移	离心式和磁性式转速表
	转速-电压	测速电机
	转速-脉冲	转速传感器
	频闪观测式	
线速度测量	距离和时间转换测量	

4.4 执行器

4.4.1 概述

执行器是所有完成受控对象施加调控作用的器件、仪表和装置的统称，它可以完成驱动、传动、拖动、操纵等功能。在自动控制系统，执行器使受控对象按照预定控制模型，真正实现控制目的不可缺少的重要环节。由于受控对象不同，需要选择相应的控制模式或执行器。执行器是一个自控策略与受控对象的接口环节，在实际控制过程中，正确而适合的执行器是提高整个自动控制水平的关键所在。

执行器的分类方法很多，可以根据过程状况、控制功能、能量和信号方式等参数分类，分类如下：

（1）按照执行过程状况分类，可分为状态执行器、过程执行器和流程执行器，状态执行器包括继电器、交流接触器、电磁阀、行程开关等；过程执行器有各类调节阀；流程执行器有可编程控制器、变频控制器等。

（2）按照控制功能不同，可分为位置型执行器（如阀门开度控制）、速度型执行器（如电机转速控制）和功率型执行器（如加温器调功控制）等。

（3）按照执行机构所需能量不同，可分为手动操作器、电动执行器、气动执行器、液动执行器、电气复合执行器、电液复合执行器等。其中电动执行器包括各类电气开关、电动调节阀等。

（4）按照执行器接受的控制信号种类，可分为电信号和气信号。气信号采用 $20\sim100kPa$ 压力信号；电信号可分为脉冲信号、断续信号和连续信号，连续信号可分为电压信号和电流信号。还可根据信号种类分为模拟型执行器和数字型执行器。

（5）按照受控对象类，可分为温度控制器、流量控制器、压力控制器、物位控制器、机械量控制器、光学量控制器、磁学量控制器等。

(6) 按执行器工作场所，可分为普通型执行器、防爆型执行器等。

4.4.2 电机类设备及起动方式

电机也称电动机，是指能使电能转换为机械能的机器，主要作用是产生驱动转矩，作为电器和各种机械的动力源。能量形式的转换依赖于定子和转子之间的气隙间隔，其工作原理基于电磁力定律。

电机一般可分为交流电机和直流电机两大类。交流电机有同步电机、异步电机和交流伺服电机等。直流电机有电磁式直流电机、永磁直流电机、直流伺服电机、直流力矩电机、无刷直流电机等。

工业中常见的电机类设备为泵和风机。通常把提升液体、输送液体或使液体增加压力，即将电机的机械能变为液体能量，从而达到抽送液体目的的机器称为泵。将依靠输入的机械能提高气体压力并排送气体的机器称为风机。

根据泵的工作原理，可分为容积泵和叶片泵两大类。容积泵利用工作室容积的周期变化输送液体；叶片泵利用回转叶片与液体的相互作用输送液体。具体可分为离心泵、旋涡泵、混流泵、轴流泵、螺杆泵、罗茨泵、喷射泵等。根据用途可分为清水泵、排污泵、化工泵、输油泵等；根据叶轮可分为单级泵和多级泵。

泵的性能参数有流量 Q、扬程 H、转速 n、功率和效率等。流量值单位时间内通过泵出口输出的液体量，一般用体积流量。扬程是泵所输送的单位重量液体从泵进口到泵出口能量的增值，单位是 m，即泵输液体的液柱高度，容积泵也可用压力增量代替扬程。

广义上的风机包括气体压缩机（离心压缩机、螺杆压缩机、活塞压缩机等）和气体输送机。通常意义上的风机是指气体输送机，气体流速较低，压力变化不大，不考虑气体比容的变化。风机包括离心式风机、轴流式风机、罗茨式风机、回转式风机等。

风机的性能参数有流量、压力、功率、效率和转速。流量也称风量，是指单位时间内流经风机的气体体积；压力也称风压，是指在风机内压力升高值，有静压、动压和全压之分。

电机的起动方式主要有以下几种：

1. 全压直接起动

在电网容量和负载都允许全压直接起动的情况下，可以考虑采用全压直接起动。特点是操纵控制方便，维护简单，而且比较经济。主要用于小功率电动机的起动。

2. 自耦减压起动

利用自耦变压器的多抽头减压，既能适应不同负载起动的需要，又能得到更大的起动转矩，是一种经常被用来起动较大容量电动机的减压起动方式。特点是起动转矩较大，当其绕组抽头在 80% 处时，起动转矩可达直接起动时的 64%。并且可以通过抽头调节起动转矩。

3. 星三角起动

对于正常运行的定子绕组为三角形接法的鼠笼式异步电动机来说，如果在起动时将定子绕组接成星形，待起动完毕后再接成三角形，就可以降低起动电流，减轻它对电网的冲击。这样的起动方式称为星三角减压起动，或简称为星三角起动（Y-Δ 起动）。

采用星三角起动时，起动电流只是原来按三角形接法直接起动时的 1/3。如果直接起动时的起动电流以 6~7Ie 计，则在星三角起动时，起动电流为 2~2.3 倍。即采用星三角起动时，起动转矩也降为原来按三角形接法直接起动时的1/3。

适用于无载或者轻载起动的场合。同其他减压起动器相比较，其结构最简单，价格也最便宜。除此之外，星三角起动方式还有一个优点，即当负载较轻时，可以让电动机在星形接法下运行。此时，额定转矩与负载可以匹配，能使电动机的效率有所提高。

4. 软起动器起动

软起动器起动主要有磁控软起动器起动和可控硅软起动器起动两种。磁控软起动器起动采用磁控限幅调压的方式对电机起动过程的电压进行减压调控，实质是电抗器降压起动。

可控硅软起动器起动利用可控硅的移相调压原理来实现电动机的调压起动，主要用于电动机的起动控制，起动效果好但成本较高。因使用可控硅元件，可控硅工作时谐波干扰较大，对电网有一定的影响。

5. 变频器起动

变频器是现代电动机控制领域技术含量最高、控制功能最全、控制效果最好的电机控制装置，它通过改变电网频率来调节电动机的转速和转矩。因为涉及电力电子技术、计算机技术，成本高，对维护技术人员的要求也高，因此主要用在需要调速并且对速度控制要求高的领域。

对于工业应用中的各种负载，选择起动方式必须考虑负载性质。电机的起动转矩必须大于负载阻力矩，同时也要限制起动电流峰值，减轻机械冲击，并考虑电网容量和起动对电网的冲击干扰。起动方式和负载性质的关系见表4-26。

起动方式与负载性质的关系 表4-26

负载性质	对起动的要求		负载举例
	限值起动电流	减轻机械冲击	
无载或轻载	星三角起动；电阻或电抗降压起动	—	机械加工设备、圆锯、带锯、带离合器的卷扬机等
水泵、风机负荷（负载转矩与转速呈平方关系负载）	星三角起动；电阻或电抗降压起动；自耦降压起动；软起动；变频起动	—	离心泵、叶轮泵、轴流泵等；离心风机式压缩机、轴流风机式压缩机等
重载负载	—	电阻和电抗降压起动	卷扬机、传送带；升降机、自动扶梯等
摩擦负载	星三角起动；电阻或电抗降压起动	电阻和电抗降压起动	传送带、粉碎机、混砂机、压延机等
阻力小的惯性负载	星三角起动；自耦降压起动；电抗降压起动	—	离心式分离机、脱水机、曲柄式压力机等
恒转矩负载	星三角起动；电阻或电抗降压起动	电阻和电抗降压起动	往复泵和压缩机；罗茨鼓风机、挤压机
恒重负载	—	电阻和电抗降压起动	织机、卷纸机、皮带输送机、链式输送机

4.4.3 电气控制设备

电气类的执行器种类很多，本节介绍的是电气设备及装置起停和控制、调速所需要的电气开关和装置，不包括电磁阀和电动控制阀。常见的电气控制设备主要有继电器、接触器、控制与保护开关电器、软起动器、变频器等。

1. 继电器

继电器是一种电控制器件，当输入量（激励量）的变化达到规定要求时，在电气输出电路中使被控量发生预定的阶跃变化的一种电器。它具有控制系统（又称输入回路）和被控制系统（又称输出回路）之间的互动关系。通常应用于自动化的控制电路中，它实际上是用小电流控制大电流运作的一种"自动开关"，在电路中起着自动调节、安全保护、转换电路等作用。

继电器一般有能反映一定输入变量（如电流、电压、功率、阻抗、频率、温度、压力、速度、光等）的感应机构（输入部分）；有能对被控电路实现"通""断"控制的执行机构（输出部分）；在继电器的输入部分和输出部分之间，还有对输入量进行耦合隔离功能处理和对输出部分进行驱动的中间机构（驱动部分）。

作为控制元件，继电器有以下作用：

（1）扩大控制范围：例如，多触点继电器控制信号达到某一定值时，可以按触点组的不同形式，同时换接、开断、接通多路电路。

（2）放大：例如，灵敏型继电器、中间继电器等，用一个很微小的控制量，可以控制较大功率的电路。

（3）综合信号：例如，当多个控制信号按规定形式输入多绕组继电器时，经过比较综合，达到预定的控制效果。

（4）自动、遥控、监测：例如，自动装置上的继电器与其他电器一起，可以组成程序控制线路，从而实现自动化运行。

继电器的分类可分为电气继电器、机电继电器、电磁继电器、静态继电器、固体继电器、延时继电器等。按输入量可分为电压继电器、电流继电器、时间继电器、速度继电器、压力继电器等；按工作原理可分为电磁式继电器、感应式继电器、电动式继电器、电子式继电器等；按用途可分为控制继电器、保护继电器等；按输入量变化形式可分为有无继电器和量度继电器。

（1）电磁继电器

在控制电路中大多数用的是电磁式继电器。电磁式继电器具有结构简单，价格低廉，使用维护方便，触点容量小，触点数量多且无主辅之分，无灭弧装置，体积小，动作迅速、准确，控制灵敏、可靠等特点，广泛应用于低压控制系统中。常用的电磁式继电器有电流继电器、电压继电器、中间继电器以及各种小型通用继电器等。

电磁式继电器的结构和工作原理与接触器相似，主要由电磁机构和触点组成。电磁式继电器有直流和交流两种。在线圈两端加上电压或通入电流，产生电磁力，当电磁力大于弹簧反力时，吸动衔铁使常开常闭接点动作；当线圈电压或电流下降或消失时衔铁释放，接点复位。

（2）热继电器

热继电器主要用于电气设备（主要是电动机）的过负荷保护。热继电器是一种利用电流热效应原理工作的电器，它具有与电动机容许过载特性相近的反时限动作特性，主要与接触器配合使用，用于对三相异步电动机的过负荷和断相保护。在实际运行中，三相异步电动机常会遇到因电气或机械原因等引起的过电流（过载和断相）现象。如果过电流不严重，持续时间短，绕组不超过允许温升，这种过电流是允许的；如果过电流情况严重，持续时间较长，则会加快电动机绝缘老化，甚至烧毁电动机。因此，在电动机回路中应设置电动机保护装置。常用的电动机保护装置种类很多，使用最多、最普遍的是双金属片式热继电器。双金属片式热继电器均为三相式，有带断相保护的和不带断相保护的两种。

（3）时间继电器

时间继电器在控制电路中用于时间的控制。其种类很多，按其动作原理可分为电磁式、空气阻尼式、电动式和电子式等；按延时方式可分为通电延时型和断电延时型。

2. 接触器

接触器分为交流接触器和直流接触器，它应用于电力、配电与用电场合。接触器广义上是指工业电中利用线圈流过电流产生磁场，使触头闭合，以达到控制负载的电器。

接触器可快速切断交流与直流主回路，可频繁地接通与关断大电流控制电路的装置，所以经常用于电动机作为控制对象，也可用作控制工厂设备、电热器和各样电力机组等电力负载，接触器不仅能接通和切断电路，还具有低电压释放保护作用。接触器控制容量大，适用于频繁操作和远距离控制，是自动控制系统中的重要元件之一。

交流接触器利用主接点控制电路，用辅助接点导通控制回路。主接点一般为常开接点，而辅助接点常有两对常开接点和常闭接点，小型接触器也经常作为中间继电器配合主电路使用。交流接触器的接点由特殊合金制成，具有良好的导电性和耐高温烧蚀性。

交流接触器动作的动力源于交流通过带铁芯线圈产生的磁场，电磁铁芯一般由硅钢片叠成，其中一个是固定铁芯，套有线圈，工作电压可多种选择。为了使磁力稳定，铁芯的吸合面加上短路环。交流接触器在失电后，依靠弹簧复位。另一个是活动铁芯，构造与固定铁芯相同，用以带动主接点和辅助接点的闭合断开。

20A 以上的接触器加有灭弧罩，利用电路断开时产生的电磁力，快速拉断电弧，保护接点。接触器可高频率操作，作为电源开启与切断控制时，最高操作频率可达 1200 次/h。接触器的使用寿命很高，机械寿命通常为数百万次至一千万次，电寿命一般为数十万次至数百万次。

接触器按主触点连接回路的形式可分为直流接触器、交流接触器。按操作机构可分为电磁式接触器、永磁式接触器。

3. 控制与保护开关电器

控制与保护开关电器，其产品类别代号为"CPS"，是英文"Control and Protective Switching Device"的缩写。CPS 产品采用模块化的单一产品结构型式，集成了传统的断路器（熔断器）、接触器、过载（或过流、断相）保护继电器、起动器、隔离器等的主要功能，具有远距离自动控制和就地直接人力控制功能、面板指示及机电信号报警功能、过压欠压保护功能、断相缺相保护功能、协调配合的时间—电流保护特性（具有反时限、定时限和瞬时三段保护特性）。根据需要选配功能模块或附件，即可实现对各类电动机负载、配电负载的控制与保护。

从其结构和功能上来说，CPS 系列产品已不再是接触器或断路器或热继电器等单个产品，而是一套控制保护系统。它的出现从根本上解决了传统的分立元器件（通常是断路器或熔断器＋接触器＋过载继电器）由于选择不合理而引起的控制和保护配合不合理的种种问题，特别是克服了因采用不同考核标准的电器产品组合在一起时，保护特性与控制特性配合不协调的现象，极大地提高了控制与保护系统的运行可靠性和连续运行性能。

CPS 主要用于交流 50Hz（60Hz）、额定电压到 660V、额定电流 0.16～100A 的电力系统中接通、承载和分断正常条件下包括规定的过载条件下的电流，且能够接通、承载并分断规定的非常条件下的电流（如短路电流）。CPS 具有控制与保护功能集成化、模块化结构，体积小，对环境污染的防护等级高，分断短路电流能力高，飞弧小，电寿命长，连续运行性和可靠性高，安装使用及维修操作方便等优点。其主要特点如下：

（1）具有远距离自动控制和就地直接人工控制功能；具有面板指示及机电信号报警功能；对各种运行、故障等状态采用 LED 显示；具有电压表、电流表功能。

（2）具有协调配合的时间-电流保护特性（具有长延时、短路短延时和瞬时三段保护特性）；具有断相、过流、堵转、短路、欠流、过压、欠压、漏电、三相不平衡、隔离、起动延时等功能。

（3）具有故障记忆功能，便于故障查询、分析；具有 RS485 通信接口，开放式现场总线。

4. 软起动器

软起动器是一种集电机软起动、软停车、轻载节能和多种保护功能于一体的电机控制装置。它的主要构成是串接于电源与被控电机之间的三相反并联晶闸管元件及其电子控制电路。运用不同的方法，控制三相反并联晶闸管的导通角，使被控电机的输入电压按不同的要求而变化，就可实现不同的功能。软起动器工作原理见图 4-2。

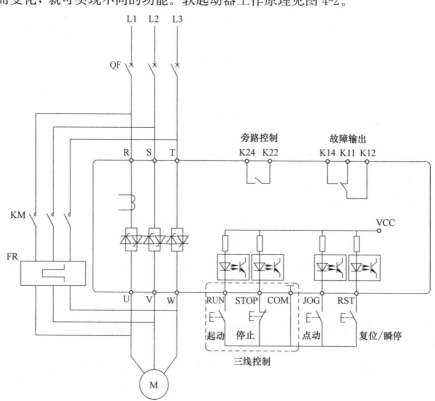

图 4-2　软起动器工作原理

软起动技术可以更好地保护电机设备，例如故障保护、过载保护以及电压保护等。通过使用软起动技术，可以保证电机的平稳运行。由于软起动器的大电流没有触点，可以有效地避免出现接触不良的问题，保证电机的平稳工作。

软起动技术有多种起动方式。在软起动技术中有四种最常用的起动方式，分别是斜坡升压软起动、斜坡限流起动、阶跃软起动以及脉冲冲击软起动。

（1）斜坡升压软起动

这种起动方式最简单，不具备电流闭环控制，仅调整晶闸管导通角，使之与时间成一定函数关系增加。其缺点是，由于不限流，在电机起动过程中，有时要产生较大的冲击电流使晶闸管损坏，对电网影响较大，实际中很少应用。

（2）斜坡限流软起动

这种起动方式是在电动机起动的初始阶段起动电流逐渐增加，当电流达到预先设定的值后保持恒定，直至起动完毕。起动过程中，电流上升变化的速率可以根据电动机负载调整设定。电流上升速率大，则起动转矩大，起动时间短。该起动方式是应用最多的起动方式，尤其适用于风机、泵类负载的起动。

（3）阶跃软起动

软起动器开机即以最短时间，使起动电流迅速达到设定值，即为阶跃起动。通过调节起动电流设定值，可以达到快速起动的效果。

（4）脉冲冲击软起动

在起动开始阶段，让晶闸管在极短时间内以较大电流导通一段时间后回落，再按原设定值线性上升，进入恒流起动。该起动方法在一般负载中较少应用，适用于重载并需克服较大的静摩擦。

5. 变频器

变频器是应用变频技术与微电子技术，通过改变电机工作电源频率方式来控制交流电动机的电力控制设备。

变频器主要由整流（交流变直流）、滤波、逆变（直流变交流）、制动单元、驱动单元、检测单元微处理单元等组成。变频器依靠内部绝缘栅双极型晶体管（IGBT）的开断来调整输出电源的电压和频率，根据电机的实际需要提供其所需要的电源电压，从而实现电机调速的目的。变频器工作原理见图4-3。

变频器按输入电压等级分类，可分为低压变频器和高压变频器。国内常见的低压变频器有单相220V变频器、3相220V变频器、3相380V变频器。常见的高压变频器有6kV变频器、10kV变频器，控制方式一般按高低-高变频器或高-高变频器方式进行变换。

变频器按变换频率的方法分类，可分为交-交型变频器和交-直交型变频器。交-交型变频器可将工频交流电直接转换成频率、电压均可控制的交流，故称为直接式变频器。交-直交型变频器则先把工频交流电通过整流装置转变成直流电，然后再把直流电变换成频率、电压均可调节的交流电，故又称为间接型变频器。

在交-直交型变频器中，按主电路电源变换成直流电源的过程中，直流电源的性质分为电压型变频器和电流型变频器。

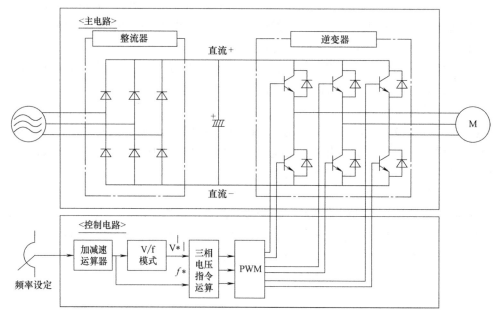

图 4-3 变频器工作原理

4.4.4 电磁阀

电磁阀是以电磁铁为动力元件进行阀门开闭动作的电动执行器。用在工业控制系统中调整介质的方向、流量、速度和其他的参数。电磁阀可以配合不同的电路实现预期控制，控制的精度和灵活性都能够保证。

1. 电磁阀的分类

电磁阀从原理上可分为三类：

（1）直动式电磁阀：通电时，电磁线圈产生电磁力，把关闭件从阀座上提起，阀门打开；断电时，电磁力消失，弹簧把关闭件压在阀座上，阀门关闭。

特点：在真空、负压、零压时能正常工作，但通径一般不超过 25mm。

（2）分步直动式电磁阀：直动和先导式相结合的原理，当入口与出口没有压差时，通电后，电磁力直接把先导小阀和主阀关闭件依次向上提起，阀门打开。当入口与出口达到起动压差时，通电后，电磁力先导小阀，主阀下腔压力上升，上腔压力下降，从而利用压差把主阀向上推开；断电时，先导阀利用弹簧力或介质压力推动关闭件，向下移动，使阀门关闭。

特点：在零压差或真空、高压时亦能可靠动作，但功率较大，要求必须水平安装。

（3）先导式电磁阀：通电时，电磁力把先导孔打开，上腔室压力迅速下降，在关闭件周围形成上低下高的压差，流体压力推动关闭件向上移动，阀门打开；断电时，弹簧力把先导孔关闭，入口压力通过旁通孔迅速腔室在关阀件周围形成下低上高的压差，流体压力推动关闭件向下移动，关闭阀门。

特点：流体压力范围上限较高，可任意安装（需定制），但必须满足流体压差条件。

电磁阀根据阀结构和材料的不同与原理的区别，分为 6 个分支小类：直动膜片结构、分步直动膜片结构、先导膜片结构、直动活塞结构、分步直动活塞结构、先导活塞结构。

电磁阀按照功能分类，可分为水用电磁阀、蒸汽电磁阀、制冷电磁阀、低温电磁阀、燃气电磁阀、消防电磁阀、氨用电磁阀、气体电磁阀、液体电磁阀、微型电磁阀、脉冲电磁阀、液压电磁阀、常开电磁阀、油用电磁阀、直流电磁阀、高压电磁阀、防爆电磁阀等。

2. 电磁阀的选型

电磁阀根据管道参数、流体参数、压力参数、电气参数、动作方式、控制精度和特殊要求等方面进行选型。电磁阀选型见表4-27。

电磁阀选型 表4-27

型号	产品描述			
AIRTAC	电磁阀			
基本结构				
3V	2位3通			
4V	2位5通、3位5通			
系统代号				
1	100系列		3	300系列
2	200系列		4	400系列
电控方式				
10	双位置单电控			
20	双位置双电控			
30C	三位置双电控中央封闭			
30E	三位置双电控中央排气型			
30F	三位置双电控中央压力型			
接口管径				
M5	M5	08	PT 1/4	15	PT 1/2
06	PT 1/8	10	PT 3/8		
初始状态				
10：NC	常闭型			
10：NO	常开型			
标准电压				
A	AC220V	B	DC24V	C	AC110V
E	AC24V	F	DC12V		
接电方式				
空白	DIN插座式	I	出线式		
牙型代码(PT 1/8)				
空白	PT牙	T	NPT牙	G	G牙

3. 电磁阀的用途

电磁阀主要用于液体和气体管路的开关控制，一般用于$DN50$及以下管道的控制。

4. 电磁阀和电动阀的区别

（1）开关形式：电磁阀通过线圈驱动，只能开或关，开关时动作时间短。电动阀的驱动一般采用电机，开或关动作完成需要一定的时间，可以输入模拟量型号做开度调节，也可以输入开关量型号执行开关动作。

（2）工作性质：电磁阀一般流通系数很小，而且工作压力差很小。例如一般 $DN25$ 口径的电磁阀流通系数比 $DN15$ 口径的电动球阀小很多。电磁阀的驱动通过电磁线圈，相当于开关的作用。

电动阀的驱动一般采用电机，比较耐电压冲击。电磁阀是快开和快关的，一般用在小流量和小压力，要求开关频率大的地方，电动阀反之。电动阀的开度可以控制，状态有开、关、开度保持，可以控制管道中介质的流量，而电磁阀达不到上述要求。电磁阀可以设置复位功能，电动阀具备该功能需要加复位装置。

4.4.5 控制阀的分类和特点

1. 控制阀的分类

控制阀由执行机构和调节机构组成。执行机构可分解为两部分：力矩转换部件和位移转换部件。将控制器输出信号转换为控制阀力矩的部件称为力矩转换部件；将力矩转换为直线位移或角位移的部件称为位移转换部件。调节机构将位移信号转换为阀芯和阀座之间流通面积的变化。

执行机构有很多类型。按所采用的能源，可分为气动、电动和液动三种。气动执行机构具有价格低、结构简单、性能稳定、执行速度快、维护方便和本质安全等特点，应用广泛。电动执行机构可直接连接电动仪表和控制系统，体积小，安装方便，但执行速度相对较慢。液动类执行机构具有推力大的优点，体积大，管路复杂，只有在需要大推力的场合才有应用。

按执行机构输出位移的类型，可分为直行程执行机构、角行程执行机构和多转式执行机构。按执行机构运作方式，可分为连续型、离散型两类。连续类型执行机构的输出是连续变化的位移信号，离散型执行机构的输出是开关变化的位移信号。按执行机构输入信号的类型，可分为模拟式执行机构和数字式执行机构。

调节机构具有不同类型。通常将调节机构称为阀。按阀的结构，可分为直通单座阀、直通双座阀、三通阀、角型阀、高压阀、隔膜、球阀、偏心旋转阀、闸阀和蝶阀等。阀门可增加相关附件，如执行机构、阀门定位器等。

按流量特性，分为线性阀、等百分比阀和快开阀。按阀芯的形式，可分为直行程和角行程阀芯。按流向的不同，可分为流开和流关、中心向外和外部向中心等类型。常见的阀门分类见表 4-28。

常见的阀门分类   表 4-28

分类方法	分类	特点
结构特征	截门形	关闭件沿着阀座执行移动
	闸门形	关闭件沿着垂直阀座执行移动
	旋塞和球形	关闭件是柱塞或球，围绕本身的中心线旋转

分类方法	分类	特点
结构特征	旋启形	钢笔尖围绕阀座外的轴旋转
	碟形	关闭件的圆盘,围绕阀座内的轴旋转
	滑阀形	关闭件在垂直于通道的方向滑动
驱动方式	电动	借助电机或其他电气装置驱动
	液动	借助液压装置驱动
	气动	借助压缩空气驱动
	手动	借助手轮、手柄、链轮等,人力驱动
用途	开断用	用来接通或切断管路介质,如截止阀、闸阀、球阀、蝶阀
	止回用	用来防止介质倒流,如止回阀
	调节用	用来调节介质的压力和流量,如调节阀、减压阀
	分配用	用来改变介质流向,分配介质,如三通阀、分配阀、滑阀
	安全阀	在介质压力超过规定值时,排放多余的介质,如安全阀、事故阀
	其他用途	疏水阀、放空阀、排污阀
连接方式	法兰阀门	阀体带有法兰,采用法兰连接
	螺纹阀门	阀体带有内螺纹或外螺纹
	焊接阀门	阀体带有焊口,采用焊接连接
	夹箍阀门	阀体带有夹扣,采用夹箍连接
	卡套阀门	采用卡套与管道连接

2. 常规控制阀

在航空发动机气源工程项目中,常规控制阀有以下几类:

(1)闸阀

闸阀的启闭件是闸板,闸板的运动方向与流体方向相垂直,闸阀只能做全开和全关,不能做调节和节流。闸板有两个密封面,最常用的模式是闸板阀的两个密封面形成楔形。楔式闸阀的闸板可以做成一个整体,称为刚性闸板;也可以做成能产生微量变形的闸板,以改善其工艺性,弥补密封面角度在加工过程中产生的偏差,这种闸板称为弹性闸板。闸阀关闭时,密封面可以只依靠介质压力来密封,即依靠介质压力将闸板的密封面压向另一侧的阀座来保证密封面的密封,即自密封。大部分闸阀采用强制密封,即阀门关闭时,要依靠外力强行将闸板压向阀座,以保证密封面的密封性。

闸阀的特点是流动阻力小,启闭时较省力。体积和高度大,启闭时间长,同时水锤现象不易产生。介质可向两侧任意方向流动,易于安装。结构长度(系壳体两连接端面之间的距离)较小。形体简单,结构长度短,制造工艺性好,适用范围广。缺点是密封面之间易引起冲蚀和擦伤,维修比较困难。外形尺寸较大,开启需要一定的空间,开闭时间长。

(2)蝶阀

蝶阀又称翻板阀,是一种结构简单的调节阀,可用于低压管道介质的开关控制。蝶阀是指关闭件(阀瓣或蝶板)为圆盘,围绕阀轴旋转达到开启与关闭的一种阀。

阀门可用于控制空气、水、蒸汽、各种腐蚀性介质、泥浆、油品、液态金属和放射性介质等各种类型流体的流动。在管道上主要起切断和节流作用。蝶阀启闭件是一个圆盘形的蝶板，在阀体内绕其自身的轴线旋转，从而达到启闭或调节的目的。

蝶阀是用圆盘式启闭件往复回转90°左右来开启、关闭或调节介质流量的一种阀门。蝶阀不仅结构简单、体积小、重量轻、材料耗用省、安装尺寸小、驱动力矩小、操作简便迅速，还可以同时具有良好的流量调节功能和关闭密封特性，使用非常广泛。其可靠性及其他性能指标均达到较高水平。

为解决同心蝶阀的蝶板与阀座的挤压问题、产生了偏心蝶阀。偏心蝶阀分为单偏心蝶阀、双偏心蝶阀、三偏心蝶阀、变偏心蝶阀。与同心蝶阀相比较，阀杆轴心同时偏离碟片中心及本体中心，且密封副为斜椎的蝶阀称为偏心蝶阀。在单偏心蝶阀的基础上进一步改良成型的是目前应用最广泛的双偏心蝶阀。其结构特征为在阀杆轴心既偏离蝶板中心也偏离本体中心。双偏心的效果使阀门被开启后蝶板能迅即脱离阀座，大幅度消除了蝶板与阀座不必要的过度挤压、刮擦现象，减轻了开启阻距，降低了磨损，提高了阀座寿命。

蝶阀的密封面材质分为软密封和硬密封两种。软密封又分为密封副由非金属软质材料对非金属软质材料构成和密封副由金属硬质材料对非金属软质材料构成两类。金属硬密封蝶阀的密封副由金属硬质材料对金属硬质材料构成。软密封的密封性能好，但不耐高温，易磨损，机械性能差。硬密封则相反，密封性能较差，但耐高温，抗磨损，机械性能好。

（3）球阀

球阀，启闭件（球体）由阀杆带动，并绕球阀轴线做旋转运动的阀门。亦可用于流体的调节与控制，球阀在管路中主要用来切断、分配和改变介质的流动方向，只需要旋转90°和很小的转动力矩就能关闭严密。球阀的作用很多，一般用于管路中做开关切断或调节介质，其中三通型球阀可灵活切断、分配以及改变介质的流动方向。球阀的密封面通常处于与球面闭合的状态，不容易被介质冲蚀，操作方便、结构简单紧凑，可在带有水、天然气、酸、溶剂等工况中使用。

球阀的特点：不受安装方向的限制，介质的流向可任意；流体阻力小，全通径的球阀基本没有流阻；球阀结构简单，相对体积小，重量轻，便于维修；它有两个密封面，目前球阀的密封面材料广泛使用各种塑料，密封性好，能实现完全密封，在真空系统中也已广泛使用。球阀适用于经常操作，启闭迅速、轻便，从全开到全关只需要旋转90°，便于远距离控制。球阀维修方便，密封圈一般是活动的，拆卸更换比较方便。球阀密封性能好，在全开或全闭时，球体和阀座的密封面与介质隔离，介质通过时，不会引起阀门密封面的侵蚀。适用范围广，通径小到几毫米，大到几米，从高真空到高压力均可应用。由于球阀在启闭过程中有擦拭性，可用于带悬浮固体颗粒的介质中。球阀流体阻力小，无振动，噪声小。

球阀按结构形式分为三类：浮动球球阀、固定式球阀和弹性球球阀。

浮动球球阀：球阀的球体是浮动的，在介质压力作用下，球体能产生一定的位移并紧压在出口端的密封面上，保证出口端密封。

浮动球球阀的结构简单，密封性好，但球体承受工作介质的载荷全部传递给出口密封圈，因此要考虑密封圈材料能否经受得球体介质的工作载荷。浮动球球阀广泛应用于中低压球阀。

固定球球阀：球阀的球体是固定的，受压后不产生移动。固定球球阀带有浮动阀座，受介质压力后，阀座产生移动，使密封圈紧压在球体上，以保证密封。通常在与球体的上、下轴上装有轴承，操作扭矩小，适用于高压和大口径的阀门。为了减少球阀的操作扭矩和增加密封的可用程度，近年来又出现了油封球阀，即在密封面间压注特制的润滑油，以形成一层油膜，即增强了密封性，又减少了操作扭矩，更适用于高压大口径的球阀。

弹性球球阀：球阀的球体是弹性的。球体和阀座密封圈均采用金属材料制造，密封比压很大，依照介质本身的压力已达不到密封要求，必须施加外力。这种阀门适用于高温高压介质。

弹性球体是在球体内壁的下端开一条弹性槽，从而获得弹性。当关闭通道时，用阀杆的楔形头使球体张开与阀座压紧至密封。在转动球体之前先松开楔形头，球体随之恢复原形，使球体与阀座之间出现很小的间隙，可以减少密封面的摩擦和操作扭矩。

（4）截止阀

截止阀（Stop Valve，Globe Valve）又称截门阀，属于强制密封式阀门，在阀门关闭时，必须向阀瓣施加压力，以强制密封面不泄漏。截止阀的介质流向一般由阀瓣上方进入阀腔，这时在介质压力的作用下，关阀门的力小，而开阀门的力大，可以相应减少阀杆直径。同时，在介质作用下，这种形式的阀门也较严密。

截止阀的启闭件是塞形的阀瓣，密封面呈平面或锥面，阀瓣沿阀座的中心线做直线运动，这种类型的截止阀非常适合作为切断、调节以及节流使用。由于该类阀门的阀杆开启或关闭行程相对较短，而且具有可靠的切断功能，又由于阀座通口的变化与阀瓣的行程成正比关系，适用于对流量的调节。

截止阀的分类主要有四种，直通式截止阀，是工业中使用最广泛的一种阀门，但阻力最大。直流式截止阀，在直流式或 Y 形截止阀中，阀体的流道与主流道成一斜线，这样流动状态的破坏程度比常规截止阀小，因而通过阀门的压力损失也相应减小，多用于含固体颗粒或黏度大的流体。角式截止阀，在角式截止阀中，流体只需改变一次方向，以至通过此阀门的压力降比常规结构的截止阀小，多采用锻造，适用于小通径、较高压力的截止阀。柱塞式截止阀，是常规截止阀的变形，该阀门主要用于"开"或者"关"，但是备有特制形式的柱塞或特殊的套环，也可以用于调节流量。

常见的直通式截止阀，可分为单座和双座两种结构形式。单座阀的流体对单座阀芯的推力所造成的不平衡力很大，因此直通单座阀适用于泄漏量小、管径小和阀前后压差较低的场合。泄漏量小，允许差压小，流通能力小。

双座阀阀体内有上下两个阀芯，由于流体作用于上下阀芯的推力方向相反而大致抵消，所以双座阀的不平衡力很小，阀前后可以有较大的压差，但是由于阀体内流路复杂，用于高压差时对阀体的冲蚀较严重。此外，由于上下两阀芯不易同时关严，关闭时泄漏量大。但其流通能力强，允许使用差压大，比同口径的单座阀流通能力大，泄漏量大。适用于泄漏量大和差压较大的场合。

（5）自力式控制阀

自力式控制阀又称直接作用控制阀，是一种依靠流经阀内介质自身的压力、温度作为能源驱动阀门自动工作，不需要外接电源和二次仪表的控制阀。

自力式调节阀分为直接作用式和间接作用式两种。直接作用式调节阀又称弹簧负载式调节阀，其结构内有弹性元件，如弹簧、波纹管、波纹管式的温包等，利用弹性力与反馈信号平衡的原理。特点是结构简单、操作方便，但是会引起压降，造成出口精度的非线性，控制精度在10%～20%。

间接作用式调节阀，增加了一个指挥器（先导阀），它起到对反馈信号的放大作用，然后通过执行机构驱动主阀阀瓣运动，从而达到改变阀开度的目的。如果是压力调节阀，反馈信号是阀的出口压力，通过信号管引入执行机构。如果是流量调节阀，阀的出口处有一个孔板（或者是其他阻力装置），由孔板两端取出压差信号引入执行机构。如果是温度调节阀，阀的出口有温度传感器（或者温包），通过温度传感器内介质的热胀冷缩驱动执行机构。带指挥器作用的自力式控制阀适用于小压降和大流量的自力式控制场合，出口压力变化范围可小于设定压力的10%。

4.4.6　控制阀的执行机构

执行机构是将控制器输出信号转换为控制阀阀杆直线位移或角位移的装置。执行机构提供推动力或推动力矩，用于克服不平衡力、阀紧压力和摩擦力等，使位移量与输入信号成比例变化。

在工程自动控制系统中，阀门的执行机构是重要的控制对象，为了实现工艺要求，获得符合性能指标的流体压力、温度和流量，应对执行机构的种类和特性进行深入了解，选择适合的型号。

1. 气动薄膜执行机构

气动薄膜执行机构，机构简单，动作可靠，维护方便，成本较低，应用广泛。分为正作用和反作用两种形式，正作用执行机构在输入信号增加时，推杆的位移向外；反作用执行机构在输入信号增加时，推杆的位移向内。

气动薄膜执行机构的特点如下：

（1）正、反作用执行机构的结构基本相同，由上膜盖、下膜盖、薄膜膜片、推杆、弹簧、调节件、支架和行程显示板等组成。正、反作用执行机构的主要区别是：反作用执行机构的输入信号在膜盒下部，引出处的推杆也在下部，所以阀杆引出处要用密封套进行密封；而正作用执行机构本身具有薄膜片的密封作用，所以阀杆引出处不需要进行密封。

（2）可通过调节件的调整，改变弹簧初始力，从而改变执行机构的推力。执行机构的膜片有效面积与推力成正比，有效面积越大，执行机构的推力也越大。

（3）执行机构的输入输出特性为线性关系。输出的位移称为行程，由行程显示板显示。某些反作用执行机构还在膜盒上部安装阀位显示器。气动薄膜执行机构的行程有10mm、16mm、25mm、40mm、60mm、100mm等规格。

（4）可增加位移转换装置，将直线位移转换为角位移，用于驱动阀体。可增加阀门定位器，实现阀位检测和反馈，提高控制阀性能。可增加手轮机构，实现就地操作。可增加自锁装置，实现控制阀的自锁和保位。

2. 气动活塞执行机构

气动活塞执行机构采用活塞作为执行驱动元件，具有推力大、相应速度快的优点。其特点如下：

（1）可采用较大的气源压力，操作压力可达1MPa，不需要气源的压力调节减压装置。

（2）推力大。无弹簧的活塞执行机构不需要克服弹簧的反作用力，因此提高操作压力和增大活塞有效面积就可以获得较大的推力。有弹簧的活塞执行机构和薄膜式执行机构类似。

（3）适用于高压差、高静压和大推力的应用场合。

（4）作为节流控制时，输出位移量与输入信号成比例关系。需要增加阀门定位器。如果输入信号是标准的 20～100kPa 气压信号，配气动阀门定位器。输入信号是标准的 4～20mA 电流信号，配电气阀门定位器。

（5）作为两位开关控制时，无弹簧的活塞执行机构，在活塞一侧输入信号，另一侧放空，实现开或关的功能。有弹簧的活塞执行机构，在活塞一侧输入，返回则由弹簧实现。通常采用电磁阀等两位式执行元件进行切换。

（6）活塞执行机构分为单作用和双作用两种类型。单作用气动执行器（执行器内部有弹簧，在失去气源的情况下，弹簧会自动复位，提供力量使阀门恢复到起始的开启或关闭状态），如果选择双作用气动执行器，在失去气源的情况下，气动执行器就会失去动力，阀位保持在失去气源一瞬间所处的位置。

（7）可增加位移转换装置，将直线位移转换为角位移，也可选择长行程执行机构（行程可达 400mm）。可增加阀门定位器，实现阀位检测和反馈，提高控制阀性能。可增加手轮机构，实现就地操作。可增加自锁装置，实现控制阀的自锁和保位。

3. 电动执行机构

阀门的电动执行机构采用电动机和减速装置。通常电动执行机构的输入信号是标准的电流或电压信号，其输出信号是电动机的正、反转或停止的三位式开关信号。电动执行机构具有动作迅速、响应快、电源取用方便、传输距离远等特点。

（1）电动执行机构带有阀位检测装置或阀位开关来检测阀位，电动执行机构与检测装置组成位置反馈控制系统，具有较好的稳定性。

（2）电动执行机构需与电动伺服放大器配套使用。可设置电动力矩制动装置，使电动执行机构具有快速制动功能。电动执行机构的阀门操作速度相对较慢，大口径的电动阀门全开时间从十几秒到几十秒，相比之下气动执行机构只需要几秒。

（3）电动执行机构结构复杂、价格较高，不具有本质安全性，用于危险场所时，应考虑防爆等安全措施。

（4）适用于无气源供应、环境温度影响供气管线正常运行和需要大推力的场所。

4. 阀门定位器

阀门定位器是执行机构的一个附件。对于以压缩空气和液压驱动的执行机构来说，执行状态的定位主要依靠驱动力和驱动所需要的力之间的平衡来实现。即当两者平衡时执行机构可停在某个位置，从而达到定位的目的。但这种方案遇到驱动所需要的力发生波动时，定位就会出现偏差。阀门定位器的作用是通过监测阀门位置来调整驱动力，进而达到精确定位的目的。

阀门定位器的原理：反馈杆反馈阀门的开度位置发生变化时，当输入信号产生的电磁力矩与定位器的反馈系统产生的力矩相等，定位器力平衡系统处于平衡状态，定位器处于稳定状态，此时输入信号与阀位成对应比例关系。当输入信号变化或介质流体作用力等发生变化时，定位器力平衡系统的平衡状态被打破，磁电组件的作用力与因阀杆位置变化引起的反馈回路产生的作用力处于不平衡状态，由于喷嘴和挡板作用，使定位器气源输出压力发生变化，执行机构气室压力的变化推动执行机构运动，使阀杆定位到新位置，重新与输入信号相对应，达到新的平衡状态。在使用中改变定位器反馈杆的结构（如凸轮曲线），可以改变调节阀的正、反作用和流量特性等，实现对调节阀性能的提升。

对于电动执行器等不能依靠平衡来定位的执行机构，有一套专门的定位系统。这类执行机构虽有定位，但不以阀门定位器附件形式出现，而是结合在驱动系统内部。

4.4.7 控制阀的控制特性

1. 执行机构的传递特性

以气动执行机构为例分析传递函数。气动薄膜执行机构可分为将输入气压信号转换为膜头内气压信号的气压转换环节、膜头内气压转换为推力的力转换环节和合力转换为阀杆位移的位移转换环节。

气压转换环节可作为阻容环节处理；力转换环节可作为线性比例环节处理；位移转换环节是将推力克服阀的不平衡力和摩擦力形成的合力转换为位移，属于非线性环节。

控制阀的传递特性函数，与输入气体流量和压差、管线的气阻、惯性及气容等参数有关。在配备阀门定位器的情况下，控制特性中的时滞和时间常数都可以大幅度减少。

当控制阀输入信号改变方向，在输入信号变化的一定范围内，输入信号没有发生可被观察到的变化，这个变化范围称为控制阀死区。造成控制阀死区的原因如下：

（1）控制阀的摩擦力。控制阀的静摩擦力和动摩擦力是造成控制阀时滞的主要原因。由于摩擦力的存在，当控制过程受到扰动作用时，虽然控制器的输出产生了用于纠偏的控制信号，但是并没有产生相应的阀杆位移。只有控制器输出更大的信号，克服了死区才能使阀杆产生位移，使得操纵量发生变化。摩擦力的存在使得调节不及时，还可能造成调节过量，使控制系统的调节特性变坏。

（2）机械间隙。在控制阀的机械部分，机械连接之间存在装配间隙。当某一部件改变方向，会出现空程，机械运动出现不连续。

（3）阀门定位器。阀门定位器检测精度不够，定位器内部放大器的增益不够，都会检测不到阀杆位移，或者不能及时输出足够的控制量，从而造成死区。

（4）供气压力和流量。供气压力过低或者供气流量不足，会使执行机构的输出推力不足，阀杆运动变慢从而造成死区。

2. 控制阀的流量特性

控制阀的流量特性是流体经过控制阀的相对流量与相对行程之间的函数关系，其表达式见式（4-5）。

$$q = \frac{Q}{Q_{\max}} = f\left(\frac{L}{L_{\max}}\right) = f(L) \tag{4-5}$$

式中，Q 为行程在 L 时的流量（m^3/s）；

$Q_{\max}$ 为阀的最大流量（m^3/s）；

L 为行程（mm）；

$L_{\max}$ 为最大流量的行程（mm）。

根据控制阀两端的压降，控制阀流量特性分为固有流量特性和工作流量特性。固有流量特性是控制阀两端压降恒定时的流量特性，也称为理想流量特性。工作流量特性是在工作状态下压降变化时控制阀的流量特性。控制阀生产商提供的流量特性一般指固有流量特性。常见的控制阀固有流量特性有直线式、等百分比式、快开式等几种类型，见图 4-4。

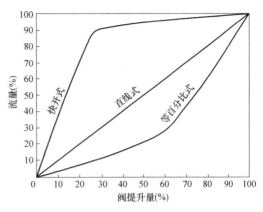

图 4-4　控制阀的流量特性曲线

（1）直线式流量特性

直线式又称线性流量特性，其控制阀的相对流量和相对行程呈线性关系，控制特性与控制阀的增益和可调比有关，与最大流量和通过控制阀的流量无关。

直线式流量特性的控制阀在小开度时，流量小，但流量相对变化量大，灵敏度高，行程稍有变化就会引起流量的较大变化，容易发生振荡。在大开度时，流量大，但流量相对变化量小，灵敏度低，行程要有较大变化才能使流量有所变化，因此，在大开度时控制呆滞，调节反应不及时，容易超调。

（2）等百分比式流量特性

等百分比式流量特性控制阀的相对行程与相对流量的对数成比例关系，在直线坐标系上流量特性曲线是对数曲线。

等百分比式流量特性的控制阀在不同开度下，相同的行程变化引起的流量相对变化是相等的，在全行程范围内具有相同的控制精度。等百分比特性的控制阀在小开度时，增益较小，调节平缓；在大开度时，增益较大，能有效进行调节。在相同的行程时，等百分比式流量特性的控制阀的相对流量比直线式流量特性的控制阀要少，所以，为满足相同的流通能力，选用等百分比式流向特性的控制阀的公称通径要比直线式流量特性的控制阀大一些。

（3）快开式流量特性

快开式流量特性的控制阀在小开度时就有较大流量，再增大开度，流量变化不大，称为理想快开式流量特性。一般情况下有效调节的行程在 1/4 阀座直径。对于需要快速气短或位式控制的场合选用快开流量特性。

3. 控制阀的工作流量特性

（1）常用控制阀的流量特性

隔膜阀的流量特性接近快式流量特性，蝶阀的流量特性接近等百分比特性，闸阀的流量特性为直线特性，球阀的流量特性在启闭阶段为直线，在中间开度时为等百分比特性。

在一般情况下，球阀和蝶阀通常不被用作调节，如果用作调节，也是在开度很小的情况下才起到调节作用，一般可以归为快开型，而真正用来调节的基本上是截止阀，把阀头加工成如抛物线形、锥形、球形等，都会有不同的曲线特性，一般来说作为调节，基本上等百分比特性用得比较多。

（2）串联管路的工作流量特性

在工程中，控制阀装在具有阻力的管道系统上。当该系统两端总压差一定时，控制阀上的压差就会随着流量的增加而减少。随着阀门开大，阀前后压差减少，因此，在阀相对开度相同的情况下，此时的流量比理想流量特性下要小一些。在阀门开度较大时，控制阀前后的压差减小，流量较大。

串联管路的固有流量特性畸变表现为流量特性曲线的上凸，随着降压比的减小，畸变变得严重。流量特性畸变造成控制阀在不同开度下的增益变化，使控制系统的总增益变化和控制系统运行不稳定。

（3）并联管路的工作流量特性

当控制阀的旁路阀打开时，使控制阀固有流量特性发生变化，此时表现的流量特性是并联管道时控制阀的工作流量特性。

随着旁路阀的开大，旁路流量增大，总管路的流量虽有提高，但是控制阀本身的流量特性没有变化，控制阀的可调比下降，灵敏度下降。旁路流量越大，则控制阀工作流量特性越差。通常，旁路流量应小于总流量的 20%。

4. 从控制阀的工作流量特性选择固有流量特性

控制阀制造商提供的控制阀流量特性是固有流量特性，因此，选择控制阀工作流量特性的目的是根据工作流量特性、被控对象特性和压降比来选择控制阀的固有流量特性。根据变量类型和被控对象特性的工程经验，选择方法见表 4-29。

变量类型和被控对象特性的控制阀固有流量特性选择   表 4-29

被控变量	对象特性		固有流量特性
液位	Δp_v 恒定或 $0.2\Delta p_v/Q_{min}<\Delta p_v/Q_{max}<2\Delta p_v/Q_{min}$		线性
	$\Delta p_v/Q_{max}<0.2\Delta p_v/Q_{min}$		等百分比
	$\Delta p_v/Q_{max}>\Delta p_v/Q_{min}$		快开
压力	快过程		等百分比
	慢过程	Δp_v 恒定	线性
		$\Delta p_v/Q_{max}<0.2\Delta p_v/Q_{min}$	等百分比
流量（变送器输出与流量成正比）	设定值变化		线性
	负荷变化		等百分比
流量（变送器输出与流量平方成正比）	串接	设定值变化	线性
		负荷变化	等百分比
	旁路连接		等百分比
温度	—		等百分比

在随动控制系统中，设定值变化，负荷线不变，即被控对象的输入输出关系不变。一般情况下可选用固有流量特性为线性流量特性的控制阀。

在定值控制系统中，被控变量受扰动的影响，负荷线变化，设定值不变。一般情况下可选用固有流量特性为等百分比流量特性的控制阀。

在实际工程应用中，控制阀与工艺管道和设备串联连接，可以根据系统的压降比确定固有流量特性。根据系统压降比 s 的工程经验，选择方法见表 4-30。

压降比	$s>0.6$			$0.3<s<0.6$			$s<0.3$
所需工作流量特性	线性	等百分比	快开	线性	等百分比	快开	低 s 控制阀
应选固有流量特性	线性	等百分比	快开	等百分比	等百分比	线性	

在工程应用中，综合考虑控制系统特点、负荷变化和控制阀两端压降占系统总压降比值三方面因素，选择方法见表 4-31。

工程应用中控制阀固有流量特性选择　　表 4-31

条件	线性流量特性	等百分比流量特性
$\dfrac{\Delta p}{\Delta p_{max}}>0.75$	1. 液位控制系统； 2. 主要扰动为设定值的温度-流量控制系统	1. 流量、压力、温度定制控制系统； 2. 主要扰动为设定值的压力控制系统
$\dfrac{\Delta p}{\Delta p_{max}}\leqslant0.75$	各种控制系统	

表中：Δp 为控制阀正常流量两端压降（Pa）；Δp_{max} 为阀全关时两端压降（Pa）。

5. 控制阀 PID 控制方法

在现代工业应用中，传感器和变送器收集过程变量及其与要求的设定点之间的关系信息，控制器处理这些信息并决定控制操作使过程变量在负载扰动发生后恢复到正常范围。所有的测量、比较和计算工作完成后，控制阀作为终端控制元件执行由控制器选择的控制策略。

常规 PID 控制器作为一种线性控制器，根据给定值和实际输出值构成控制偏差，将偏差按比例、积分和微分通过线性组合构成控制量，对被控对象进行控制。在闭环控制策略中，PID 控制器由于结构简单，应用最为广泛。工业应用中控制阀的调整，通常情况下采用 PID 控制器中的 P 比例控制或者 P 比例控制加上 I 积分控制，应用到 D 微分控制的情况较少。

PID 控制器的基本公式见式（4-6）。

$$u(t)=K_p\left[e(t)+\frac{1}{T_i}\int e(t)dt+T_d\frac{de(t)}{dt}\right]\qquad(4-6)$$

式中，K_p 为比例系数（无量纲）；

T_i 为积分时间常数（无量纲）；

T_d 为微分时间常数（无量纲）。

PID 控制器各校正环节的作用如下：

（1）比例环节：即时成比例地反映控制系统的偏差信号 $e(t)$，偏差一旦产生，控制器立即产生控制作用以减小误差。当偏差 $e=0$ 时，控制作用也为 0。因此，比例控制是基于偏差进行调节的，即有差调节。

（2）积分环节：能对误差进行记忆，主要用于消除静差，提高系统的无差度，积分作用的强弱取决于积分时间常数 Ti，Ti 越大，积分作用越弱，反之则越强。

（3）微分环节：能反映偏差信号的变化趋势（变化速率），并能在偏差信号值变得太大之前，在系统中引入一个有效的早期修正信号，从而加快系统的动作速度，减少调节时间。

PID 控制器参数的工程整定，各种调节系统中 P、I、D 参数经验数据可参考以下内容，对于不同物理过程，初始经验参数范围如下：

(1) 温度过程 TIC：$K_P = 20\% \sim 60\%$；$Ti = 180 \sim 600s$；$Td = 3 \sim 180s$；

(2) 压力过程 PIC：$K_P = 30\% \sim 70\%$；$Ti = 24 \sim 180s$；$Td = 0$；

(3) 液位过程 LIC：K_P $20\% \sim 80\%$；$Ti = 60 \sim 300s$；$Td = 0$；

(4) 流量过程 FIC：$K_P = 40\% \sim 100\%$；$Ti = 6 \sim 60s$；$Td = 0$。

由于现场构成每个调节回路的灵敏度、惯性各不相同，实际上往往需要进行精确调整三个参数，达到满意的调节控制效果：既没有震荡或大幅度超调，又能快速进入稳定状态。

PID控制器参数的预置是相辅相成的，运行现场应根据实际情况进行以下细调：被控过程值在目标值附近振荡，首先加大积分时间 Ti，如仍有振荡，可适当减少比例增益 K_P。被控过程值在发生变化后难以恢复，首先加大比例增益 K_P，如果恢复仍较缓慢，可适当减小积分时间 Ti，还可加大微分时间 Td。

5
气源工程常用设备及控制

本章介绍在多项航空发动机气源试验工程实例中采用的设备及相应控制技术。工程设备包括提供常温压缩空气的空气压缩机，提供高温压缩空气的电加温器系统，为干燥和制冷系统提供冷冻循环水的冷水机组，提供干燥压缩空气的吸附式干燥机，提供深冷压缩空气的增压透平膨胀机以及提供气源工程全系统控制的 DCS 控制系统。本章引用的设备规格和参数均为公开招标采购的实际工程应用。

本章涉及的气源设备生产商有阿特拉斯·科普柯（中国）有限公司（Atlas，以下简称阿特拉斯）、英格索兰（中国）有限公司（Ingersoll Rand，以下简称英格索兰）、美国寿力亚洲公司（Sullair，以下简称寿力）。

5.1 阿特拉斯供抽离心空压机

5.1.1 机组概况

阿特拉斯供抽两用离心空压机可工作在供气模式和抽气模式。机组为三级压缩，带级间冷却器和后冷却器，自带 PLC 控制器（LCP）和低压控制柜。机组主要性能指标见表 5-1。

阿特拉斯机组主要性能指标

表 5-1

工作模式和组件	主要参数	参数值
供气模式	流量	75kg/s
	进口压力	0.099MPa(A)
	出口压力	0.6MPa(A)
抽气模式	流量	10.6kg/s
	进口压力	0.015MPa(A)
	出口压力	0.108MPa(A)
主电机	功率	17680kW
	电压	10000V
	功率因数	1.0(同步电机)
辅助用电	功率	35kW
	电压	380V
油箱	容积	6150L
仪表密封气	用量	42m³/h
	压力要求	≥0.4MPa(G)
冷却水	用量	1684m³/h
	压力要求	≥3.5barg
	供水温度	≤32℃

5.1.2 控制系统概述

（1）空压机控制系统（CCS，Compressor Control System）由下列主要部件组成，

CCS 控制系统主要包括以下功能：

　　① 压缩机传动运行监控和保护；

　　② 压缩机安全控制器；

　　③ 压缩机排气压力控制器；

　　④ 压缩机背压控制器；

　　⑤ 压缩机入口压力控制器；

　　⑥ 与辅助装置相关的控制逻辑及相关功能；

　　⑦ 振动和轴位移监测；

　　⑧ 压缩机传动的起动/停止逻辑和联锁；

　　⑨ 喘振检测系统；

　　⑩ HMI 人机操作界面；

　　⑪ 压缩机传动、辅助系统和压缩机传动起停程序的基本控制功能；

　　⑫ 与压缩机控制系统和 FCS 其他主要部件的通信/接口、本地/远程选择开关及操作模式选择。

　　（2）阿特拉斯空气压缩机的控制流程见图 5-1。

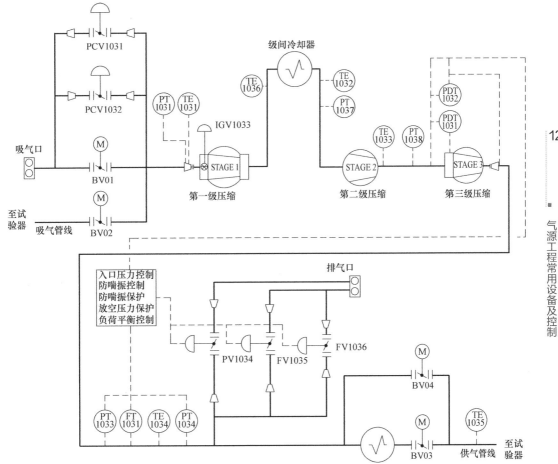

图 5-1　阿特拉斯空气压缩机控制流程

（3）CCS 系统中逻辑控制功能块见表 5-2。

CCS 逻辑控制功能块　　　　　　　　　　　　表 5-2

逻辑控制功能块名称	功能块主要功能	备注
最小值选择器	输入信号 E1\E2 中选择最小值至输出信号 A1	
最大值选择器	输入信号 E1\E2 中选择最大值至输出信号 A1	
斜率器	斜率器触发后根据不同的时间基准，输出信号从最小值至最大值或从最大值至最小值	最小值或最大值可调；变化率为每秒 2%
反向器	输出信号＝100－输入信号	
计算器	完成数学公式计算	
多变量函数器	根据不同的输入变量输出对应的变量信号	可定义 10 组输入/输出变量信号

（4）CCS 系统中控制时限见表 5-3。

CCS 控制时限　　　　　　　　　　　　表 5-3

控制时限代号	控制功能	具体时限值
T0	预润滑时间	120s,固定值
T1	起动时间	约 60s,可调
T2	起动阶段辅助油泵运行时间	约 90s,可调最小值为 T1＋30s
T3	停机惰行时间	约 6min,可调
T4	解除阻塞监测时间	可调
T5	冷却时间	60min,可调

5.1.3　控制器

1. 通用介绍

压缩机被用来为航空发动机试验设备提供空气或将发动机废气排放到大气中。压缩机有两种运行模式：供气模式和抽气模式。压缩机的运行方式可以在机器起动前由 FCS 或 CCS 完成选择，阀门选择见表 5-4。

压缩机供气/抽气模式阀门选择　　　　　　　　　　　　表 5-4

阀门位号	阀门功能	阀门状态	
		供气模式	抽气模式
PCV1031(ITV)	进气节流阀(大)	关闭	开启
PCV1032(ITV)	进气节流阀(小)	关闭	开启
BV01	供气模式进气阀	开启	关闭
BV02	抽气模式进气阀	关闭	开启
FV1035(BOV)	供气模式排气阀(小)	开启	关闭
FV1036(BOV)	供气模式泄压阀(大)	开启	关闭
PV1034	抽气模式排气阀	关闭	开启
BV04/BV05	供气模式后冷选择阀	开启一个	关闭

机组的现场操作面板选择单机操作模式或系统操作模式。单机操作时，将控制压缩机进口 PT1031 的压力。如果选择系统操作模式，则控制吸气管道的压力。

入口压力控制器对入口节流阀（ITV）起作用。关闭入口节流阀，压缩机上游压力下降。打开入口节流阀，压缩机上游压力上升。在机组起动供气模式之前，机组的设定值必须是最高值，即 0.95bar（A）。在机器全部起动后，用户可以根据用户试验器的要求调整设定值。

HIC 模式下，可手动调整入口节流阀（ITV）、入口导叶（IGV）、排气放空阀（BOV）和抽气放空阀（BPCV）。一次只能选择一种控制模式。参考变量为排气压力和进口压力。

涡轮压缩机需要最小的容积流量才能在稳定的范围内运行。当体积流量低于最小体积流量时，叶轮内流动停止，这种现象称为"喘振"。喘振会产生机械部件的过度应力，造成机组损坏。为了能够在流程所需流量减少的情况下仍能在稳定的范围内运行压缩机，压缩机配备了 BOV，用于补偿流程所需的当前流量和最小体积流量之间的差异。BOV 由喘振控制器控制。稳定运行与不稳定运行的分界线称为喘振线。在喘振线和喘振控制线之间必须确定一个安全裕度，以确定稳定的控制特性。

在供气模式下，第三级压缩的流量和压比作为喘振控制的输入变量。机组配备了两个 BOV 阀：小阀 FV1035 和大泄压阀 FV1036。喘振控制器的输出信号值与 BOV 分区控制的输出值进行比较，将两个信号中的较大者发送给 FV1035。串级控制器则通过 FV1035 的阀位信号控制大泄压阀 FV1036，使 FV1035 的开启不会超过最大开启位置（约 80%）。

在抽气模式下，压缩比控制器通过控制 PV1034 来限制机组的最大压缩比，以防止喘振。

2. 供气模式的安全控制

（1）喘振控制

喘振控制器执行安全保护控制，具体参数调整在调试期间确定。喘振控制器 FIC 的控制变量 x 是由以下测量值得到的无量纲值，计算公式见式（5-1）。

$$x = \frac{dp_{fs3}(\text{kPa})}{dp_{s3}(\text{kPa})} \times F \tag{5-1}$$

式中，dp_{fs3} 为第三级压缩的入口差压值（PDIT1031）（kPa）；

dp_{s3} 为第三级压缩的差压值（PDIT1032）（kPa）；

F 是压缩机供应商在调试期间调整的 1000 或 10000 的比例系数。

喘振控制器 FIC 的参考变量 w 为设定值（在喘振线处的受控变量＋安全裕度）。喘振控制器获取 $e = w - x$ 作为控制差变量。控制器的调整目标是使 e 为零。

当参考变量 w 小于被控变量 x，控制差变量 e 为负，控制器输出变量减小（BOV FV1035 关小），反之输出变量增大。实际上喘振控制器输出被传导到 1 号最大值选择器，1 号最大值选择器的输出通过反向器变换后发送至 BOV FV1035。

（2）BOV 串级控制

串级控制器的设计目的是保持 BOV FV1035 的开度始终低于 80%，控制器作用于泄压阀 FV1036。串级控制器的被控变量 x 由 BOV FV1035 的阀位信号构成，参考变量 w

为设定值（约为80%）。

串级控制器获取$e=w-x$作为控制差变量。如果$w<x$，则e为负值，控制器输出变量减小，控制器的输出通过反向器变换后发送至大泄压阀FV1036，大泄压阀FV1036开大。反之控制器将大泄压阀FV1036关小。

串级控制器属于比例积分控制器，有两组比例系数和积分时间可以进行切换。如控制差变量e大于"ERROR LIMIT"（错误限值）的绝对值减去"HYSTERESIS"（滞后值），比例系数$Kp1$和积分时间$Ti1$起作用。当控制差变量低于"ERROR LIMIT"的绝对值时，比例作用系数$Kp2$和积分作用时间$Ti2$起作用。

（3）功率/电流限制控制器

功率/电流限制控制器的作用是避免压缩机或主电机的任何过载。功率限制控制器的被控变量x来自主电机的电流信号，参考变量w为设定值。功率限制控制器获取$e=w-x$作为控制差变量。如果$w<x$，则e为负值，控制器输出减小（IGV关小）。反之控制器输出增大（IGV开大）。功率限制控制器的实际输出值送至4号最小值选择器，输出值通过2号计算器（IGV偏移计算）进一步处理。

3. 抽气模式的安全控制

（1）压比限值控制

压比限值控制器的作用是保持压缩机的压力比处于最大允许水平以下。压比限值由以下测量值计算得到，计算公式见式（5-2）。

$$x = \frac{P_{OUT}(\text{kPa})}{P_{IN}(\text{kPa})} \tag{5-2}$$

式中，P_{OUT}为PT1034压缩机排气口排气压力（kPa）；

P_{IN}为PT1031压缩机进气口进气压力（kPa）。

参考变量w为设定值，压比限值控制器获取$e=w-x$作为控制差变量。控制器的调整目标是使e为零。

如果$w<x$，则e为负值，控制器输出变量减小（BPCV PV1034开大，控制器输出向0变化），反之则控制器输出变量增大（BPCV PV1034关小，控制器输出向100%变化）。控制器的实际输出值在6号最小值选择器中比较处理。压比限值控制器有两组比例系数和积分时间可以进行切换（与串级控制器类似）。

（2）防堵限值控制器

防堵限值控制器的作用是防止压缩机进入堵塞区。受控变量x的计算同压比限值控制器，参考变量取决于给IGV的位置控制信号，并在1号多变量函数器"IGV位置"中计算得出。1号多变量函数器设定值见表5-5。

1号多变量函数器：IGV位置 表5-5

函数定义		具体作用	函数取值				
多变量函数器	输入值	排气压力设定	3bar(g)	4bar(g)	5bar(g)	6bar(g)	7bar(g)
	输出值	IGV最小开度	15%	20%	30%	50%	60%

多变量函数器的取值点在调试时设置。防堵限值控制器获取 $e=w-x$ 作为控制差变量。如果参考变量 w 低于实际压力比 x，控制差变量为负值，控制器输出变量减小（BPCV PV1034 开大，控制器输出向 0% 变化），反之则控制器输出变量增大（BPCV PV1034 关小，控制器输出向 100% 变化）。控制器的实际输出值在 6 号最小值选择器中比较处理。

当压缩机起动，防堵保护延时 T4 结束后，防堵限值控制器将被解除。当控制器收到主电机失电的反馈信号出现时，防堵限值控制器重新起动。

（3）安全入口压力控制器

安全入口压力控制器作用是避免压缩机入口压力降至最小限制值以下。控制器的被控变量 x 由压缩机进口 PT1031 的压力构成。参考变量 w 为设定值。安全入口压力控制器获取 $e=w-x$ 作为控制差变量。如果 $w<x$，则 e 为负值，控制器输出变量减小（ITV PCV1031 开大）。反之控制器输出变量增大（ITV PCV1031 关小）。控制器的实际输出值送到 2 号最大值选择器进一步处理。

（4）ITV 串级控制器

串级控制器的设计是保持 ITV PCV1031 的开度始终低于 80%，控制器作用于 ITV PCV1032。串级控制器的被控变量 x 由 ITV PCV1031 的位置控制信号构成。级联控制器的参考变量 w 为设定值（约为 80%）。

串级控制器获取 $e=w-x$ 作为控制差变量。如果 $w<x$，则 e 为负值，控制器输出变量减小，控制器的输出通过反向器变换后发送至大阀 ITV PCV1032，PCV1032 将开大。反之控制器将大泄压阀 FV1036 关小。

PCV1032 的安全位置是打开的（4mA 表示阀位位置 0 关闭，20mA 表示阀位位置 100% 关闭）。ITV 串级控制器属于比例积分控制器，比例积分参数的选用同 BOV 串级控制器。

4. 供气模式的排气压力过程控制器

控制系统设置了 FCS 排气压力过程控制器（PS1051）和 CCS 排气压力过程控制器。

FCS 排气压力过程控制器，使压缩机排气支管的压力根据参考变量保持不变。该控制器将在 FCS（厂房控制系统）中实现，被控变量 x 为压缩机排气支管的实际压力。FCS 可以在一定范围内调节参考变量 w。

CCS 排气压力过程控制器，根据 PT1034 的信号保持压缩机排气压力。该控制器在 CCS 中实现，CCS 中的设定点必须略高于 FCS 中的设定点。控制变量 x 为压缩机排气 PT1034 时的实际压力。参考变量 w 可以在一定范围内由 CCS 或 FCS 上的 HMI 更改，取决于本地/远程选择。

FCS 排气压力过程控制器和 CCS 排气压力过程控制器的控制原则相同，均获取 $e=w-x$ 作为控制变量。控制器的调整目标是使 e 为零。如果 $w<x$，则 e 为负值，控制器输出变量减小（首先 IGV FV1033 关闭，然后 BOV FV1035 打开）。反之控制器输出变量增加（首先 BOV FV1035 关闭，然后 IGV FV1033 打开）。

在 CCS 中，通过 1 号最小值选择器将 FCS 排气压力过程控制器的输出值、3 号斜率器的输出值、CCS 排气压力过程控制器的输出变量进行比较。输出的最小值分段作用于 IGV FV1033（进气导叶）和 BOV FV1035。最小值按分段范围送至 1 号转换器和 2 号转换器（输入值0~50%送至1号转换器控制BOV，输入值50%~100%送至2号转换器控制IGV）。

如果手动模式HIC IGV或HIC RCV被激活，则锁定排气压力控制器。

5. 抽气模式的抽气压力过程控制器

控制系统设置了FCS抽气压力过程控制器（PS1050）和CCS抽气压力过程控制器。

FCS抽气压力过程控制器，使压缩机抽气支管的压力根据参考变量保持不变。IGV FV1033在抽气模式固定在最大运行位置，即0°。该控制器将在FCS中实现。

CCS抽气压力过程控制器，根据抽气压力的参考变量来保持压缩机的抽气压力，该控制器在CCS中实现。CCS中的设定值必须略低于FCS抽气压力过程控制器的设定值。控制变量 x 为实际压缩机抽气压力PIT1031。参考变量 w 可以在一定范围内从CCS上的HMI或FCS上更改，取决于本地/远程选择。

FCS抽气压力过程控制器和CCS抽气压力过程控制器的控制原则相同，均获取 $e = w - x$ 作为控制变量。控制器的调整目标是使 e 为零。如果 $w < x$，则 e 为负值，控制器输出变量减小（ITV PCV1031将关闭）。反之控制器输出变量增加（ITV PCV1031将打开）。

在CCS中，通过2号最小值选择器将FCS抽气压力过程控制器的输出值、1号斜率器的输出值、CCS抽气压力过程控制器的输出变量进行比较。输出的最小值分段作用于IGV FV1033（进气导叶）和BOV FV1035。输出的最小值送到ITV控制。

如果手动模式HIC ITV被激活，则锁定抽气压力控制器。

6. 可变控制功能

（1）供气模式的IGV最小运行位置

为降低主电机起动电流，压缩机起动时IGV FV1033处于起动位置（开度0%）。当起动时间T1结束，压缩机开始加载时，IGV FV1033的位置控制信号将通过3号最小值选择控制器调节到最小运行位置。IGV的开度控制沿着斜率2从起动位置打开到最小操作位置。

调试过程中，通过1号多变量函数器设定IGV最小运行位置。IGV最小工作位置发送到2号计算器（IGV偏移计算）。2号计算器将补偿IGV起动位置0开度与实际IGV最小运行位置之间的间隙。在压缩机运行期间，IGV永远不会超过最小操作位置。

（2）抽气模式的IGV运行位置

为降低主电机起动电流，压缩机起动时IGV FV1033处于起动位置（0开度）。当起动时间T1结束并加载压缩机时，1号斜率控制器调节到0位置，控制IGV调整到工作位置。在压缩机运行期间，IGV永远不会关闭或打开。

（3）HIC控制

可以通过本地HIC功能，从CCS的HMI手动调整IGV、ITV、BOV、BPCV的开度，或者通过远程HIC功能，从FCS手动调整IGV、ITV、BOV、BPCV的开度。根据CCS的本地/远程选择，HIC模式可以从CCS或FCS激活。

（4）斜率器功能

斜率器上升/下降速度在调试期间设定，见表5-6。

编号	输出斜率	触发时间	执行功能
1 号斜率器	0～100%	T1 结束,加载信号发出	IGV 从起动(阀门开度 0)至运行开度(阀门开度 79%左右)
2 号斜率器	0～100%	T1 结束	IGV 从起动开度至最小运行开度
3 号斜率器	0～100%	IGV 达到最小运行开度	BOV 和 IGV 分段调节
4 号斜率器	0～100%	T1 结束	PV1034 调节

5.1.4 喘振监测

喘振控制器由喘振检测系统支持,通过检测和计算喘振数量,从而进一步保护压缩机,最终关闭压缩机。为了检测喘振,需要监测通过压缩机的压比或流量,或两者同时监测。

工作模式 1(压比模式),当监测的压缩机压比的斜率低于负值极限值时,判断为喘振发生。

工作模式 2(流量模式),当流量计上的流量(压差信号)低于限值时,判断为喘振发生。

工作模式 3(压比＋流量模式),可以通过压缩机的压比梯度或通过流量计的流量(压差信号)来检测喘振。

工作模式 1、2 或 3 的选择以及相应限值,在每个项目的调试期间进行设定。

当压缩机起动时(接收到主电机运行反馈信号),喘振检测系统起动,经过起动时间后,第一个检测到的喘振起动计数器和控制时间。如果在设定时间内,检测到的浪涌个数达到告警设置的浪涌个数,则触发告警。如果在设定时间内,检测到的浪涌数超过跳机设定的浪涌数,压缩机将停机/跳机。

如果在设定时间内,检测到的喘振数量低于设定的报警或跳机次数,无报警或跳机,计数器和控制时间复位。当喘振检测系统触发报警或跳机时,设定时间结束后,可以在外部(如控制室)进行复位。

如果选择工作模式 1 或 2,并且用于浪涌检测的信号发生测量故障,则在经过可调的设定时间后触发测量故障报警和跳机。如果选择工作模式 3,且用于浪涌检测的信号发生测量故障,则在经过可调的设定时间后触发测量故障告警。只有当用于浪涌检测的两个信号都处于测量故障时,测量故障才会在经过可调的设定时间后跳机。

5.1.5 辅助设备控制逻辑

1. 概述

当 CCS 的电源开启,系统重启,所有辅助设备保持锁定状态,直到从 HMI 解除锁定。这是为了确保在重启期间,没有辅助设备会自动起动,也没有阀门会意外打开或关闭。

解除辅助设备锁定时,按显示器屏幕上对应的功能键。在压缩机正常停机期间,辅助设备保持解除状态。当辅助设备被解除锁定,独立的辅助设备、阀门可以从 HMI 操作。

各个辅助设备的起停命令由 CCS 或 FCS 通过 CCS 发送到低压控制柜 LV-MCC。辅助设备的通电和断电由 LV-MCC 完成。LV-MCC 面板上有一个按键开关，可设置辅助设备的测试模式。压缩机停机，按键开关设置为测试模式时，各辅助设备可用 LV-MCC 面板上的按钮在测试模式下起动和停止。压缩机运行时，不能使用所有辅助设备的测试模式。

2. 润滑油储箱的加热器

油系统包括四个电油箱加热器。每个储油器加热器都配有一个两点控制器 TC（双金属接点）。控制器设定点为 48℃（可调）。温度控制器动作对应触点，指示 CCS 或 FCS 发送对 LV-MCC 的命令，以起停相应的加热器电源。

辅助设备解除锁定后，油加热器自动切换到"自动运行"控制模式。可以在 HMI 的控制模式"自动运行"和"停止"之间手动切换储油器加热。

CCS 或 FCS 向储油器加热器的 LV-MCC 发送起动和停机信号。LV-MCC 将油加热器状态和故障信号发送给 CCS 或通过 CCS 发送给 FCS。HMI 显示相应的运行和故障状态信息。

为了保持润滑油变速箱进油口温度 > 20℃（压缩机的起动允许温度），在压缩机待机期间，应保持油箱加热自动运行模式。

3. 辅助油泵控制逻辑

辅助油泵提供压缩机起动、停机、冷却时的润滑油供应。辅助设备解除联锁，压缩机不运行，辅助油泵可以从 CCS 的 HMI 或者根据本地/远程选择从 FCS 起动和停止。

如果用未预热的油起动辅助油泵，可能发生驱动电机过载（油泵电机热过载保护响应）而导致该泵故障。要测试辅助油泵（当主油泵运行时），可以短时间内手动开/关辅助油泵。两台油泵不允许长时间并联运行。HMI 显示相应的运行和故障状态信息。

4. 油雾分离风机控制逻辑

油雾分离风机安装在油箱上，以保持油箱内的轻度负压状态。油雾分离器风机将油雾从油箱吸入。当剩余气体被排放到大气中时，雾将被凝结并流回油箱。如果辅助设备被解除联锁，压缩机和辅助油泵处于关闭状态，要测试设备，可以在 CCS 和 FCS 的 HMI 上起停油雾分离风机。HMI 显示相应的运行和故障状态信息。

5. 快开阀 BOV FV1035 和 FV1036 的电磁阀控制逻辑（供气模式）（表 5-7）

快开阀的电磁阀控制逻辑　　　　　　　　　　　　　　　　　表 5-7

机组状态	控制系统任务/联锁
压缩机运行	压缩机运行期间、快开 BOV 的电磁阀通电
压缩机停机（主电机运行反馈从 1 至 0）并且处于停机惰行时间 T3	快开阀 BOV FV1035 和 FV1036 的电磁阀在 T3 时间自动断电（大约 6min），这期间 FV1035 和 FV1036 保持故障全开状态
压缩机停机并且停机惰行时间 T3 结束	停机惰行时间结束后，快开阀 BOV FV1035 和 FV1036 的电磁阀重新通电

6. 背压控制阀 PV1034 的电磁阀控制逻辑（抽气模式）（表 5-8）

背压控制阀的电磁阀控制逻辑　　　　　　　　　　　　　　　　表 5-8

机组状态	控制系统任务/联锁
压缩机运行	压缩机运行期间背压控制阀的电磁阀通电

机组状态	控制系统任务/联锁
压缩机停机(主电机运行反馈从 1 至 0)并且处于停机惰行时间 T3	背压控制阀 PV1034 的电磁阀在 T3 时间自动断电(大约 6min),这期间 PV1034 保持故障全开状态
压缩机停机并且停机惰行时间 T3 结束	停机惰行时间结束后,背压控制阀 PV1034 的电磁阀重新通电

5.1.6 压缩机起停逻辑

1. 起动准备

(1) 在 FCS 或 CCS 上按键选择机组供气或抽气运行模式,准备操作见表 5-9。

压缩机运行准备操作 表 5-9

CCS 执行的操作	
供气模式	抽气模式
运行模式软件开关置于供气模式(位置 1-3)	运行模式软件开关置于抽气模式(位置 2-3)
PCV1031/PCV1032 开	PCV1031/PCV1032 开
PV1034 关	PV1034 开
FV1035/FV1036 开	FV1035/FV1036 关

(2) 油箱加热设置为自动控制模式,HMI 显示状态信息。

(3) 密封气系统压力正常。

(4) 油系统油质、油位、油冷却器充油、循环水流量、油温均正常。

(5) 起动油泵和油雾分离风机。

(6) 起动预润滑时间 T0(120s)。

(7) 确认状态:辅助油泵运行、油压正常、油箱压力正常、油位正常、油过滤器压差正常、油流动回路正常。

2. 供气模式压缩机起动条件 (表 5-10)

压缩机起动条件 表 5-10

工作模式	供气模式	抽气模式
辅助设备	解除锁定	解除锁定
辅助油泵	运行	运行
油雾分离风机	运行	运行
齿轮箱油压	压力正常	压力正常
齿轮箱油温	温度正常	温度正常
油箱油位	油位正常	油位正常
IGV	开度小于 5%	开度小于 5%
BOV	开度大于 95%	关闭
ITV	全关	开度大于 95%
BPCV	全关	开度大于 95%

工作模式	供气模式	抽气模式
主电机泄漏	正常	正常
控制时限 T3	结束	结束
急停信号	无	无
停止按钮信号	无	无
报警信号	无	无
测量失效信号	无	无
密封气压力	正常	正常
MCP 状态	准备起动	准备起动

以上条件满足，压缩机处于准备起动状态，HMI 显示相应信息。

3. 起动

（1）按下按钮或功能键"压缩机起动"；

（2）压缩机起动状态满足，收到起动信号，CCS 执行以下操作：

① 发送命令"压缩机起动"至主电机的 MCP。

② 锁定辅助油泵。

③ 径向轴振动跳机的连锁设定值设定为 3 倍值（如果 3 倍值高于最大测量范围，则设定为最大测量范围）。

④ 主电机的起动通过 SCF（变频器）完成。SCF 的通电/断电通过 SCB（起动断路器）完成。当 SCB 关闭，主电机起动时，主电机的"起动中"从 SCB 发送到 MCP。当 MCP 收到"起动中"信号，则发出"电机运行"信号到 CCS。

⑤ 主电机起动，成功同步并网，RCB 合闸，MCP 发送"准备加载"到 CCS。

⑥ CCS 发送"压缩机起动"命令至主电机的 MCP，5s 内未收到"电机运行"信号，CCS 判断压缩机停止命令失效，发送跳机命令，发送起动失败信号。

（3）CCS 收到"电机运行"信号后执行以下操作：

① HMI 显示"压缩机起动"。

② 计时器 T1 起动（起动检测时间）。

③ 计时器 T2 起动"压缩机起动时辅助油泵运行"，计数器从设定时间至 0，期间辅助油泵持续开启。

④ 计时器 T4 起动（解除堵塞检测的时间）；"压缩机运行中"信号激活，触发喘振检测，喘振检测在内部起动时间完成后激活。

（4）CCS 收到"准备加载"信号后执行以下操作：

① 径向轴振动跳机的连锁设定值设为正常值。

② 供气模式下，IGV 在 2 号斜率器控制下，从起动位置（$-75°=0$）开到最小工作位置（$-60°=16\%$）。排气模式下，IGV 保持在起动位置。

③ HMI 显示"压缩机运行"。

（5）供气模式下，CCS 收到"准备加载"信号，从 CCS 的 HMI 或者 FCS 发出加载信号，且 IGV 处于最小位置，CCS 解锁解除排气压力过程控制器，BOV 将在 3 号斜率器控制下逐渐开始关闭，IGV 将逐渐开始关闭，应打开压缩机的排气阻塞阀。

抽气模式下，CCS收到"主电机运行"信号，CCS将PV1034在4号斜率器控制下逐渐开始关闭，解锁节流阀限位控制器和压比限位控制器。

抽气模式下，CCS收到"准备加载"信号，从CCS的HMI或者FCS发出加载信号，CCS将IGV在1号斜率器控制下逐渐开启至操作位置0（0＝79%）。解锁吸气压力过程控制器，ITV将逐渐开始关闭控制吸气压力，应打开压缩机的吸气阻塞阀。

（6）CCS收到"准备加载"信号后，T2时间完成，CCS发送辅助油泵停止命令到LV-MCC。压缩机起动时，辅助润滑油泵与主润滑油泵并联运行，在起动时（T2＋10s）应禁止润滑油滤器的压差（PDSH1031）高报警。

（7）检查压缩机起动期间的下列运行数据：加速时间、油压、运行和震动行为、密封气压力；

（8）CCS收到"准备加载"信号后，T4时间完成，CCS解锁"堵塞"报警（堵塞检测：PIT1034／PIT1031＜3.8，可调整值）。

（9）如果压缩机处于"压缩机起动"或者"压缩机运行"状态，"主电机运行"信号从1至0，CCS触发压缩机跳机，跳机原因显示为"主电机反馈故障"。

4. 停机

（1）按下按钮或功能键"压缩机停机"，触发停机信号，CCS发送"辅助油泵起动"命令给LV-MCC。辅助油泵保持联锁；发送"压缩机停机"命令给主电机的MCP；

（2）BOV/BPCV的电磁阀YSOV1034／YSOV1035／YSOV1036断开，阀门PV1034/FV1035/FV1036打开；1号、2号、3号斜率器的斜率变为0；IGV的阀位控制信号调整至－75°（0）。

（3）触发喘振检测失效信号。

（4）主电机的停止由主电机的断路器SCB/RCB完成。当SCB/RCB断开，从MCP到CCS的"主电机运行"信号应失电。

5.2 英格索兰离心空压机

5.2.1 机组概况

英格索兰离心空压机为三级压缩，带级间冷却器和后冷却器，自带PLC控制器（CCP）和低压控制柜。机组主要性能指标见表5-11。

英格索兰离心空压机主要性能指标　　　　　表5-11

工作参数	主要参数	参数值
供气能力	流量	5.2kg/s
	进口压力	0.095MPa（A）
	出口压力	1.1MPa（A）
主电机	功率	2900kW
	电压	10000V
	额定电流	194A

工作参数	主要参数	参数值
辅助用电	功率	23.1kW
	电压	380V
油箱	容积	1140L
仪表密封气	用量	3.4m³/h
	压力要求	≥0.5MPa(G)
冷却水	用量	228m³/h
	压力要求	≥35kPa
	供水温度	≤32℃

5.2.2 控制系统概述

（1）控制系统主要包括以下功能：

① PLC 起动/停止及机器保护/停机。

② 监测与旋转部件相关的振动输入。

③ 由 PLC 控制的主电机、辅助驱动器和电磁驱动装置。

④ PLC 控制润滑油系统。

⑤ PLC 控制的喘振保护、恒压控制、恒流量控制、HIC 控制。

（2）压缩机控制系统包括以下设备：

① 带有以太网和 I/O 模块的 ControlLogi×17 插槽机箱。

② Allen Bradley L72 处理器。

③ 到 DCS 的 Modbus RTU 的通信模块。

④ Allen Bradley 10" HMI 显示器。

⑤ N-Tron 以太网交换机。

5.2.3 I/O 功能

仪表到本地压缩机控制器用于控制、指示、报警和跳机传感。传感器包括 RTD 温度传感器、震动变送器、压力变送器、流量变送器、液位变送器、驱动电机电流变送器、数字按钮和位置开关。

1. 传感器故障

如果变送器的测量值低于 3.9mA 或高于 20.1mA，控制系统将检测并指示变送器故障。当检测到有故障的传感器时，控制系统将默认输入一个现场可选值。如果传感器是关键信号，故障值可以设置为跳机值。可以设置为触发的报警值，也可以设置为不触发的报警值。无论故障值如何设置，HMI 上都会有一个故障指示，告诉用户某个输入超出范围。

2. 报警

每个传感器可能有一个与之关联的报警设定值。当压缩机运行时，如果报警值超过（模拟输入或 RTD 高于或低于，或数字输入的状态改变），控制系统将通知和记录报警情况，并激活报警继电器。

PLC 的 HMI 将显示所有报警事件的标签名称、描述和时间/日期，并在 HMI 上保存用户可以访问的所有报警事件的运行日志。警报通知将保持激活状态，直到警报被按钮确认或复位。警报本身将保持锁存状态，直到条件被纠正，警报被确认或重置。

3. 跳机

当设备输入达到临界电平时，PLC 关闭压缩机。一些 PLC 跳闸根据传感器数量使用投票逻辑来触发跳闸，2 投 2 中或者 3 投 2 中。当 2 个投票中的 2 个被选中时，在压缩机跳闸之前，两个输入必须达到一个跳闸电平超过 1s。当这种情况发生时，压缩机关闭，电机运行继电器关闭，跳闸继电器通电。当 3 个投票中的 2 个被选中时，任意两个输入必须在压缩机关闭前达到一个跳闸水平。如果这些输入中只有一个处于行程水平，压缩机将继续运行。PLC 人机界面将显示所有行程事件的标签名称、描述和时间/日期，并保存用户可以访问的行程事件的运行日志。脱扣信号将保持激活状态，并在人机界面上显示，直到脱扣复位。

5.2.4　振动监测系统

振动变送器/监视器用于监测压缩机齿轮箱、电机等的振动水平。根据转速为每个传感器设置报警和跳闸级别。

压缩机起动加速时，齿轮振动跳机水平需要更高的设置点，这是通过在压缩机的"加速"阶段有一个单独的跳机设定值来实现的。当 PLC 起动压缩机，振动跳闸值设置为较高值，禁用振动报警功能。当压缩机处于高速运行状态，而负载延迟定时器已经结束，回到正常的跳机值。

当输入端报警或跳机时，PLC 必须复位才能再次触发同样的报警或跳机。在按钮重设之前，跳机通知将保持激活状态并在 HMI 上显示。

5.2.5　PLC 操作状态

压缩机运行时，PLC 逻辑将经过下述各种状态进行转换。操作状态显示在 HMI 上，并包含在所有显示界面的上端。

1. 未准备起动和起动许可

"未准备起动"状态让操作人员知道没有满足所有的输入条件，因此压缩机无法起动。HMI 上的摘要信息可以查看所有需要的条件，并指出哪些条件不满足。一旦满足了所有需要的输入，PLC 将转换到起动许可状态，HMI 显示"许可"。如果在机器起动之前，任何允许条件下降到不可接受的水平，HMI 将显示"未准备起动"，解除起动许可状态，锁定起动逻辑。

2. 起动

当满足起动许可条件后开始起动压缩机，起动命令来自本地控制面板上的开始按钮或通过远程控制。收到命令后控制逻辑将开始执行"起动"流程。

"起动"流程在激活主电机运行继电器之前激活辅助设备并进行验证。每个起动条件在验证之前都有延时设定。如果一个条件验证失败，或者任何允许条件消失，则起动失败。HMI 将显示所有失败起动事件和时间/日期，并保存运行日志。起动失败通知将保持到被复位重置。如果不需要或没有配置"起动"条件，控制逻辑将直接进入"加速"

状态。

3. 加速和加载延迟

当发出起动命令并满足所有允许起动条件时，控制逻辑将开始加速状态。主电机运行继电器将通电。主电机起动继电器脉冲 5s，最大加速计时器将开始计时，对加速过程特定的跳机程条件进行监测。当最大加速定时器完成或电机电流信号达到一个稳定的空载值时，控制逻辑接着进入加载延迟状态。

加载延迟计时器参数可调，在加速状态完成和入口阀及防喘阀操作之间提供附加时间，附加时间用于为压缩机主驱动速度或工艺条件稳定。对于空气压缩机，附加时间通常设置为 0。

4. 运行

当 PLC 进入运行状态时，油压正常，辅助油泵关闭，压缩机进行加载或者卸载。通过 PLC 柜上的自动/卸载按钮或通过远程控制完成。

压缩机运行过程中有报警时，显示"运行报警"状态。如果有一个未确认的警报，指示将闪烁，并将为当前确认的警报稳定显示。

5. 停机

压缩机可以在受控停机模式或跳机模式下停机。受控停机可以通过位于本地控制面板上的停止按钮或通过远程控制触发。当一个受控停机或跳机发生时，将会有一个"惰行停机时间"，这是为了防止在电机完全停止之前压缩机快速重启。惰行定时器由 PLC HMI 设置，设置为电机在全速运行到完全停止所需的时间。

（1）在受控停机下，CCS 执行以下流程：

① 打开辅助油泵。

② 卸载压缩机。打开防喘阀，斜率关闭进口导叶。

③ 当进气阀到达空载位置时，运行继电器断电，切断主电机的电源。

（2）在跳机时，CCS 执行以下流程：

① 运行继电器断电，切断主电机的电源。

② 打开辅助泵。

③ 卸载压缩机。打开防喘阀，斜率关闭进口导叶。

④ 压缩机"跳闸"灯将亮起。

一旦电机断电，压缩机将进入"停机惰行"状态。这种状态为电机完全停止所需要的一段时间，在此期间，电机不能重新起动。可通过 PLC 人机界面改变停机时间。一旦惰行时间过去，PLC 可以进入"允许""未准备好起动"或"跳机"状态。压缩机跳机，需手动复位，将 PLC 切换到下一个状态。

6. 电机起动界面

压缩机主驱动电机控制中心通过电机运行继电器和电机起动脉冲继电器与 PLC 连接。电机运行继电器在驱动电机工作时通电，在驱动电机不工作时断电。当主驱动电机第一次起动时，电机起动脉冲继电器通电 5s。

7. 自动/卸载

PLC 可以选择在"自动"或"卸载"模式，模式为自保持并在 HMI 上显示。在"卸载"模式下，压缩机将一直保持卸载状态。在"自动"模式下，压缩机在"加速"状态和

"加载延时定时器"完成后，将切换到加载状态。根据所选运行模式，压缩机可以根据容量需求自动卸载和重新加载。

8. 急停

紧急停止按钮（E-Stop）位于本地控制面板（LCP）。E-stop 按钮具有多个触点。将一组触点连接到本地压缩机 PLC 输入通道，以提供脱扣功能。另一组触点直接连接到电机控制中心，以提供紧急停止。

9. 本地/远程操作

LCP 上设本地/远程选择开关。本地模式下，只有本地控制面板操作人员才能控制压缩机，远程控制功能将被禁用。在远程模式下，压缩机可通过 Modbus RTU，由客户 DCS 系统的远程控制命令进行控制。无论压缩机控制处于何种模式，都可以起动停止或紧急停止。

5.2.6 控制回路

1. 概述

PLC 控制器采用多个 PID（比例、积分和微分）控制回路来调节压缩机运行。这些控制回路用于：调节压缩机至排气压力设定点或系统流量设定点；保护驱动电机，防止压缩机过载；保持最小的压缩机流量，防止压缩机喘振；防止压缩机压力过大。

系统压力控制回路和系统流量控制回路由 PLC 控制器调节进气阀，使系统压力或者系统流量保持在压缩机调节范围内。电机过载保护控制回路优先级高于系统压力和系统流量控制回路。

2. 防喘振控制回路（图 5-2）

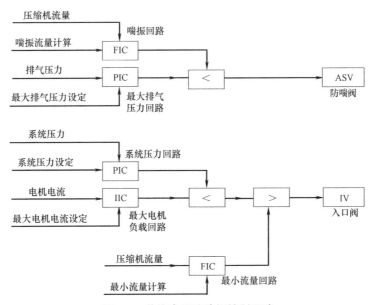

图 5-2 英格索兰防喘振控制回路

当压缩机采用恒流量控制或 HIC 控制时，PLC 机控制器应采用 B 型喘振控制方式，恒压控制模式也可采用 B 型。在此模式下，当压缩机流量小于或等于喘振控制流量时，喘振控制回路打开防喘阀，增加额外的压缩机流量，从而降低系统流量和系统压力。如果入口阀由系统压力、系统流量或 HIC 控制器控制，则入口阀仍可继续关闭，直到压缩机流量达到最小流量点。最小流量点由控制器连续计算为喘振控制点的 98%，最小流量控制回路防止入口进一步关闭。如果没有最小流量控制回路，由控制超调或系统中其他压缩机产生的残余压力产生的高系统压力会继续关闭进气阀，使压缩机进入喘振状态。最小流量控制点必须小于喘振控制点。

B 型防喘控制允许由系统流量或 HIC 信号控制的压缩机在压缩机正常关闭范围以下运行。这种模式在压缩机的整个工作范围内保持恒定的压力，即使压缩机的需求小于压缩机的正常调小范围。

压缩机流量信号是控制器为压缩机提供喘振保护所必需的，用电机电流的数值来表示压缩机流量。

确定压缩机喘振线需要三个喘振点。使用手动阀控制确定喘振线时，操作者应选择低喘振点、中喘振点和高喘振点。高浪涌压力应高于所需排气压力设定点的 15%，而低浪涌压力应低于所需排气压力设定点的 15%。操作者将这些喘振点输入到 PLC，然后 PLC 将计算喘振线并显示喘振控制流量。喘振控制流量是在当前排气压力下，PLC 基于测得的喘振点计算出喘振的流量。为安全起见，可设定喘振控制裕量，控制系统在压缩机到达实际喘振点之前打开入口导叶。

喘振线为直线方程，见式（5-3）。

$$y = mx + b \tag{5-3}$$

式中，b 为 y 轴截距（PSIG）；

x 为计算的浪涌流量（A）；

y 为压缩机排气压力（PSIG）；

m 为根据喘振试验计算的喘振线斜率（无量纲）。

例如，压缩机排气设定值为 100PSIG。喘振点应设为所需排气压力设定点的 ±15%。结果如下：

高压浪涌点：115PSIG 高流量浪涌点为 325A；

中压浪涌点：100PSIG 中流量浪涌点为 300A；

低压喘振点：85PSIG 低流量喘振点为 275A。

PLC 根据给出的 3 个点计算出喘振线斜率。然后用喘振线斜率和压缩机排气压力计算压缩机在任何给定的排气压力下喘振时的流量。

例如，使用上述喘振点，如果机器当前排气压力为 105PSIG，则喘振点计算为：$y = mx + b$，$y = 105$，$m = 15/25 = 0.6$，$b = 100$；$105 = 0.6 \times x + 100$；$x = 8.3$。

则 105PSIG 的喘振控制流量 $= 300A + 8.3A = 308.3$（A）。

喘振控制裕量应设置合理，提供足够的喘振安全区，但又不能太大，尽量不减少压缩机的理想工作范围。

3. 电机过载保护

驱动电机的典型工况是压缩机的正常工作范围，如果压缩机的入口条件与设计不同（例如较冷的入口空气温度），那么压缩机可能会使驱动电机过载。最大电机负载控制回路将调节进气阀，以防止电机电流超过其限制。最大电机电流设置点可在 HMI 设置。

4. 最大排气压力保护

如果发生故障导致压缩机排气压力升高，则最大排气压力控制回路将调节防喘阀，使排气压力保持在"最大排气压力"设定值的范围内。"最大排气压力"可在 HMI 设置，设定值应小于压缩机的自然喘振压力。

5. 控制回路 PID 算法

所有 PID 控制回路均使用具有独立系数的速度型 PID 算法。比例系数应用于误差值或 PV 的变化，而不是误差值或 PV。过程变量接近设定值的速度越快，比例增益调节控制变量输出的速度就越快，以防止超过设定值。比例增益越大，控制回路对误差变化的反应越强。由于比例增益是对误差变化的反应，所以在这个应用中不使用微分变量。积分项应用于误差的值，并取决于误差存在的时间。积分项以每分钟重复次数表示，因此积分值越大，控制回路对过程变量中的误差反应越强。

例如在系统压力缓慢变化的情况下，由于过程变量与设定值之间的误差发生得很慢，所以在这种情况下 PID 算法的比例项几乎没有影响。积分项将在这种情况下做出所有修正。

在压缩机加载过程中，系统压力迅速上升。最初，过程变量和设定值之间的误差很大，因此积分项快速开大入口阀门。电机过载 PID 回路的比例项感知电机电流的快速变化，关小进气阀，防止超过电机最大负载设置点。随着系统压力的升高，系统压力积分项的影响减小，系统压力误差减小。系统压力 PID 回路的比例项感知到系统压力达到设定值误差后迅速下降，并在系统压力达到设定值之前关小入口阀，以尽量减少超调。

6. 压缩机控制阀

主要有两个压缩机控制阀，入口导叶（IGV）和防喘阀。

（1）入口导叶

进口导叶（IGV）打开和关闭，允许流量通过第一级压缩进口。运行状态时，由三个独立的控制回路控制：电机过载 PID 回路，容量控制（排放压力 PID，系统流量 PID，或 HIC 位置）回路和最小流量控制回路（仅 B 型控制）。

电机过载回路负责电机保护，设定值为电机满载时的电流值。只要不超过最大电流设置点，电机过载 PID 回路将命令 IGV 打开。如果超过，IGV 将关闭，以减少流量，减少电流，从而保护电机。

在恒压控制模式下，排气压力回路控制第一级压缩输出所需压力。小于设定值，IGV 开大以增加系统压力，直至达到设定值。如果高于设定值，IGV 关小以降低系统压力。

在恒流量控制模式下，系统流量回路控制第一级压缩输出所需流量。小于设定值，IGV 开大以增加系统流量，直至达到设定值。如果系统流量高于设定值，IGV 关小以降低系统流量。

在 HIC 控制模式下，HIC 位置设定值直接控制入口阀。这个位置设定值优先级低于最大负载控制回路或最小流量控制回路，以保持压缩机处于安全运行状态。

控制器连续计算得出喘振控制点的 98% 作为最小流量控制值。由于最小流量控制点小于喘振控制点，防喘阀执行喘振控制的同时防止入口阀进一步关闭，也防止在工艺要求较低时出现喘振状况。

入口阀可以从 HMI 执行手动超驰控制。

（2）防喘阀

防喘阀负责建立和释放压力。工作状态下的防喘阀，由两个独立的 PID 回路控制，即最大排放压力回路和喘振裕量回路。最大排气压力回路负责保护压缩机压力水平在安全范围。PID 回路控制防喘阀关小以建立压力，直到排放压力达到设定值。如果排放压力超过设定值，防喘阀将打开以释放压力。

喘振裕量回路（仅 B 型控制）负责保持压缩机不发生喘振。通过喘振试验得到设定值，一个小的裕量作为安全缓冲。空气压缩机运行过程中，控制逻辑持续计算喘振值。如果喘振值降至设定值以下，防喘阀打开，一级压缩的排放压力降低。一级防喘阀将包含一个可以从 PLC HMI 切换的手动超驰控制。

（3）用户选择截止阀（用户控制）

在压缩机排放出口，有几个用户控制的截止阀，以选择所需的工艺压力范围，以及排气是否通过后冷却器冷却。排放出口后有三个截止阀，用于不同的选择。截止阀的阀位反馈信号送至压缩机 PLC 控制器，只有截止阀被确认开启时，压缩机过程才能加载。任何截止阀配置的改变都需要关闭压缩机，以改变输出选择。

5.2.7 压缩机控制模式

压缩机可通过 HMI 或远程控制选择"恒压控制""恒流控制"或"HIC 控制"模式。

1. 恒压控制模式

当空气系统压力必须稳定地保持在一个特定值或在过程中不能容忍空气系统压力大的波动时，使用恒压控制方法。采用恒压控制方式，压缩机不经历卸载循环。控制器协调 IGV 和 BOV 的调整，使其达到最佳工作状态，同时最小化能源消耗和空气循环。其结果是在恒定的系统压力下持续输送空气。

可以选择自动卸载。启用时，如果排放止回阀关闭，在可调延时后，压缩机将卸载（进口阀关闭，防喘阀打开）。如果系统压力降至重新加载压力设定值，压缩机将自动重新加载。

2. 恒流量控制模式

当需要维持系统的流量稳定时，使用恒流量控制方法。恒流量控制下压缩机不发生卸载循环。控制器协调 IGV 和 BOV 的调整，使其达到最佳工作状态，同时最大限度地减少能源消耗和大气排放，保持在恒定流量下连续的空气输送。管道下游装设流量变送器，测量所有可选择的过程输出模式。

3. HIC 控制模式

HIC 控制方法用于需要向进口阀或防喘阀定位器发出特定阀位信号的外部控制方法。这些信号只允许外部控制系统在压缩机正常运行和调小范围内操作进气阀。电机电流限制、放电压力限制、最小流量、防喘振控制回路和负载控制将优于 HIC 外部信号。

5.2.8 润滑油系统

润滑油系统由以下部分组成：压缩机轴驱动的主油泵；电动辅助油泵；油压变送器；油过滤器差压变送器；油位变送器；油温 RTD 热电阻传感器；油加热器；油雾分离器。

1. 主油泵

主油泵由压缩机电机轴的延伸部分驱动。当压缩机加速到全速时，主油泵从油箱中抽油。当油系统压力增加时，表明泵工作正常。当压缩机达到最大运行速度，主油压高于其低报警压力时，关闭辅助油泵。

2. 辅助油泵

当主油压变送器低于低报警设定值时，辅助油泵启动。辅助油泵采用故障安全继电器逻辑，继电器通电时泵关闭，断电时泵打开。PLC逻辑采用锁存器实现辅助油泵功能，主油压输入低于报警水平时，锁存器被设置，辅助油泵打开。为了关闭辅助油泵，操作者必须清除PLC上的报警锁定，这样避免了辅助油泵的持续开/关循环。在HMI上有一个点动按钮，用于运行辅助泵的点动测试，当辅助油泵停运较长时间后，应进行点动测试。

3. 油加热器

当油温较低时，油加热器启动并提高油温，以保证起动条件。油加热器的运行由油箱温度变送器控制。油加热器的运行也与储油器低液位警报联锁，如果油位低于低报警液位水平，则锁定油加热器的运行。当油位高于低报警液位5%时，油加热器锁定将自动解除。

4. 油雾分离器

油雾分离器防止变速箱在运行过程中漏油。在齿轮箱内使用连续运转的空气驱动设备来提供负压。

5.3 英格索兰供抽离心空压机

5.3.1 机组概况

英格索兰供抽离心空压机可工作在供气模式和抽气模式。机组为三级压缩，带级间冷却器和后冷却器，自带PLC控制器（CCP）和低压控制柜。机组主要性能指标见表5-12。

英格索兰供抽离心空压机主要性能指标　　　　　　　　表5-12

工作模式	主要参数	参数值
供气模式	流量	22kg/s
	进口压力	0.098MPa(A)
	出口压力	1.0MPa(A)
抽气模式	流量	1100m³/min
	进口压力	0.01~0.098MPa(A)
	出口压力	大气压
主电机	功率	8033kW
	电压	10000V
辅助用电	功率	32.3kW
	电压	380V
油箱	容积	2100L

工作模式	主要参数	参数值
仪表密封气	用量	5.1m³/h
	压力要求	≥0.42MPa(G)
冷却水	用量	746m³/h
	压力要求	≥35kPa
	供水温度	≤32℃

5.3.2 控制系统

英格索兰供抽离心空压机自带 PLC 控制器，控制系统基本功能同英格索兰的空气压缩机，主要区别在于供气模式和抽气模式管网阀门、机组阀门及相关设备的状态。机组原理见图 5-3。

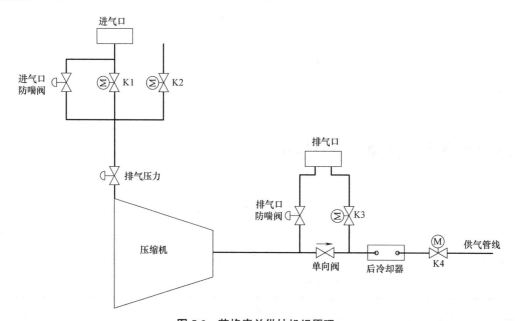

图 5-3 英格索兰供抽机组原理

机组空气管道工艺阀门在不同工作模式下的状态见表 5-13。

空气管道工艺阀门状态表   表 5-13

阀门编号	K1	K2	K3	K4
抽气模式	关闭	开启	开启	关闭
供气模式	开启	关闭	关闭	开启

5.3.3 抽气模式压缩机运行状态

当用户空气管道工艺阀门的反馈条件得到满足，抽气模式下的压缩机按照以下时序进行加载：

（1）压缩机将处于空载运行模式。根据其各自的抽气机卸载位置设定值，对每个阀门进行定位。

（2）加载延迟计时器计时结束后，IGV 将逐渐开启（通过开启速度限制设定值确定）至全开的位置（可通过电机最大负载的 PID 回路进行限制）。

（3）用户开启并调节 K2 阀，从而控制达到所需的进气口压力设定值。除非接近最小进气口（喘振）压力，否则进气口防喘阀将保持关闭状态。随后，该防喘阀将会开启，向抽气机中提供额外的流量，以避免发生喘振。

（4）除非达到抽气机的最大排气压力设定值，否则排气口防喘阀将保持关闭状态。随后，该防喘阀将会开启，以保持抽气机的最大排气设定值（通常被设定为略高于大气压力的数值），以防止出现喘振。空气压缩机在抽气模式下的运行状态见表 5-14。

抽气模式下空气压缩机运行状态 表 5-14

状态编号	说明	辅助油泵状态	IGV 设定开度	入口防喘阀设定开度	出口防喘阀设定开度
1	起动准备未就绪	起动	0	0	0
2	运行起动	起动	0	0	0
3	起动	起动	0	0	100%
4	加速	起动	0	0	100%
5	运行中(加载延时)	起动	5%～10%	100%	100%
6	运行中(空载)	关闭	5%～10%	100%	100%
7	运行中(加载)	关闭	PID 控制	PID 控制	PID 控制
8	运行中(发生报警)	关闭(低油压起动)	PID 控制	PID 控制	PID 控制
9	停机	起动	0	100%	5%
10	惰行	起动	0	100%	5%
11	跳机惰行	起动	0	100%	5%
12	跳机	起动	0	100%	0

5.3.4 MAC（供气）模式压缩机运行状态

当用户空气管道工艺阀门的反馈条件得到满足，供气模式下的压缩机按照以下时序进行加载：

（1）压缩机将处于空载运行模式。根据其各自的 MAC 卸载位置设定值，对每个阀门进行定位。

（2）加载延迟计时器计时结束后，IGV 将逐渐开启（通过 IGV 开启速度限制设定值确定）。一旦压缩机流量（来自压缩级的 DP 变送器）达到低压喘振点流量（来自确定的喘振线），压缩机将被视为已经达到加载，并且通过使用恒压容量控制回路，自动控制 IGV 达到系统压力的设定值。

（3）在 IGV 开启的同时，排气口的防喘阀逐渐关闭（通过 DASV 开启速度限制设定值确定）。除非接近 MAC 的最大排气压力设定值或是喘振控制设定值，否则该阀门将保持关闭。然后该阀门将开启，以维持最大的 MAC 排气设定值或将压缩机保持在发生喘振的工况之外。

（4）进气口的防喘阀将保持关闭（基于 MAC 的 IASV 负载位置设定值），并且不受任何控制回路的作用。空气压缩机在供气模式下的运行状态见表 5-15。

MAC（供气）模式下空气压缩机运行状态 表 5-15

状态编号	说明	辅助油泵状态	IGV设定开度	入口防喘阀设定开度	出口防喘阀设定开度
1	起动准备未就绪	起动	0	0	0
2	运行起动	起动	0	0	0
3	起动	起动	0	0	100%
4	加速	起动	0	0	100%
5	运行中（加载延时）	起动	5%～10%	0	100%
6	运行中（空载）	关闭	5%～10%	0	100%
7	运行中（加载）	关闭	PID 控制	0	PID 控制
8	运行中（发生报警）	关闭（低油压起动）	PID 控制	PID 控制	PID 控制
9	停机	起动	0	0	100%
10	惰行	起动	0	0	100%
11	跳机惰行	起动	0	0	100%
12	跳机	起动	0	0	100%

5.4 寿力离心空压机

5.4.1 机组概况

本书介绍的寿力离心空压机分为 F25HR3 和 TRX 两个型号，其中 TRX 型号为空压机，大气进气中压输出。F25HR3 型号为增压机，进气为空压机的中压输出空气，经压缩后高压输出。两种型号均为三级压缩，带级间冷却器和后冷却器，自带 PLC 控制器（CCP）和低压控制柜。TRX 空压机的主要性能指标见表 5-16，F25HR3 增压机的主要性能指标见表 5-17。

寿力 TRX 空压机主要性能指标 表 5-16

工作参数	主要参数	参数值
供气参数	流量	5kg/s
	进口压力	0.094MPa(A)
	出口压力	1.0MPa(A)
主电机	功率	1950kW
	电压	10000V
辅助用电	功率	6kW
	电压	380V

工作参数	主要参数	参数值
油箱	容积	500L
仪表密封气	用量	0.4Nm^3/min
	压力要求	≥0.5MPa(G)
冷却水	用量	270m^3/h
	压力要求	≥25kPa
	供水温度	≤32℃

寿力 F25HR3 增压机主要性能指标   表 5-17

工作参数	主要参数	参数值
供气参数	流量	5kg/s
	进口压力	1.0MPa(A)
	出口压力	3.5MPa(A)
主电机	功率	1150kW
	电压	10000V
辅助用电	功率	8.75kW
	电压	380V
油箱	容积	1170L
仪表密封气	用量	0.5Nm^3/min
	压力要求	≥0.5MPa(G)
冷却水	用量	140m^3/h
	压力要求	≥25kPa
	供水温度	≤32℃

5.4.2 TRX 空压机控制流程

1. 起动准备

控制器程序内部连锁：油温正常、油压正常、外部起动条件、无报警、无脱扣。

人工手动连锁：油箱负压达到规定值、IGV 全关、放空阀全开、排气阀全关。

2. 起动

（1）"强制卸载"信号触发。

（2）"起动"按钮触发。

（3）主电机起动。

（4）主机经过若干时间后，进入全压运行。

（5）起动完成后，压缩机处于"强制卸载"状态。

3. 加载

（1）取消强制卸载。

（2）检测到排气压力低于设定值，触发加载信号。

143

气源工程常用设备及控制　5

（3）进气阀根据排气压力打开至合适开度。

（4）电机电流达到设定值，则放空阀开始关闭。

（5）在放空阀关闭过程中，如果排气压力没到达到设定值，则放空阀继续关闭，直至全关。

4. 恒压模式自动调节过程

根据实际工况，恒压模式自动调节过程可以分为以下几类：

（1）压力设定值+△PH＞排气压力＞压力设定值：IGV 关闭。

（2）排气压力＜压力设定值：IGV 打开。

（3）排气压力＞压力设定值+△PH：放空阀打开。

（4）工作点碰到防喘振线：放空阀打开。

（5）工作点碰到喘振保护线：压缩机卸载；IGV 全关，放空阀全开。

5. HIC 模式自动调节过程

根据实际工况，HIC 模式自动调节过程可以分为以下几类：

（1）排气压力＞压力设定值：放空阀打开。

（2）排气压力＜压力设定值：放空阀关闭。

（3）工作点碰到防喘振线：放空阀打开。

（4）工作点碰到喘振保护线：压缩机卸载；IGV 全关，放空阀全开。

6. 停机过程

（1）加载状态下：停机信号触发后，延时 15s 切断主电机电源。

（2）卸载状态下：停机信号触发后，立即切断主电机电源。

5.4.3 F25HR3 增压机控制流程

1. 起动准备

控制器程序内部连锁：油温正常、油压正常、进气阀全关、回流阀全开、外部起动条件，无报警、无脱扣。

人工手动连锁：油箱负压达到规定值、排气阀全关。

2. 起动

（1）"强制卸载"信号触发。

（2）"起动"按钮触发。

（3）主电机起动。

（4）主机经过若干时间后，进入全压运行。

（5）起动完成后，压缩机处于"强制卸载"状态。

3. 恒压模式加载

（1）取消强制卸载。

（2）检测到排气压力低于设定值，触发加载信号。

（3）进气阀爬坡到指定开度。

（4）进气阀到达指定开度后，电机电流达到设定值，则回流阀开始关闭。

（5）在回流阀关闭过程中，如果排气压力没到达到设定值，则回流阀继续关闭，直至全关。

（6）如果回流阀全关后，排气压力还没到达到设定值，IGV 开始自动调节。回流阀保持全关。

4. HIC 模式加载

（1）取消强制卸载。

（2）检测到排气压力低于设定值，触发加载信号。

（3）进气阀爬坡到指定开度：

① FCS 指定的 IGV 开度命令＜LCP 预设的最小开度，则 IGV 被赋予一个最小开度，并保持该开度不变。

② FCS 指定的 IGV 开度命令≥LCP 预设的最小开度，则 IGV 被赋予 FCS 指定的开度，并保持该开度不变。

（4）进气阀达到最小开度后，电机电流达到设定值，则回流阀开始关闭。

（5）在回流阀关闭过程中，如果排气压力没有达到设定值，则回流阀继续关闭，直至全关。

5. 恒压模式自动调节过程

根据实际工况，恒压模式自动调节过程可以分为以下几类：

（1）进气阀处于全开，回流阀处于全关状态，如果排气压力高于设定值，但低于压力设定值＋△PH 时：

① 则进气阀开始关闭，直至最小开度。

② 当进气阀达到最小开度后保持不动，回流阀开始打开。

③ 以上回流阀打开过程中，排气压力低于设定值时，则回流阀开始关闭，直至全关，然后进气阀开始动作。

（2）如果排气压力高于压力设定值＋△PH，但小于高报警压力设定值时：

① 进气阀与回流阀同时动作，即进气阀关闭，回流阀打开。

② 以上动作过程中，如果进气阀没有达到最小开度，则当排气压力低于设定压力时，进气阀切换到打开动作，同时回流阀切换到关闭动作。

（3）如果排气压力高于高报警压力设定值，控制系统发出报警信号，回流阀加速打开。

（4）如果排气压力高于跳机压力设定值，压缩机跳机，进气阀全关，回流阀全开。

（5）压缩机工作点碰到防喘振线时，控制回流阀打开。

（6）压缩机工作点碰到喘振保护线时，控制系统发出报警信号，回流阀加速打开。

（7）压缩机工作点碰到喘振线时，压缩机跳机，进气阀全关，回流阀全开。

6. HIC 模式自动调节过程

根据实际工况，HIC 模式自动调节过程可以分为以下几类：

（1）排气压力＞压力设定值：回流阀打开。

（2）排气压力＜压力设定值：回流阀关闭。

（3）工作点碰到防喘振线：回流阀打开。

（4）工作点碰到喘振保护线：控制系统发出报警信号，回流阀加速打开。

（5）如果排气压力高于高报警压力设定值：控制系统发出报警信号，回流阀加速打开。

（6）如果排气压力高于跳机压力设定值时：控制系统发出报警信号，压缩机跳机，进气阀全关，回流阀全开。

（7）压缩机工作点碰到喘振线：控制系统发出报警信号，压缩机跳机，进气阀全关，回流阀全开。

7. 停机过程

停机信号触发必须满足以下条件：

（1）"强制卸载"命令触发。

（2）进气阀开度≤最小开度。

（3）回流阀开度＝全开。

（4）排气压力≤允许停机压力。

以上条件满足后，触发停机命令；停机信号触发后，进气阀全关，回流阀全开。

5.5 45MW 加温系统方案一

5.5.1 系统方案

电加温系统由四组电加温器组成。其中第一组和第二组相同，每组功率为 2.5MW。第三组和第四组相同，每组由四个 5MW 电加温器并联组成。电加温系统方案一见图 5-4。

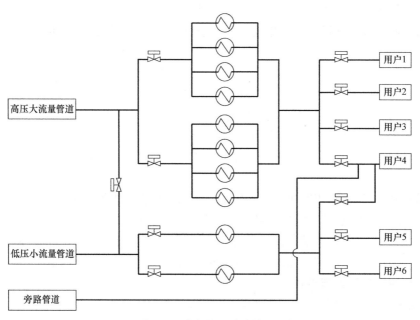

图 5-4 电加温系统方案一

四组电加温器出口分别能给六个后续用户供气。每个后续用户的气体流量、温度要求不同。通过对阀门组合控制和电加温器功率控制来实现对供气用户的选择及温度控制。

第三组和第四组电加温器分别由四个 5MW 支路组成。这四个支路电加温器同时运行，同时关闭，不单独使用。

第一组和第二组电加温器之间根据工艺要求可以同时运行，也可以单独运行。但每次只能给一个后续用户供气。第三组和第四组电加温器之间根据工艺要求可以同时运行，也可以单独运行，但每次只能给一个后续用户供气。

5.5.2 供电系统

电加温系统的供电系统由高压开关柜、变压器、调功柜组成。电加温系统供电方案见图 5-5。

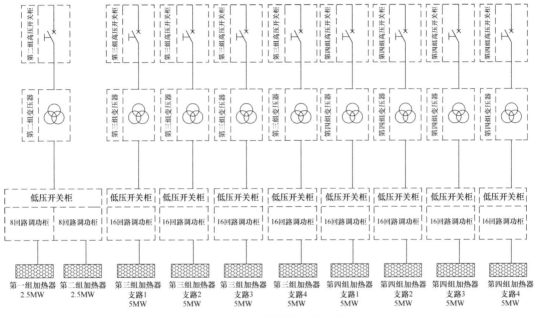

图 5-5 电加温系统供电方案

图 5-5 中高压开关柜电缆供电至各变压器，变压器出线通过母排或电缆连接到低压开关柜中。低压开关柜通过横母排给多回路调功柜供电，调功柜出线通过电缆与加温器的端子进行连接。

单个加温器功率很大，因此在实施时需要将单个加温器内部分成若干个小加温器单元，每个小加温器单元由一个调功器独立供电。

本方案中，第一组和第二组，每组功率为 2.5MW，将 2.5MW 加温器分成八个加温器单元，每个加温器功率为 300KW。对于第三组和第四组加温器，每组功率 20MW，每组加温器由四个加温器支路组成，每个支路为 5MW。将每个支路的 5MW 加温器分成十六个加温器的单元，每个加温器单元功率为 300kW。5MW 支路加温器调功系统图见图 5-6，5MW 支路加温器调功柜体布置图见图 5-7。

如图 5-6 所示，单个支路加温器对应的调功系统由一台进线柜和十六回路调功柜组成。

进线柜内安装一台抽出式万能断路器，断路器采用下进上出方式。断路器上端口连接到柜内顶部的横母排，为后面的调功柜供电。

单个调功回路由塑壳断路器＋快速熔断器＋功率控制器组成。

气源工程常用设备及控制 **5**

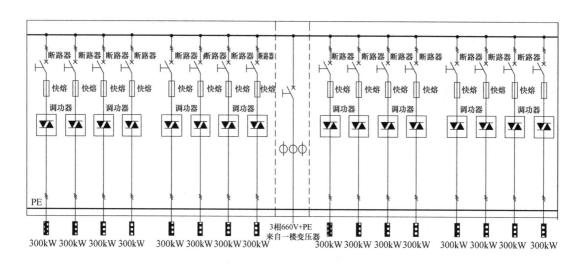

图 5-6　5MW 支路加温器调功系统图

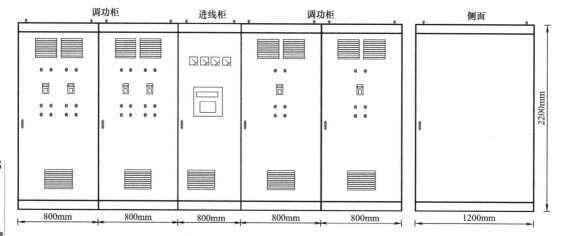

图 5-7　5MW 支路加温器调功柜体布置图

　　调功柜采用背靠背方式安装。即正面安装八个调功回路,背面安装八个调功回路。横母排安装在柜内上方,PE 排安装在柜内下方。

　　调功器具备 DP 通信功能,能够通过 DP 通信将调功器主要参数上传到 PLC 柜。同时 PLC 柜也能通过 DP 通信控制调功器输出大小。

　　调功柜具备手动/自动运行模式,通过柜门的转换开关进行切换。手动控制时,调功器的起停由柜门的按钮控制,输出大小由柜门的电位器控制。自动控制时,调功器的起停由 PLC 柜控制,输出大小由 PLC 控制。

5.5.3　控制系统

1. 过零触发

　　目前电加温器由于加温器材料和制造工艺、接口形式以及对供电电压的要求不同,一般有低压(690V 以下)和高压(1000~2000V)两种供电需求。低压或者高压供电的加温器均采用基于晶闸管 SCR 来调节输出到电加温器的功率大小。

把两个晶闸管元件反向并联后串联在交流电路中，通过对晶闸管的导通时间控制就可以控制输出功率，这种电路不改变交流电的频率，属于交流控制电路。交流控制电路中晶闸管的触发控制方式一般分为两种：过零触发和移相触发。

晶闸管采用过零触发，不会对电网造成通常意义的电流电压谐波污染。由于晶闸管要么处于全开状态，要么处于全关状态，因此单台控制器运行时存在对电网的电流冲击。

2. 联机功率分配

为减少对电网的电流冲击，采用多台加温器调功器的联机功率分配技术。图 5-8（a）中由于没有采用联机功率分配技术，每台调功器的运行状态是完全独立、互不相关的状态，这就可能出现多台调功器同时开通的情况，最坏情况出现在供电变压器下调功器同时导通的状态，将对电网变压器和相关设备造成较大的电流冲击。图 5-8（b）中采用联机功率分配技术以后，自动合理地安排各调功器的导通、关断起始时间，平滑电网负载电流，将电流冲击降至最低。联机功率分配见图 5-8。

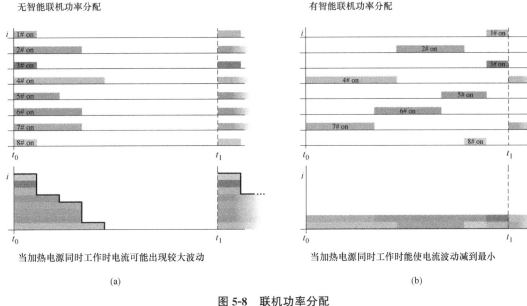

无智能联机功率分配 | 有智能联机功率分配

当加热电源同时工作时电流可能出现较大波动 | 当加热电源同时工作时能使电流波动减到最小

（a） | （b）

图 5-8 联机功率分配

联机功率分配解决方案是将多台调功器通过通信接口与联机功率分配器连接起来。联机功率分配器通过通信实时读取网络中每一台调功器的调功占空比和峰值电流，对每台调功器的起始时序进行排布。通过网络将起始时序命令发送到对应的每一台调功器，调功器按照分配好的时序进行有序触发，将对供电电源的冲击降到最低程度。采用联机功率分配技术后，在总进线侧电流冲击得到明显抑制，降低了对电网的冲击，减小了变压器输出电压的跌落。

3. 温度控制系统

温度控制系统由上位机计算机＋PLC 控制器＋温控表组成。PLC 采集加温器的温度、压力、流量、阀门状态等信号进行集中联锁控制。温控仪采集加温器出口温度经 PID 运算后输出 4～20mA 信号到电源控制器主板，实现对温度的闭环控制。上位机计算机作为人机交互设备，试验人员可在上位机计算机上观察整个加温器的运行状态，可在上位机计算机上实现对下游用气设备的选择及目标温度的设定。温度控制系统逻辑图见图5-9。

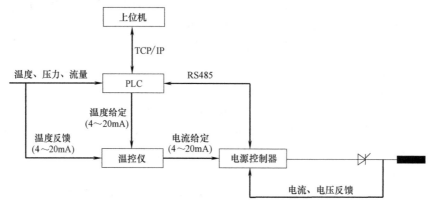

图 5-9 温度控制系统逻辑图

实际项目涉及多种运行工况，具有多个下游用气用户，并且每个用气用户对气体的流量、温度要求不同。对于这种工艺情况，温度控制系统采用 PLC 的配方控制功能。例如需要对用气用户 1 执行供气操作时，PLC 根据用户 1 所需要的流量和温度要求，自动根据配方确定需要将哪些阀门打开、哪些阀门强制关闭，以及需要哪组电加温器投入使用，从而控制自动阀门的动作和电加温器电源的运行。

温度控制过程中，采用温控仪作为核心温度控制器件。温控仪采集加温器出口温度，经温控仪经典 PID 算法后输出控制信号给电加温器电源。电源根据温度控制器输出的信号大小，控制电源输出到加温器的功率，从而最终实现出口温度的稳定。

由于电加温器在每种工况下流量和目标温度的要求不同，对于负载来说其热惯性差距较大。为了温度控制系统在各种工况下都具有良好的温控精度效果，采用多段 PID 参数来实现恒温控制。运行过程中将多种工况摸索出的最优 PID 参数保存在上位机和 PLC 中，并形成一个 PID 参数的配方表格。温度控制系统运行时，根据工况不同，温度控制自动将对应的 PID 参数下载到温控表中，以实现以最优的 PID 参数来控制加温器出口温度。

5.6 45MW 加温系统方案二

5.6.1 系统方案

加温系统布置十台电加温器。其中 HE-01、HE-02 为小流量系统加温器，电功率为 2.5MW；HE-03～HE-10 为大流量系统加温器，电功率为 5.0MW，并分为两组。

加温系统主要将来自离心压缩机和离心增压机的压缩空气进行加温，使压缩空气温度由 350K 升高至 830K，再通过管网系统输送至试验设备。电加温系统方案二见图5-10。

5.6.2 供电系统

供电系统由高压开关柜、变压器和调功柜以及连接线缆组成。供电系统设计分为概念

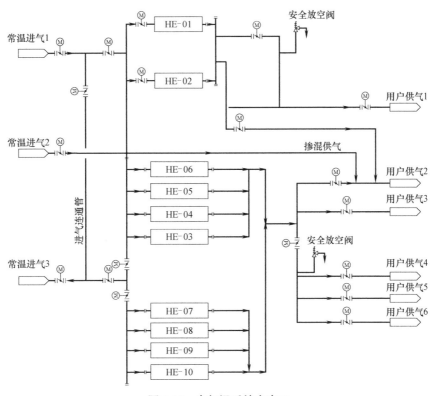

图 5-10 电加温系统方案二

设计和工程设计两个阶段。

1. 供电系统概念设计（图5-11）

在本方案中，每组5.0MW的电加温器采用一台5.6MVA的三绕组变压器。其中高压侧为10kV三角形绕组，低压侧为一个2.8MVA的0.66kV星形绕组，一个2.8MVA的0.66kV三角形绕组。图5-11中HRG为特殊的带监测功能的接地柜。星形低压绕组中性点通过HRG接地，三角形低压绕组通过接地变压器引出中性点再经HRG接地。HRG的监测报警信号接入控制系统。供电系统在三绕组变压器的高压侧和低压侧设置电流互感器，采集电流信号通过保护继电器实现差动保护和过电流保护。

变压器每个低压绕组的出线引入调功柜组的电源列头柜，在电源柜中分两路为两台整流器供电，每台整流器的输出回路负载4回0.66kV、312kVA的加热元件。

2. 供电系统工程设计

在供电系统工程设计中，针对前期的概念设计，设计公司提出优化和改进意见，主要有以下几点：

（1）通过实际加温器产品选择，加温元件功率由单台312kVA改为单台430kVA。

（2）每台整流器从负载4回加热元件改为负载6回加热元件，整流器容量由1248kVA调整为2700kVA。

（3）变压器采用的HRG专用接地柜目前在国内无法采购，且无法与国内相关设计规范相匹配。因此将变压器接线形式改为YN、yn0、d11三绕组变压器，6300kVA，阻抗电压8%。低压侧星形绕组直接接地，低压断路器设置接地故障保护。低压侧三角形绕组

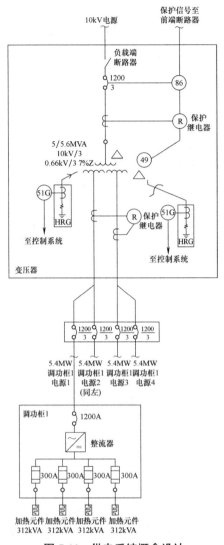

图 5-11 供电系统概念设计

不接地，设置 IT 系统绝缘监测器。

在产品实际实施中，每四台可控硅 SCR 模块为一组，为两组 450kW 的加温元件供电并实现功率调节。加温器内的加温元件原理上是封装在钢管内的单相电阻丝，SCR 元件通过调节导通时间实现可控调压，从而实现调节电阻丝的发热功率。供电系统工程设计见图 5-12，供电系统具体接线见图 5-13。

5.6.3 控制系统

1. 系统构成

本工程采用的控制系统称为预测负载管理（PLM）系统。系统由多个独立的控制站组成，可以将暂态电力需求降到最低。

预测负载管理系统可以包括 63 个控制站，运行最多 64 个通道。每个站可以管理四个

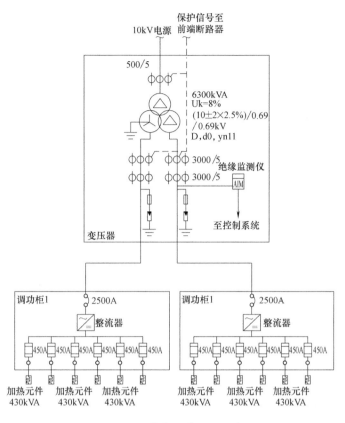

图 5-12　供电系统工程设计

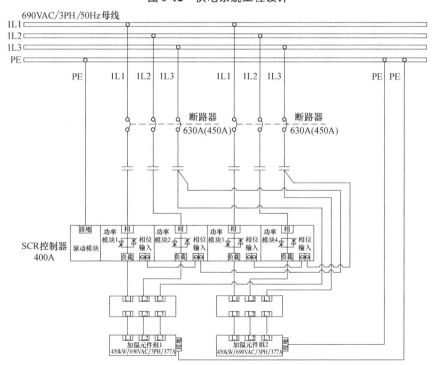

图 5-13　供电系统具体接线

单相通道，两个两相通道，或一个三相通道。系统可以管理其中一个或多个通道的负载，而其他通道独立运行。如果需要超过 64 个通道，则必须创建两个或更多独立的控制网络（每个网络都有自己的控制主机）。PLM 系统原理见图 5-14。

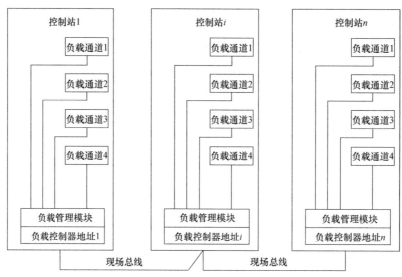

图 5-14　PLM 系统原理

图 5-14 中，每个控制器的地址都是唯一的，设置值为 1～63，地址 0 为系统预留，不能使用。地址值最小的控制器默认为控制总站。负载通道可以为 1～4 的任意数量。

2. 功率调制精度

对于所有参与负载管理的通道，系统自动选择固定调制模式。调制周期 T 可在配置内选择 50～1000 的值。T_{on} 和 T_{off} 与调制周期 T 有关，占空比（$\eta = T_{on}/T$）决定了向负载输出的功率。T 值决定了功率控制的精确度，默认值为 100 个周期。T 值与调制精度的关系见表 5-18。

T 值与调制精度的关系　　　　　　　　　　　　　表 5-18

序号	T(循环)	调制精度
1	50	2%
2	100	1%
3	200	0.5%
4	500	0.2%
5	1000	0.1%

T 值根据负载的热惯性（响应速度）进行选择。对于热惯性较大的负载，可以选择较长的调制周期，因为控制积分时间可能为几分钟。在负载具有低惯性的情况下，当调制周期接近积分时间时，长调制周期会使控制过程不稳定。

3. 负载序列控制

负载序列排序将电能通过负载基于时间控制，以避免在每个导通周期开始时的供电系统需求峰值。以下介绍了几种不同的负载序列控制方式。

（1）增量控制方式 1

在增量控制方式 1 中，几个负载接收一个公共的设定值。某一个通道按所需的占空比 η 进行调制，其余通道为 100%（全导通）或 0（无导通）。分配给负载的总功率等于设定值。例如，对于 11 个通道和 50% 的设置点（即主通道 1 为 0.5 的输入），通道 1～5 连续打开，通道 7～11 连续关闭，通道 6 调制占空比为 50%。增量控制方式 1 见图 5-15。

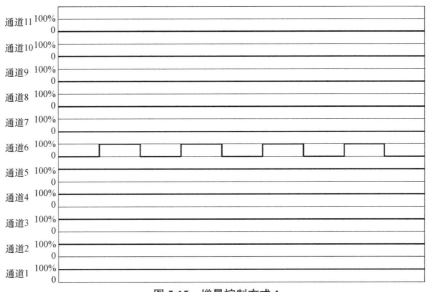

图 5-15　增量控制方式 1

（2）增量控制方式 2

增量控制方式 2 类似于增量控制方式 1。不同之处在于进行调制的通道固定为通道 1，其他通道为 100%（全导通）或 0（无导通）。分配给负载的总功率等于设定值。

（3）轮转控制方式

轮转控制方式类似于增量控制方式 1。不同之处在于进行调制的通道不断改变。其他通道为 100%（全导通）或 0（无导通）。分配给负载的总功率等于设定值。轮转控制方式见图 5-16。

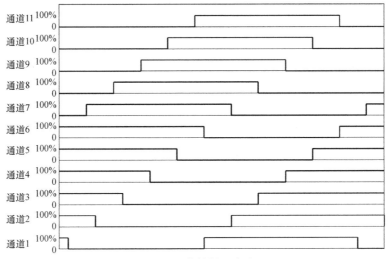

图 5-16　轮转控制方式

（4）分配控制方式

在分配控制方式中，每个负载都有自己的设置值。为了避免多个负载同时导通，调制周期按照设定的时间参数 $\tau=T/N$ 进行交错，其中 T 为用户配置的调制周期，N 为通道数。分配控制方式见图 5-17。

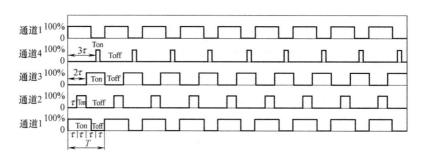

图 5-17　分配控制方式

（5）增量/分配控制方式

在增量/分配控制方式中，将负载进行分组，每个组有统一的设定值。每个组内部的各通道按增量控制方式 2，组与组之间按分配控制方式。通道分组分配见图 5-18。

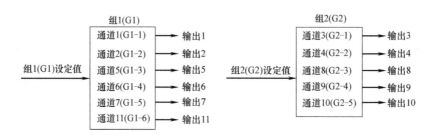

图 5-18　通道分组分配

图 5-18 的组 1 的 6 个通道中，假设设定值为 60%（相当于组 1 的通道 1 输入为 0.6），通道 G1-1 调制为 60%，通道 G1-2～G1-4 均为持续全开（100%），通道 G1-5、G1-6 为持续全关。也就是说，通道 1 调制为 60%，通道 2、通道 5、通道 6 全开，通道 7 和通道 11 全关。总的功率输出平均比例系数为 $Pd=(0.6+1+1+1)/6=0.6$。

与此类似，在组 2 的 5 个通道中，假设设定值为 35%（相当于组 2 的通道 1 输入为 0.35），通道 G2-1 调制为 75%，通道 G2-2 为持续全开，通道 G2-3～G2-5 为持续全关。也就是说，通道 3 调制为 75%，通道 4 全开，通道 8、通道 9、通道 10 全关。总的功率输出平均比例系数为 $Pd=(0.75+1)/5=0.35$。

组 2 的 G2-1 通道设定了一个 $T/2$ 周期的延时。增量/分配控制方式见图 5-19。

（6）轮转/增量/分配控制方式

轮转/增量/分配控制方式类似于增量/分配控制方式，不同的是，每组中每个周期进行调制的通道不是固定的，而是轮转变化的。轮转/增量/分配控制方式见图 5-20。

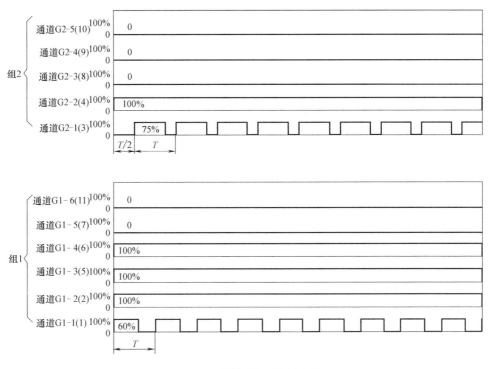

图 5-19　增量/分配控制方式

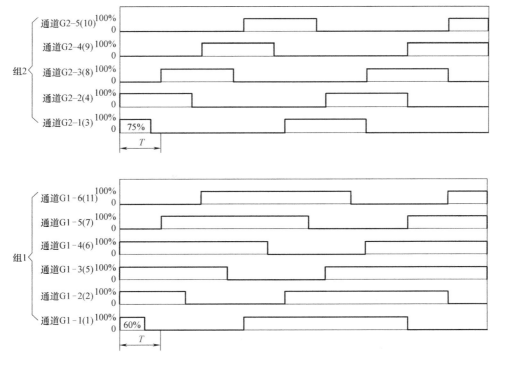

图 5-20　轮转/增量/分配控制方式

5.7 冷水机组

5.7.1 冷水系统概况

工程中采用六台冷水机组并联运行（五台同一型号的离心冷水机组和一台螺杆冷水机组，一共两种型号），总供冷量为 12757kW，冷冻水供水温度 7℃，回水温度 12℃；需要的冷却水供水温度 32℃，回水温度 37℃。采用离心式冷水机组和螺杆式冷水机组，机组性能满足国家二级能效，冷媒 R134a，冷冻水出口温度控制精度不低于±0.5℃（离心冷水机组控制精度为±0.3℃，螺杆冷水机组控制精度为±0.2℃）。

离心机组通过吸气导叶＋散流滑块进行调节，调节范围为 40%～100%；螺杆机组通过滑阀调节制冷量，调节范围为 25%～100%无级调节。离心机组冷冻水温度运行范围 5～15℃，冷却水温度运行范围 20～38℃；螺杆机组冷冻水温度运行范围 4～20℃，冷却水温度运行范围 16.5～40℃；总制冷量服务系数≥1.2。机组配备控制柜、起动柜、地脚螺栓、减震器等配套设备。

机组控制系统采用西门子 PLC 控制器，能详细显示机组的各种运行数据、设置参数、报警记录等，冷水温度控制精度±0.2℃，可以精准控制机组的负荷调节；提供 ModBus、BACnet 标准通信接口，可无缝接入 FCS 系统。

5.7.2 冷水机组基本控制

1. 膨胀阀控制

（1）膨胀阀功能

膨胀阀一般安装在蒸发器的冷媒入口处，其主要功能为：

① 节流降压：当高压常温的制冷剂液体流过膨胀阀后，变成低温低压的制冷剂液体流入蒸发器迅速蒸发，从而实现向外界吸热的目的。

② 控制流量：膨胀阀通过感温包感受蒸发器出口处制冷剂过热度的变化来控制阀的开度，调节进入蒸发器的制冷剂流量，使其流量与蒸发器的热负荷相匹配。当蒸发器热负荷增加时，阀开度也增大，制冷剂流量随之增加，反之，制冷剂流量减少。

③ 控制过热度：膨胀阀具有控制蒸发器出口制冷剂过热度的功能，既保持蒸发器传热面积的充分利用，又防止吸气带液损坏压缩机的事故发生。

（2）膨胀阀分类

制冷系统中，节流阀通常可以分为毛细管节流、热力膨胀阀节流和电子膨胀阀节流。

① 热力膨胀阀根据蒸发器出口的冷媒温度来自动调整冷媒流量。主要分为内部均压型和外部均压型两种。

② 电子膨胀阀根据室内盘管温度传感器的温差，由处理器进行演算，根据决定的脉冲电流，驱动控制步进电机，从而控制阀门的开度。

③ 电子膨胀阀主要优点是能够精确控制制冷剂流量，从而达到精确控制蒸发温度的目的，通常在控温精度要求比较高的地方使用。电子膨胀阀可以在－70℃以上正常工作，但热力膨胀阀最低只能达到－60℃。

④ 毛细管节流是使冷媒定量向低压侧流动，并使压力降低的功能部件。毛细管虽做不到像电子膨胀阀在大范围运转状态下有效发挥作用。但其重量轻、成本低，并根据设备停止时高、低压均压的特性，可使用起动转矩小的压缩机，此外还有故障少的特点。缺点是容量不能调节，不能随着环境的变化调节流量，毛细管易脏堵和冰堵，导致低压压力降低，制冷效果差。

（3）膨胀阀工作原理

① 热力膨胀阀工作原理：热力膨胀阀通过感受蒸发器出口气态制冷剂的过热度来控制进入蒸发器的制冷剂流量。按照平衡方式的不同，热力膨胀阀分为外平衡式和内平衡式。在工业冷却设备中，一般采用外平衡式热力膨胀阀。热力膨胀阀由感应机构、执行机构、调整机构和阀体组成。感应机构中充注制冷剂工质，感温包设置在蒸发器出口处，其出口处温度与蒸发温度之间存在温差，通常称为过热度。感温包感受到蒸发器出口温度后，使整个感应系统处于对应的饱和压力 P_b，该压力将通过膜片传给顶杆直到阀芯。在压力腔上部的膜片仅有 P_b 存在，膜片下方有调整弹簧的弹簧力 P_t 和蒸发压力 P_0，三者处于平衡时，$P_b = P_t + P_o$。当蒸发器热负荷增大时，出口过热度偏高，P_b 增大，$P_b > P_t + P_o$，合力使顶杆、阀芯下移，热力膨胀阀开启增大，制冷剂流量按比例增加。反之，热力膨胀阀开启变小，制冷剂流量按比例减小。因此，制冷设备是由热力膨胀阀通过控制过热度实现制冷系统的自我调整。

② 电子膨胀阀的工作原理：根据对过热度或进出口空气的温差、回风温度及其设定值等多项参数的检测和数据采集，经微处理器处理后，发出指令，控制电子膨胀阀的开度，以满足系统负荷的要求。

电子膨胀阀系统的控制参数为蒸发器出口过热度或者吸气过热度。制冷系统中，制冷剂蒸气的温度高于同一压力下饱和蒸气的温度称为过热，两者温度之差称为过热度。过热度控制是制冷系统控制的重要环节，过热度控制是制冷系统控制的核心环节。

为获取真实的过热度，常用的检测方法是用一只压力传感器和一只温度传感器，分别检测蒸发器出口处的压力和温度，出口压力值即为蒸发压力，将蒸发压力折算成对应的制冷剂饱和温度即为蒸发温度，计算蒸发温度和蒸发器出口处实际温度之差即为过热度。

电动式电子膨胀阀由两相步进电机驱动的流量控制阀步进电机定子绕组的通电状态按照逻辑关系每改变一次，转子便转过一个角度。步进电机作电子膨胀阀的执行机构时，最常用的控制算法仍是传统的增量式 PID 控制。

2. 螺杆冷水机组滑阀调节

（1）滑阀结构

容积调节滑阀是螺杆冷水机组中用来调节容积流量的一种结构元件。这种调节方法在螺杆压缩机的机体上装设调节滑阀，位于高压侧两内圆的交点处，能在与气缸轴线平行的直线上来回移动。滑阀调节可以对排气量连续无级调节，并保持较高的效率。

在螺杆压缩机中，随着转子的转动，气体压力随着轴线从吸气端向排气端逐渐升高。滑阀打开时在机体的高压侧开口，部分高压气体从开口处旁通流出重新回到吸气口，旁通的气体量和开口的长度相关，实现了流量的调节。

常见的滑阀驱动方式为液压驱动，采用螺杆机自带的润滑油系统，也有采用电机驱动的机型。

（2）单螺杆冷水机组的滑阀结构

单螺杆制冷压缩机的调节方式有转动环调节、滑阀调节和变频调节等。目前滑阀调节比较常见。转动环调节与滑阀调节基本原理相同，但是调节性能较差。变频调节可无级调节压缩机的输气量，但是不能调节压缩机的内容积比。

滑阀调节可以分为单滑阀和双滑阀两种。双滑阀可以分别调节输气量和内容积比，但结构复杂、调节逻辑复杂。单滑阀结构简单、调节方便，目前采用较多。

在单滑阀结构中，有制冷剂气体压差驱动和冷冻油压差驱动。制冷剂气体压差驱动适用于有级调节，滑阀两侧的压差、活塞两侧的压差和弹簧力构成力矩平衡系统，负载调节依靠数个电磁阀的依次开断。冷冻油压差调节的增载和减载通过油活塞两侧的冷冻油压差控制，通过电磁阀开启时间或者电机电流确定部分负载的调节位置，可应用于有级调节和无级调节。

3. 离心冷水机组调节

（1）离心冷水机组调节方式、原理和特点

离心式制冷压缩机制冷量的调节主要根据用户对冷负荷的需要进行，采用四种方法，即进口导叶调节、进口节流调节、转速调节和冷却水量调节。

① 进口导叶调节：离心式制冷压缩机进口处设有一组旋转导流叶片，改变导流叶片的角度，进而改变进口气流的方向，可以改变气流的能量头（单位质量制冷剂获得的能量），从而改变制冷量。这种调节方法经济性好，调节范围宽（40%～100%），可采用手动或根据蒸发温度（或冷冻水温度）自动调节。

在负荷增大的情况下，导叶会增大开度；在负荷减小的情况下，导叶会减小开度。当负荷继续减小时，出现冷水出水温度已比设定点低到一定程度，从而触发机组的"自动待机"（也有的机组称为制冷再循环模式），机组将依据关闭机组的模式停机，当冷水温度上升到一定值时，机组会自动重新起动。

② 进口节流调节：在压缩机进口管道上安装节流阀，通过改变节流阀的开启度，对制冷量进行调节。关小节流阀，进气量减少，制冷量减少。为避免调节时影响压缩机工作，降低压缩机的效率，吸气节流阀常采用蝶阀，使节流后的气体沿圆周方向均匀流动。由于产生能量损失，运转不经济，但装置简单，仍可采用。

③ 转速调节：通过更换增速器中的齿轮，改变主轴转速，转速降低，制冷量相应减少。当转速从100%降低到80%时，制冷量可以减少60%，轴功率也减少60%以上。有些机组采用变频控制直接改变电机转速，这种方式还具有节能效果。

④ 冷却水量调节：冷却水量减小，冷凝温度增高，压缩机制冷量明显减小，但动力消耗却变化很小，因而经济性差，一般不宜单独作用，可与改变转速或导流叶片调节等方法结合使用。

（2）离心冷水机组入口导叶调节

导叶为可改变角度的叶片组件，导叶的变化能调节进入压缩机的制冷剂的流量，控制制冷剂蒸发，改变压缩机的制冷能力。叶片开启度增大，冷量也增大；开启度减小，冷量也减少。当导叶处于全卸载位置，冷水机组的制冷能力大概是满载能力的10%。导叶处于全开满载位置，制冷能力为100%。当冷水温度开始下降，控制装置将压缩机导叶慢慢关小，减少压缩机吸入制冷剂的量。压缩机卸载的速率取决于运行点偏离设置点的偏差大小和冷水温度下降的快慢。导叶的变化改变了压缩机的制冷能力。控制装置持续不断地驱动执行电机调整导叶开度，直至压缩机的制冷量达到设定目标，冷水温度等于设定值。

如果导叶处于全卸载或者关闭状态，冷水温度仍然低于设定点 2℃（可调节），机组进入再循环模式。再循环模式中控制系统通过自动停机和起动这样的循环过程维持冷水温度。某些机组设有热气旁通管路，在全卸载状态下冷水温度仍然低于设定点时，自动开通热气旁通装置。

静止带是冷水出水温度和设定温度的差值。若出水温度升高或降低到静止带外，则控制系统会开大或关小导叶，直至水温回到静止带范围内。较小的静止带设置会导致更精确的出水温度控制，导叶动作也将更加频繁。较大的静止带设置出水温度范围精度较低，可以降低导叶的动作次数。

比例带是按照出水温度和设定点差距的比例修正导叶位置的速率，离开设定点越远，导叶动作的速率越大，离设定点越近，导叶动作越慢。

压缩机在起动时控制负载增加的速率，在起动开始一段时间内限制导叶开大的速率，避免压缩机负载的急剧增加，冷水出水温度降低的速率也相应控制。控制负载增加过程所需时间为 $T=$（压缩机起动出水温度—设定出水温度）/控制负载增加的速率。

4. 离心冷水机组防喘振控制

离心冷水机组的负荷曲线以流量和扬程作为分析指标，在实际扬程最高点左侧性能曲线外部区域都属于喘振区域。在实际工况中，随着冷水机组负荷增大，冷凝温度升高，冷凝压力随之升高。如果室外气温较高，则冷却塔的换热效率下降，冷却水温升高，冷凝压力也会进一步升高。如果所需冷水水温比较低，则蒸发压力比较低，要求压缩机的压头进一步升高。如果冷凝器和蒸发器的压力差大于压缩机的扬程，冷凝器的气体就会倒流，发生喘振。另外，负荷升高也会同步改变官网的特性曲线，诱发喘振的发生。

在离心冷水机组设计和运行中，为了防止喘振的发生，一般采取以下措施：

（1）制冷剂管路旁通

旁通属于离心机等流量控制，通过旁通阀使冷凝器中的高压气体或液体进入蒸发器，降低冷凝器压力并提高蒸发器压力，从而降低压缩机压头，并增加压缩机流量，使负荷曲线上压缩机的工况点远离喘振区域。

制冷剂管路旁通在能耗上是不经济的，但是方法简单可靠，大多数离心冷水机组都带有旁通技术。在单独旁通冷媒液体时，冷水机组可以在 20% 左右的低负荷下稳定运行，如果采取气体和液体双路旁通，机组的稳定运行工况可以达到 10% 左右的低负荷。

（2）进口导叶调节

进口导叶调节不仅可以控制流量，使压缩机在最大压头下任意点运行，同时可以使入口制冷剂产生预旋，改变速度能量头，降低喘振发生的限值。通过改变进口导叶调节和无叶扩压器出口宽度的双重调节，可以将机组的稳定运行工况达到 10% 左右的低负荷。

（3）可移动式扩压腔

离心机组负荷降低时，压缩机导叶逐渐关闭，吸气量降低，如果扩压腔通道截面积不变，则气体流速降低。当流速无法克服扩压腔的阻力损失时，气流会出现停滞，转化的压力同时降低，当流体压力小于管网压力，就会发生倒流和喘振。如果在负荷降低时同步改变扩压腔截面积，保持气体流速高于设定限值，就可以防止喘振的发生。采用可移动式扩压腔的离心冷水机组，最低稳定运行工况可以达到 5% 左右的低负荷。

（4）多级压缩

离心压缩机的出口速度可分解为切向速度和径向速度,切向速度取决于叶轮直径和转速,而径向速度和制冷剂流量成正比。采用多级压缩,可以在保证压比的前提下,采用低转速设计,降低切线速度的同时保持径向速度,提高速度与切向速度的夹角,从而改善喘振问题。

5.7.3 离心冷水机组控制方案

1. 主要任务

离心冷水机控制系统的主要任务是根据冷水出口温度与设定值的偏差以及机组设定的控制该温度的变化速率,控制离心压缩机导叶的开度,从而将冷水出水温度控制在设定范围内,同时保证冷水机组的安全运行。

机组自带的 PLC 控制器监测的温度和压力状态见表 5-19。

离心冷水机组 PLC 控制器监测信号 表 5-19

冷水机组监测温度	冷水机组监测压力	冷却水进水温度	冷却水出水压力
压缩机排气温度	蒸发压力(换算成蒸发温度)	冷却水出水温度	冷水进水压力
电机绕组温度	冷凝压力(换算成冷凝温度)	冷水进水温度	冷水出水压力
轴承温度	油压	冷水出水温度	排气压力(断路开关)
油温	冷却水进水压力		

2. 起动控制

离心冷水机组起动时序见图 5-21。

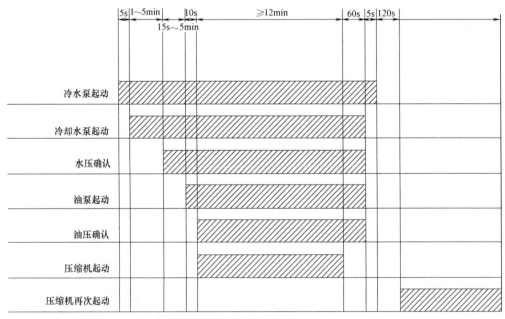

图 5-21 离心冷水机组起动时序

起动时应满足以下联锁控制要求:

(1) 机组安全保护控制未起动。

（2）12h 内起动次数不超过 8 次。

（3）上次开机到本次开机间隔不少于 15min。电机起动时电流较大，电机内会产生很大的热量，再次起动前如果热量不能散发，电机温度无法回到正常水平，再次起动的热量会损坏电机。因此两次起动之间需要有时间间隔。

（4）上次停机到本次开机间隔不少于 3min，避免频繁开机影响机组寿命。

（5）冷水、冷却水流量已确认。

（6）冷水出水温度与设定值比较。

（7）检查压缩机入口导叶开度并关闭。

（8）油压确认。

3. 冷水温度控制

离心冷水组根据实际需求负荷的大小来控制压缩机的运行状态，最终通过改变导叶开度来控制冷水温度。导叶电机根据 4~20mA 的电流输入信号，按 0.3% 的步长增加或减小导叶的开度，实现调节后流量的连续性无级调节。高精度的导叶连续调节可将水温控制精确度保证在 0.3℃ 以内。

控制系统根据温度与设定值的偏差和温度变化速率来确定下一步动作，是否需要加载、卸载或者维持负荷不变，具体判断见表 5-20。

机组控制系统负荷调整判断　　　　　　　表 5-20

		冷水温度与设定值的偏差		
		偏差为负	偏差为零	偏差为正
冷水温度变化速率	速率为负	卸载	卸载	负荷不变
	速率为零	卸载	负荷不变	加载
	速率为正	负荷不变	加载	加载

在接近系统安全阈值时，控制系统会进行加载或卸载操作。当机组达到负荷后，出水温度达到或者低于设定值，此时机组进行卸载操作，导叶开度减小，出水温度基本保持不变，电流逐渐减小。如果负荷低于限值，导叶开度减小到限值时，排气温度达到保护限值，导叶将不能继续关小，出水温度将继续下降，当出水温度低于设定点 3℃ 以下时，机组进入自动安全关机或者再循环运行模式。出水温度控制见图 5-22。

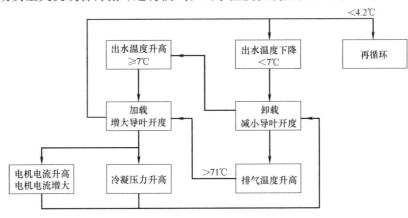

图 5-22　出水温度控制

4. 安全保护控制

机组设有安全阀和排气压力断路开关，机组在压力过高等异常情况发生时起机械保护作用。机组控制系统设置安全保护联锁控制，设定值见表 5-21。

安全保护联锁设定值

表 5-21

控制参数	保护值	备注
温度传感器故障	−40～118.3℃	超出保护值范围 2s
压力传感器故障	电压比 0.06～0.98 电压比＝输入电压/参考电压	超出保护值范围 3s
压缩机排气温度	>104.4℃	可设置优先控制值
电机绕组温度	>93℃	可设置优先控制值
轴承温度	>85℃	可设置优先控制值
蒸发温度	<0.6℃	冷媒为水
	<−18～4℃可调	冷媒为盐水等
传感器电压	<4.5VDC >5.5VDC	
冷凝压力	>(1813±48)kPa (1241±69)kPa 复位	排气压力开关
	>1138kPa	控制系统
油压差	<103kPad 停机 <124kPad 报警	
电压	>110%	超出保护值范围 60s
	<90%	超出保护值范围 60s
压缩机电机负载	>110%	超出保护值范围 30s
	<15%	压缩机运行时
	>15%	压缩机停机时
起动加速时间	>45s	降压起动
	>10s	全压起动
起动转换时间	>75s	降压起动
冷凝器凝结保护	冷凝温度或冷却水进水温度低于冷凝器凝结点温度设定值自动开启冷却水泵,高于设定值＋3℃关闭冷却水泵	冷凝器凝结点温度1℃(可设定)

5. 自调节优先控制

离心冷水组的控制系统设有优先控制功能，在系统工况接近安全阈值时进行优先控制，避免频繁发生安全保护联锁停机。

优先控制功能防止由于电流超限、蒸发温度低、电机温度高等超出安全保护限值而引发的停机，在以上指标达到限值之前触发优先控制，调整压缩机导叶的开度，将相关指标调整到正常范围内。优先控制分为两级：

（1）第一级优先控制将压缩机入口导叶维持当前开度。

（2）第二级优先控制将压缩机入口导叶开度减小，直至工况进入第一级优先控制范围。当工况退回到第一级控制范围之外，安全优先控制退出，压缩机回到正常控制调节状态，根据负荷大小调节导叶开度。

优先控制参数见表 5-22。

优先控制参数

表 5-22

优先控制参数	第一级控制点		第二级控制点	优先控制退出
	设定值(默认)	设定范围	控制值	
冷凝压力高	862kPa	620～1138kPa	＞设定值±16.5kPa	＜设定值
电机压力高	＞93℃	66～93℃	＞设定值±6℃	＜设定值
蒸发温度低	1.6℃(水)	1～3℃	≤保护限值＋设定值−0.6℃	＞保护限值＋设定值＋1.2℃
压头高(喘振保护或热气旁通)	$\triangle T1=0.8℃$；$\triangle P1=345kPad$；$\triangle T2=5.6℃$；$\triangle P2=586kPad$	$\triangle T1=0.3～8.3℃$；$\triangle P1=207～1172kPad$；$\triangle T2=0.3～8.3℃$；$\triangle P2=348～1172kPad$	无	工况退回到正常范围
电机负载	100%	40%～100%	≥设定值×1.05	＜设定值×0.98

对于压头过高的保护，选择喘振保护控制的情况下，工况处于第一级优先控制时，维持导叶开度不变，如果发生喘振，则记录 12 次喘振后机组停机。如果运行工况回到正常区域，导叶恢复正常负荷调整控制。选择热气旁通时，工况处于第一级优先控制时打开热气旁通，工况恢复正常后关闭热气旁通。

5.7.4 冷水机组常见群控策略

冷水机组群控是指采用自控技术对冷水机组的起停进行顺序化的自动控制，达到冷量供给与末端冷负荷需求相适应。其主要目的是冷水机组的整体效率保持在较高水平，COP 达到最优。常见的群控策略有以下几种：

1. 总冷负荷控制法

计算负载瞬时冷负荷，将计算得到的冷负荷与阈值进行比较，作为冷水机组台数切换的依据。其起停原则是：如果测得的冷负荷大于或者等于加载阈值，并且该状态维持一段时间，则加载一台冷水机组；如果测得的冷负荷小于卸载阈值，并且该状态持续一段时间，则卸载一台冷水机组。

冷负荷的计算见式（5-4）。

$$Q=FC(T1-T2) \tag{5-4}$$

式中，Q 为冷负荷（J）；

$\quad\quad F$ 为流量（kg/s）；

$\quad\quad C$ 为水的比热容 [J/(kg·℃)]；

$\quad\quad T1$ 为供水温度（℃）；

$\quad\quad T2$ 为回水温度（℃）。

由于实际过程中，流量计、温度计的精度、安装位置和安装方式都对测量结果有很大影响，导致最后的冷负荷计算结果与实际值的偏差较大，在某些工程应用中可以超过20%，所以在工程上将冷负荷作为冷水机组群控的加减机条件可靠性不高，一般不能单独采用。

2. 回水温度群控法

该方法的前提是冷冻水供水温度基本恒定，并且运行冷水机组数量一定时，冷冻水流量保持基本恒定，冷冻水回水温度可以与冷负荷的变化一致。其起停原则是：如果测得的冷冻水回水温度大于或等于加载阈值，并且该状态维持一段时间，则加载一台冷水机组；如果测得的冷冻水回水温度小于卸载阈值，并且该状态持续一段时间，则卸载一台冷水机组。

回水温度控制法装置简单，价格便宜，但是存在判据不明确、适应性较差的问题。

在某些工程应用中，为保证冷水机组蒸发器的水量稳定，在冷冻水的供回水干管上安装旁通管路和调节阀，根据系统压力的变化来调节旁通阀开度，混合后的总回水温度并不是回水温度的真实数值，不能以混合后的总回水温度作为控制依据。在这种情况下，可以检测冷水机组侧和用户侧的冷冻水进回水温差，当冷水机组侧的进回水温差和用户侧的进回水温差比值大于设定值时，表示旁通阀开度大，导致用户侧供冷量不足，需要加载一台冷水机组。反之，则可以卸载一台冷水机组。

3. 压缩机电流群控法

该方法以运行的冷水机组压缩机瞬时电流与满负荷电流的比值来反映空调冷负荷。其起停原则是：如果测得的所有运行冷水机组瞬时电流大于或等于加载阈值，并且该状态维持一段时间，则加载一台冷水机组；如果测得的所有运行冷水机组瞬时电流小于卸载阈值，并且该状态持续一段时间，则卸载一台冷水机组。

在实际工程中，由于冷却水温度不能始终保持在设定温度（32℃/37℃）运行，因此在较低的冷却水温度下，即使冷水机组电流没有达到或接近满负荷电流，也可以达到满负荷的制冷量。在这种情况下，某些冷水机组会启动保护策略，在冷却水温度低于设定阈值后停止继续加载。

在实际工程中，经常综合应用多种群控策略，以保证机组在合理工作点区域内的控制。群控在实际应用中还需要考虑上一台冷水机组起动（停止）的延迟时间、当前机组的加载时间等问题。

4. 多台不同制冷量冷水机组并联运行群控

对于多台不同制冷量冷水机组并联运行的情况，控制逻辑是：不仅要进行加载或者卸载冷水机组，还要判断加载或者卸载大冷量还是小冷量的冷水机组。既要满足在线冷水机组与实际冷负荷基本匹配的要求，也要避免冷水机组频繁起停，在节能的同时兼顾设备使用寿命。实际工程中常采用以下方法：

（1）监控系统冷量需求，如果冷量需求在急剧变化，优先加载或卸载大冷量冷水机组，否则优先加载或卸载小冷量冷水机组。

在冷冻水供水总管上设置流量传感器和两个温度传感器，计算实际供应冷量，控制系统每分钟记录系统的实际供冷量。系统根据目前供冷量与半小时（或其他设定时间）前的供冷量进行比较，计算负荷变化速率。当变化速率大于设定值时，加载或卸载大冷量冷水机组；当变化速率小于设定值时，加载或卸载小冷量冷水机组。

（2）根据可能的系统冷量变化，按照冷水机组的不同规格设定系统的负荷挡位，在冷量变化过程中按照设置好的各种冷水机组组合配置，加载或卸载对应的冷水机组。

5.7.5　控制系统功能实现

本工程选用五台离心冷水机组（WC-1～WC-5）和一台螺杆冷水机组（WC-6）。冷水机组自带 PLC 控制器，FCS 系统作为上位机采用通信协议（MODBUS）电缆接入 PLC 控制器。PLC 控制器实现冷水机组自身的报警保护和控制功能，FCS 系统远程采集冷水机组的状态信号，实现远程起停和调节，根据负荷输出情况实现六台冷水机组的群控。

机组 PLC 控制器对运行系统进行连续监控，显示并记录任何停机事件。在机组关机、运行、起动时均显示机组状态，显示正常停机、告警停机、禁止起动和其他信息。

1. 冷水机组的 FCS 系统机组集群控制

（1）分析工艺设备流量需求，根据制冷系统 B 的已知工况点，计算出预冷系统所需流量，再确定各工况点下相应的冷水机组运行台数需求。

（2）FCS 系统根据试验器的用气需求计划和对应的冷水机组台数需求，结合每台离心冷水机组（WC-1～WC-5）的总运行时间，确定需要起动的冷水机组台数（离心机加螺杆机），依次起动对应的冷水机组；FCS 系统将冷冻水温度设定值发送给冷水机组 PLC 控制器，由 PLC 控制器负责调节单台冷水机组运行状态。

FCS 系统在选择离心冷水机组工作机组时，根据记录的每台离心冷水机组的总运行时间，优先选择总运行时间较少的机组。

2. 机组起停群控调节：

六台冷水机组的机组起停群控采取以下模式之一：

（1）工况点恒定模式：根据工况点确定的冷水机组台数，依次起动冷水机组后，不再进行运行机组数量增减调节，由各机组自带 PLC 根据冷冻水出口温度自动调节机组负荷（离心机调节入口导叶，螺杆机调节滑阀）。

（2）不同负荷挡位切换选择机组运行台数。根据现有冷水机组台数和单台冷量，设定符合工艺需求的机组系统负荷挡位，不同的负荷挡位起动不同数量的冷水机组。并考虑到挡位切换设备的响应滞后，挡位设置考虑切换阈值留有一定余量。机组负荷挡位设置见表 5-23，负荷挡位切换加减机控制逻辑见图 5-23。

机组负荷挡位设置　　　　　　　　　　　　　表 5-23

负荷挡位	机组运行台数	总冷量	减挡电流比 K_i
挡位 1	螺杆机	1152kW	无
挡位 2	1 台离心机	2321kW	0.4
挡位 3	螺杆机+1 台离心机	3473kW	0.55
挡位 4	2 台离心机	4642kW	0.6
挡位 5	3 台离心机	6963kW	0.55
挡位 6	4 台离心机	9284kW	0.6
挡位 7	5 台离心机	11605kW	0.65
挡位 8	螺杆机+5 台离心机	12757kW	0.7

负荷切换加挡控制：运行状态下 FCS 系统实时监测六台冷水机组的机组运行电流、总管冷冻水回水温度，当以下情况均满足：

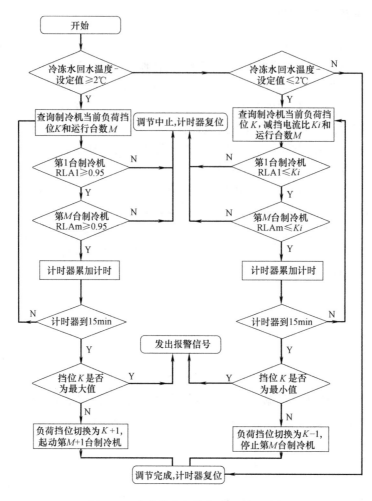

图 5-23 负荷挡位切换加减机控制逻辑

① 冷水机组总管回水温度高于系统冷冻水回水温度设定值（温差≥2℃）。

② $T1$ 运行电流/$T1$ 额定电流≥0.95；Tn 运行电流/Tn 额定电流≥0.95。

并持续 15min 后，FCS 系统执行加挡操作。

负荷切换减挡控制：运行状态下 FCS 系统实时监测六台冷水机组的机组运行电流、总管冷冻水回水温度，当以下情况均满足：

① 冷水机组总管回水温度低于系统冷冻水回水温度设定值（温差≥2℃）。

② $T1$ 运行电流/$T1$ 额定电流≤Ki；Tn 运行电流/Tn 额定电流≤Ki。

并持续 15min 后，FCS 系统执行减挡操作。

（3）根据机组参数自动调节机组运行台数

根据现有冷水机组台数和在线台数，判断系统工况，根据冷冻水回水温度和机组的运行电流，判断系统是否需要加减冷水机组。自动调节加减机控制逻辑见图 5-24。

系统减载：运行状态下 FCS 系统实时监测六台冷水机组的机组运行电流、总管冷冻水回水温度，当以下情况均（或）满足：

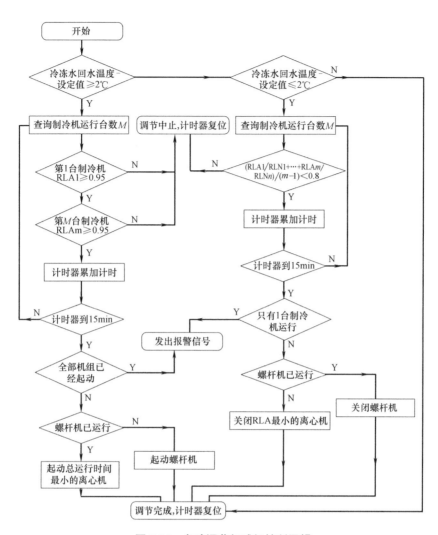

图 5-24　自动调节加减机控制逻辑

① 冷水机组总管回水温度低于系统冷冻水回水温度设定值（温差≥2℃）。

② （$T1$ 运行电流/$T1$ 额定电流＋……＋Tn 运行电流/Tn 额定电流）/$(n-1)<0.8$。

并持续 15min 后，FCS 系统自动关闭一台支管出水温度低于系统冷冻水温度设定值的冷水机组。如果螺杆机 WC-6 运行，先关闭 WC-6，否则关闭运行电流最小的离心机，并关闭相应支管的电动阀，关闭对应循环水泵和循环水管电动阀。

系统加载：运行状态下 FCS 系统实时监测六台冷水机组的机组运行电流、总管冷冻水回水温度，当以下情况均满足：

① 冷水机组总管回水温度高于系统冷冻水回水温度设定值（温差≥2℃）。

② $T1$ 运行电流/$T1$ 额定电流≥0.95；Tn 运行电流/Tn 额定电流≥0.95。

并持续 15min 后，FCS 系统开启一台冷水机组。如果螺杆机 WC-6 停机，先开启 WC-6，否则开启总运行时间最少的离心机。对应的循环水管电动阀和循环水泵，开启相应气路支管的电动阀，开启冷水机组。

气源工程常用设备及控制 5

5.8 吸附式干燥机

5.8.1 干燥系统概况

本工程选用六套干燥净化机组。其中 DR-1 和 DR-2 号组成 90kg 小流量 1.0MPa 干燥气，供给膨胀机制冷系统，或者直接供给试验器。DR-3、DR-4、DR-5、DR-6 组成 160kg 大流量 0.6MPa 干燥气，供给其他试验器。小流量和大流量系统正常运行为独立运行，连通管的阀门关闭，小流量系统设备出现故障时，可开启连通管阀门，由大流量系统的干燥净化机组为小流量系统提供干燥气。

每套机组均采用两段除水，即第一段采用冷却除水，该系统由前置冷却器、气水分离器共四台组成，呈单元式配置，可有效去除压缩空气中 70% 左右的水分，剩余 30% 的水分进入吸附式干燥器进行深度脱水。该系统由并联运行双塔和一套外挂再生分系统组成。两台吸附塔可满足最大流量下连续稳定工作 8~12h，为低温环境试验提供干燥压缩空气。试验结束后，可起动一套，分别对双塔进行加热再生和无气耗循环吹冷，使其完全恢复至备用状态。吸附式干燥机设计参数见表 5-24。

吸附式干燥机设计参数　　　　　　　　　　　　表 5-24

序号	项目名称	单位	参数	备注
1	最大处理气量	kg/s	90	6 台吸附塔并行吸附
2	吸附工作压力	MPa(G)	0.7~1.0	
3	吸附设计压力	MPa(G)	1.2	
4	预冷却器进气温度	℃	40	
5	预冷器排气温度	℃	18	
6	分离器分离效率	%	≥95	
7	吸附塔出气常压露点	℃	−73	
8	后置过滤器出气温度	℃	~30	
9	后置过滤器过滤精度	μm	1	
10	滤芯材料		聚酯纤维	
11	滤芯形式		圆柱状滤芯	
12	滤芯寿命	h	8000~12000	
13	单台吸附塔吸附时间	h	8~12	
14	单塔再生时间	h	≤8	
15	再生吹冷后床层温度	℃	≤25	
16	吸附剂总重量	t	~41.6	氧化铝＋分子筛(6 塔总装填量)
17	吸附剂寿命	年	≥5	
18	单台风机风量	Nm³/min	~120	
19	风机起动方式		变频	配变频器

序号	项目名称	单位	参数	备注
20	单台电加热器	kW	432	共2台
21	吸附塔直径/直边高度	M	2.6×2.8	
22	单体最大吊装重量	T	～5200	吸附塔
23	设备整体压降	Bar	0.35	设计工况
24	进出口公称直径		DN300	

5.8.2 吸附式干燥机基本控制

1. 机组自带控制点

干燥净化机组不带就地控制器，由FCS系统直接采集机组的温度、压力、流量、露点信号，控制机组的阀门、加温器、风机等组件设备的运行，完成机组的设备起、停、参数测量、控制、报警、安全保护等全部功能。机组控制点数统计见表5-25。

吸附式干燥机控制点　　　　　　　　　　　　　　　　　　　表 5-25

控制元件	I/O点数						
	AI (4～20mA)	AI (RTD)	AO (4～20mA)	DI (无源)	DI (24V有源)	DO (24V)	DO (24V带电源)
AB进出气温度	1						
AB再生出口温度	1						
加热器出口温度	1						
冷却温度	1						
加热器表面温度		1					
出气露点温度	1						
风机控制	1			2		2	
排污阀控制						1	
加热器控制				1		1	
气动开关阀控制				2			1
电磁阀控制							1
单台总和	6	1	0	5	0	4	2

2. 单台机组控制功能

（1）并塔运行：

进口温度、塔前温度、出口温度正常，出口露点温度正常，后置过滤器压差信号正常；

A/B干燥塔主气管路阀门开启，再生系统管路阀门关闭，卸压排气阀关闭，风机、加温器关闭，外接联通管路阀关闭。

（2）A塔运行、B塔卸压：

A塔进口温度、塔前温度、出口温度正常，出口露点温度正常，后置过滤器压差信号正常；

A 塔主气管路阀门开启，卸压排气阀关闭；

B 塔主气管路阀门关闭，卸压排气阀开启；

再生系统管路阀门关闭，风机、加温器关闭；

外接联通管路阀关闭。

（3）A 塔运行、B 塔加热再生吹冷：

A 塔进口温度、塔前温度、出口温度正常，出口露点温度正常，后置过滤器压差信号正常；

A 塔主气管路阀门开启，卸压排气阀关闭；

B 塔主气管路阀门关闭，卸压排气阀关闭；

再生系统管路温度正常；

再生系统管路阀门开启，风机、加温器开启；

外接联通管路阀关闭。

（4）A 塔运行、B 塔升压等待：

A 塔进口温度、塔前温度、出口温度正常，出口露点温度正常，后置过滤器压差信号正常；

A 塔主气管路阀门开启，卸压排气阀关闭；

B 塔主气管路阀门关闭，卸压排气阀关闭；

再生系统管路阀门关闭，风机、加温器关闭；

外接联通管路阀开启。

（5）机组设手动/自动起动功能；机组旁设置正常停机、报警停机按钮，接入 FCS 系统。

（6）干燥塔的应先开入口阀，塔内压力稳定后再开出口阀。注意控制入口阀开启速率（每 30s 开 5%），使干燥塔内压力缓慢上升。

（7）双塔吸附再生工况切换时，再生冷却后的 B 塔与吸附工况的 A 塔并塔运行 10min 后进行切换操作，进入下一循环，保持出口露点的稳定性。

3. 单台机组仪控元件（表 5-26）

干燥净化系统仪控元件状态控制表　　　　　　　　表 5-26

序号	元件名称	位号	状态					
			101/102 并塔	102 卸压	102 加热再生	102 吹冷	102 升压	102 等待
1	进口温度	TI101/TI102	异常报警	101 异常报警	101 异常报警	101 异常报警	101 异常报警	101 异常报警
2	塔前温度	TI103/TI104	异常报警	103 异常报警	103 异常报警	103 异常报警	103 异常报警	103 异常报警
3	2# 表冷器入口温度	TI105	—	—	异常报警	异常报警	—	—
4	表冷器出口温度	TI106	—	—	异常报警	异常报警	—	—
5	露点仪温度	AI101/AI102	异常报警	101 异常报警	101 异常报警	101 异常报警	101 异常报警	101 异常报警
6	后置过滤器差压	DPI101/DPI102	异常报警	101 异常报警	101 异常报警	101 异常报警	101 异常报警	101 异常报警

序号	元件名称	位号	状态					
			101/102 并塔	102 卸压	102 加热再生	102 吹冷	102 升压	102 等待
7	出口温度	TI107/TI108	异常报警	101 异常报警	101 异常报警	101 异常报警	101 异常报警	101 异常报警
8	进口阀	XVA01/XVB01	开	A01 开/B01 关	A01 开/B01 关	A01 开/B01 关	A01 开/B01 关	A01 开/B01 关
9	卸压排气阀	XVA02/XVB02	关	A01 关/B01 开	关	关	关	关
10	再生排气阀	XVA03/XVB03	关	关	A03 关/B03 开	A03 关/B03 开	关	关
11	再生表冷器入口阀	XVA04/XVB04	关	关	A04 关/B04 开	A04 关/B04 开	关	关
12	再生表冷器出口阀	XVA05/XVB05	关	关	A05 关/B05 开	A05 关/B05 开	关	关
13	加热器入口阀	XVF01	关	关	开	关	关	关
14	2# 表冷器水进口阀	XVF02	关	关	关	开	关	关
15	1# 表冷器水进口阀	XVF03	关	关	开	关	关	关
16	2# 表冷器出口阀	XVF04	关	关	关	开	关	关
17	外接气源阀	XVA06/XVB06	关	关	关	关	开	关
18	出口阀	XVA07/XVB07	开	A07 开/B07 关	A07 开/B07 关	A07 开/B07 关	A07 开/B07 关	A07 开/B07 关
19	电子排污阀	FV02/FV05	开	开	开	开	开	开
20	风机	M-101	停止	停止	正转	反转	停止	停止
21	加热器	H-101	停止	停止	运行	停止	停止	停止

4. 吸附式干燥机控制时序

吸附式干燥机标准单塔吸附的同时进行单塔再生流程，每个工作周期中管道各阀门和加热器、风机的开启控制时序见图 5-25。

5.8.3 吸附式干燥机群控功能

（1）FCS 系统根据试验器的用气需求计划（表 5-27），确定需要起动的干燥机系统（DR-1/2 系统或 DR-3/4/5/6 系统），选择设备的运行模式。

（2）FCS 系统记录设备运行时间，选择干燥机工作机组时，根据记录的每台干燥机的总运行时间，优先选择总运行时间较短的机组。

（3）FCS 系统确定运行系统和设备后，依次开启对应机组的管道阀门，将干燥机组投入并塔运行或者单塔运行。试验结束后将运行过的干燥塔转入再生流程。

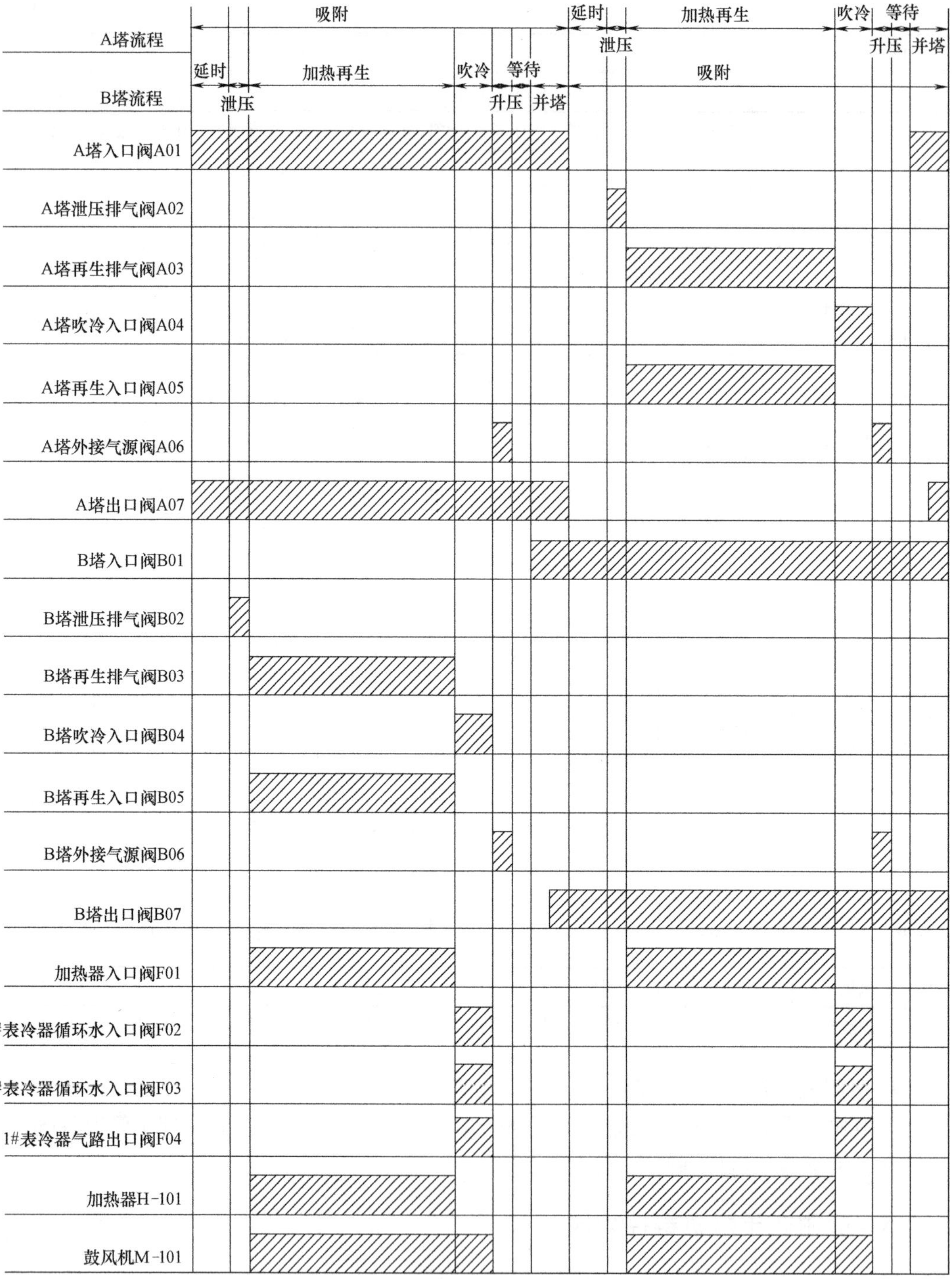

A塔流程：吸附 / 延时 / 加热再生 / 吹冷 / 等待
（泄压、升压、并塔）

B塔流程：延时 / 加热再生 / 吹冷 / 等待 / 吸附
（泄压、升压、并塔）

A塔入口阀A01
A塔泄压排气阀A02
A塔再生排气阀A03
A塔吹冷入口阀A04
A塔再生入口阀A05
A塔外接气源阀A06
A塔出口阀A07
B塔入口阀B01
B塔泄压排气阀B02
B塔再生排气阀B03
B塔吹冷入口阀B04
B塔再生入口阀B05
B塔外接气源阀B06
B塔出口阀B07
加热器入口阀F01
1#表冷器循环水入口阀F02
2#表冷器循环水入口阀F03
1#表冷器气路出口阀F04
加热器H-101
鼓风机M-101

图 5-25　吸附式干燥机控制时序

（4）运行状态下 FCS 系统监测干燥机组出口和总管的露点仪温度，在总管露点仪温度高于系统露点温度并持续一段时间（15min）后，如有单塔运行机组，将已运行的单塔运行干燥机组切换到双塔运行；如无单塔运行机组，则开启另一台干燥机组投入单塔运行状态，开启相应空气管路和循环水管路的阀门。重复以上控制过程，直至所有干燥机组开

系统	用气需求 Fn	起动机组台数	运行模式
DR-1/2 90kg 流量	Fn≤22.5kg	1	单塔运行自动切换
	22.5kg≤Fn≤45kg	1	双塔运行
		2	单塔运行自动切换
	Fn≥45kg	2	双塔运行
DR-3/4/5/6 160kg 流量	Fn≤20kg	1	单塔运行自动切换
	20kg≤Fn≤40g	1	双塔运行
		2	单塔运行自动切换
	40kg≤Fn≤80g	2	双塔运行
		4	单塔运行自动切换
	80kg≤Fn≤120g	3	双塔运行
	120kg≤Fn≤160g	4	双塔运行

启，并投入双塔运行状态。

（5）运行状态下 FCS 系统监测干燥机组出口和总管的露点仪温度，在总管露点仪温度低于系统露点温度并持续一段时间（15min）后，如有机组出口露点仪温度低于系统露点温度的双塔运行机组，将已运行的双塔运行干燥机组切换到单塔运行；如无双塔运行机组，则关闭一台机组出口露点仪温度低于系统露点温度的干燥机组，关闭相应空气管路和循环水管路的阀门。重复以上控制过程，直至所有干燥机组关闭。

5.9 增压透平膨胀机

5.9.1 机组概况

机组由增压透平膨胀机、润滑油系统、增压端后冷却器、仪表系统、密封气系统、防喘调节阀、膨胀端入口切断阀、膨胀机旁路调温阀、机组内部管路及阀门组成。增压透平膨胀机、润滑油系统、仪电及控制系统、密封气系统集成在撬装公用底座上，增压端后冷却器、防喘调节阀、膨胀端入口切断阀和膨胀机旁路调温阀现场安装在增压透平膨胀机附近。

增压透平膨胀机、润滑油系统、仪表系统、密封气系统集成在一个撬装公用底座上。长宽高约为 4900mm×2500mm×3250mm，重量约 7500kg。

1. 增压透平膨胀机设计参数（表 5-28）

增压透平膨胀机设计参数 表 5-28

额定设计工况		
	膨胀机	增压机
工作介质	空气	空气
流量	10kg/s	10kg/s
进口压力[MPa(A)]	1.86	1.0

	额定设计工况	
	膨胀机	增压机
出口压力[MPa(A)]	0.2	1.9
进口温度(℃)	40	40
出口温度(℃)	−89	120
等熵效率(%)	>85	>78
进口管径(mm)	250	350
出口管径(mm)	500	250
调节范围	60%～100%	
密封气	流量～150Nm³/h	
	进气压力:约1.0MPa(A);排气压力:放空	
油泵参数	5.5kW×2,380V,50Hz	
油箱电加热器参数	3kW,380V,50Hz	
对冷却水的要求	≤32℃,12 T/h	

2. 膨胀机部分主要部件

(1) 膨胀机蜗壳:蜗壳直接固定在底架上并支承膨胀机主机及增压机。蜗壳内容纳了膨胀机叶轮和喷嘴环。在排气侧有一个压圈借助一个弹性压紧机构而压在喷嘴叶片上,使喷嘴叶片的端面没有间隙。采用 S30408 焊接件或铸件制作,双层保温结构设计(不需要额外增加保冷箱)。设计压力 2.5MPa,设计及使用温度−180～100℃。

(2) 转子:转子是主机运动组件,精度要求高。它由膨胀机叶轮、主轴和增压机叶轮等组成,为双支撑、双悬臂刚性结构。叶轮采用半开式结构,膨胀机叶轮为径轴流反动式叶轮,叶轮型线按三元流设计计算,增压机轮为三元叶轮,采用高强度铝合金锻造铣制而成。主轴为整体锻造结构,安装在两只轴承中,它的一端装有膨胀机叶轮,另一端装有增压机轮,组成刚性转子。

(3) 轴承:采用成熟的径向止推复合式结构,径向为可倾瓦,止推面为固瓦。轴承的排油经回油管回入油箱。轴承温度用铂电阻温度计测量。轴封采用迷宫密封,并通入密封气。膨胀机的轴封采用迷宫密封,并通以常温空气作为密封气,由密封气过滤器、密封气调节系统和其他系统内管件和阀门组成。密封气带电磁阀,电磁阀得电主密封气回路接通。

3. 增压机部分主要部件

(1) 增压机由进口收敛管、叶轮、扩压器和蜗壳组成,叶轮和膨胀机叶轮装在同一主轴上构成转子,其所需功率由膨胀机提供。气体轴向吸入,在增压机叶轮内加速,压力增高,使得气体流经扩压型流道后,将动能转变为势能。随后气体汇集出增压机蜗壳;经空气冷却器冷却后,进入冷箱内热交换器换热。

(2) 增压机蜗壳:与轴承箱相连接,而增压机进气接管和出气管联结在上面,蜗壳内容纳了增压机叶轮和端盖、密封器。端盖与蜗壳形成扩压型流道以汇集气体,并将气体的速度能转化为压力能而增加气体压力。采用焊接件或铸件制作,设计压力 2.5MPa,设计及使用温度－20～200℃。

4. 供油装置主要部件

增压膨胀机的润滑和冷却采用强制润滑方式。润滑油系统由油箱、电加热器、双电动油泵、安全阀、油水冷却器、双联式油过滤器、自力式油压调阀、油冷却旁路、囊式蓄能器、油气分离器、低液位报警及系统管件和阀门等组成。油过滤器下部及管线底部带阀门排污。

油箱采用不锈钢方形结构，油箱顶部设有盛油盘，油箱带回油视镜、温度计、玻璃管就地液位计、折流板、清洗孔、加油孔和回油口等。容积约 $1.0m^3$。

油泵入口配有一个入口粗过滤器（第一台过滤器），采用 06Cr19Ni10 不锈钢材质。每台油泵出口管路配一个外部安全阀。

配备双联式油过滤器（第二台过滤器）：可切换使用，也可同时使用，在线更换滤芯时可切换使用一侧的滤筒更换另一侧的滤芯。过滤器进出口带差压压力表。

供油系统配备储能器，采用碳钢外壳、橡胶皮囊球胆，容积约 63L。用于在紧急断电等情况下维持约 35s 的供油。

润滑油油水冷却器采用管壳式结构，水走管程，油走壳程。进油温度约 65℃，出油温度 40℃。设计压力 1.0MPa，冷却水耗量约 12t/h。

供油系统配备自力式油压调阀。配备油气分离器：能分离出 $5\mu m$ 的油滴（设计分油率达到 99.9%）。配备油箱电加热器。

采用 L-TSA32 抗氧防锈汽轮机润滑油（《涡轮机油》GB 11120—2011）。

5. 膨胀机流量调节

膨胀机流量调节通过执行机构改变喷嘴角度实现。喷嘴宽度与阀杆行程的关系由生产商提供（阀杆总行程约 40mm，阀杆下移开大喷嘴，上移关小喷嘴）。

可调喷嘴由定位盘、滑动盘、盖板、叶片及转动销等组成，材料为 30Cr13、20Cr13等。设计及使用温度－180～100℃。可调喷嘴由带定位器的气动执行机构驱动。喷嘴执行机构带阀门位置反馈信号。膨胀机进气量，通过可调喷嘴可以实现无级调节。

6. 快速安全关闭

在膨胀机进口处设置紧急切断阀，其目的是在膨胀机处于危险状态时，能在很短的时间（≤2s）内切断气源使其快速停车，起到安全保护作用。紧急切断阀工作时所用的仪表空气通过三通电磁阀供应。在事故情况下，切断电磁阀电源，充入紧急切断阀气动薄膜下侧的空气通过快速排气阀泄至大气，在弹簧力作用下使阀门快速关闭。与此同时，增压机回流阀自动全开，以防止增压机喘振。

紧急切断阀每三个月检测一次，具体方法为：用紧急停车按钮切断电磁阀电源，紧急切断阀应立即关闭并自动开启防喘振回流调节阀；随即打开紧急切断阀按钮，紧急切断阀应立即恢复到开启位置。

7. 旁路调节

由增压机进口处引一股热气至膨胀机出口，实现热气与冷气的混合。采用旁路调节阀来控制热气流量以实现对膨胀机出口气体温度进行调节的目的。旁路调节阀采用气动阀，密封等级不低于Ⅳ级，调节精度不低于±0.5%。

8. 增压气体过滤器

为了进一步去除来源气体中含有的残余机械杂质，在增压机进口管道上设置气体过滤器。设置用于膨胀机和增压机入口保护的过滤网，网孔为 50 目，材料为 S30408，压降 ≤10kPa，配差压变送器。

9. 增压机后冷却器

为了将增压机出口高温气体冷却以达到流程要求，设置了冷却器，用冷却水进行冷却。调节进水量可以达到调节出口气体温度的目的。增压机后冷却器采用管壳式，空气走管程。壳体及换热管均采用 06Cr19Ni10 不锈钢材质。管程和壳程排污口应设置排污阀，采用 06Cr19Ni10 不锈钢材质。

10. 增压机防喘振调节阀

设置该阀有以下三个用途：

（1）压力调节：根据工艺流程要求，一般希望增压机出口压力保持恒定，该阀的开大或关小可能使压力降低或升高，该阀在仪控系统自动控制下，可以达到压力恒定的目的。

（2）防喘振：增压机在一定的进口压力、转速和阀门开度下，其出口压力上升到一定数值时，极其容易发生喘振。为防止这种情况的出现，该阀会在流量达到一定数值时全开。防喘振流量值是在进口压力、转速均为额定值的情况时给定的，当这些条件不同时，防喘振压力值应予以修正（如果用压力、流量共同控制来进行防喘振保护，该阀会在压力和流量达到一定数值时自动调节或全开）。

（3）当进行密封器跑合时，由于转速低，轴承难以形成油膜，为了减小止推轴承负荷，增压机应从大气吸气，因此压力空气可以经该阀旁通而到达膨胀机。

防喘振调节阀采用常温气动阀，密封等级不低于Ⅳ级。调节精度优于 ±0.5%。

该阀带二位三通电磁阀和操作手轮；带气动执行机构和定位器，配带孔板及法兰，配流量变送器，配差压变送器，配过滤减压阀。

11. 仪表控制系统

测量及控制系统均使用 4～20mA 标准信号（热电阻除外）。机组所有温度探测元件为 RTD。接线箱带格兰头和接地端子。压力变送器为智能型，支持 HART 通信协议，过程接口及引压管线材质为不锈钢。压力变送器应配置二阀组，放空口为 1/4NPT。就地压力表配置不锈钢截止放空阀，显示单位 MPa。

膨胀机和增压机进出口温度检测仪表均配备整体焊接式钻孔温度管嘴，当维修仪表时，不影响设备正常运行。油箱温度检测仪表配备保护套管，维修仪表时，不影响设备正常运行。

膨胀机系统不自带控制器，其仪表输出、阀门状态输出和控制、增压机和膨胀机的状态输出和起停控制、膨胀机喷嘴调节、供油系统的状态输出和起停控制等，均直接接入 FCS 系统。由 FCS 系统直接采集设备的仪表和状态信号，控制管路阀门和组件设备的运行调节，实现机组的保护联锁（包括增压机的防喘振保护）。主要功能如下：

（1）机组设手动/自动起动功能。

（2）可进行传感器量程设定、报警值设定、控制值设定等参数设定功能。

（3）系统根据机组的报警联锁逻辑、起动/停止顺序、允许起动条件，编程起动/停止顺序、允许起动、报警。起动需要现场确认，满足条件为：起动前满足外部条件的要求，

FCS 系统输出开关量信号，信号类型为干接点；电控系统上电后，手动切换油箱加热器开关至自动控制，油温自动加温控制，直到油温满足起动要求；手动开启密封气阀门至调节密封气压力满足起动机组要求；手动起动油泵 A，备用 B 泵，手动调节和自动调节油压满足起动要求；管路系统的各个截止阀全开；手动清除联锁点；起动后机组由转速、流量控制膨胀机。

（4）机组防喘振自动保护控制功能。

（5）温度、压力、流量、振动、转速、阀位等参数的测量、控制、显示、报警连锁等功能。

（6）历史数据存储功能，并能进行分类筛选查询。

（7）机组旁设置紧急停车按钮。膨胀机组能就地起动（机柜间工程师站）和停车，并由 FCS 系统实现控制室远程起动停车。

（8）机组能在运行包线范围内设定不同转速、流量运行工况参数，自动调节。

（9）转速、流量控制膨胀机工作。

12. 电气控制系统

（1）供货设备的配套用电设备见表 5-29。

配套用电设备表　　　　　　　　　　　　　　　　　　　表 5-29

序号	项目	数值
1	电机油泵	5.5kW(380V、50Hz(赫兹))×2
2	润滑油电加热器	3kW(380V、50Hz(赫兹))
3	油雾分离器电机	≤2kW(380V、50Hz(赫兹))
4	控制系统仪表用电	800W AC220V 50Hz UPS 不间断电源

（2）电加热器控制要求：当膨胀机准备运行时，润滑油电加热器自动或者手动加热。如果润滑油温度低于 25℃时，起动电加热器，当润滑油温度等于或大于 35℃时电加热器停止工作。油箱温度低时做起动条件，不做联锁条件，油箱温度低于 15℃报警。

（3）低压电控系统为润滑油泵、油箱电加热器、抽气式风机等提供动力电源，并实现低压设备的主电路起停控制。油泵、油箱电加热器具有手动/自动控制切换。低压设备具有相序保护、过载保护、故障报警等功能。

（4）低压电控箱放置机组控制柜内。机组测控系统可以对低压电控系统进行操作，并能上传监视低压电控系统的运行状态、故障报警信息等。

5.9.2　增压透平膨胀机基本控制

1. 控制系统主要功能

本工程设置六套增压透平膨胀机组（三台 10kg/s 流量、三台 20kg/s 流量）。经过干燥净化装置处理后的压缩空气进入增压透平膨胀机组内，经增压、冷却、膨胀工作后，为试验器设备提供设定温度和压力的压缩空气。

机组由增压透平膨胀机、润滑油系统、增压端后冷却器、仪电及控制系统、密封气系统、防喘振调节阀、膨胀端入口切断阀、膨胀机旁路调温阀、机组内部管路及阀门组成。增压透平膨胀机、润滑油系统、仪电及控制系统、密封气系统集成在撬装公用底座上，增压端后冷却器、防喘振调节阀、膨胀端入口切断阀和膨胀机旁路调温阀由买方现场安装在增压透平膨胀机附近。

增压机设置防喘振调节阀，确保增压机实际运行工况远离增压机喘振点。

增压透平膨胀机组采用间断运行方式，可在下列两种运行方式下正常工作：

（1）任意一台（套）增压膨胀机可以独立运行工作，且具有自动开机功能。

任意一台（套）增压膨胀机，配置独立的润滑油系统、增压端后冷却器、密封气系统、防喘振调节阀、膨胀端入口切断阀、膨胀机旁路调温阀等系统，实现独立运行。

（2）任意两台（套）或多台（套）增压膨胀机，可并联运行工作，具有良好的匹配性、稳定性、可调性，控制可靠，能稳定连续地工作。

气体掺混方式：由增压机进口处引一股热气至膨胀机出口，实现热气与冷气的混合。采用一支调节阀来控制热气流量，以实现对膨胀机出口气体温度进行调节的目的。

2. 控制系统控制点数

增压膨胀机组不带就地控制器，由 FCS 系统直接采集机组的温度、压力、流量、转速、振动、油压、油温等信号，控制机组的阀门、增压机、膨胀机、油泵、油雾分离器等组件设备的运行，完成机组设备的起、停、参数测量、控制、报警、安全保护等全部功能。机组控制点数统计见表 5-30。

增压膨胀机组控制点数　　　　　　　　　　　表 5-30

控制量	点数合计							
	AI (4～20mA)	AI (RTD)	AO (4～20mA)	DI (无源)	DI (24V 有源)	DO (24V)	DO (24V 带电源)	DO (220V)
膨胀机进出口压力	2							
膨胀机喷嘴后压力	1							
增压机进出口压力	2							
轴承油压力	1							
密封气压力	2							
过滤器差压	2							
油过滤器前后压力	2							
油箱压力	1							
膨胀机进出口温度	2							
增压机进出口温度	2							
前后轴承温度	2							
油箱温度	1							
主机进回油温度	2							
油冷却前后温度	2							
掺混后气体温度	1							
增压机入口流量	1							
转速	1							
XY 振动	2							

控制量	点数合计							
	AI (4~20mA)	AI (RTD)	AO (4~20mA)	DI (无源)	DI (24V 有源)	DO (24V)	DO (24V 带电源)	DO (220V)
膨胀机喷嘴控制	1		1					
出口掺混调节阀			1					
增压机防喘振调节阀			1					
膨胀机入口紧急切断阀								
现场按钮				3				
油泵运行				6				
紧急切断阀状态				2				
辅助设备状态				6				
辅助设备控制						4		
机组运行联锁						4		
管道电磁阀控制							5	
管道温度		10						
油箱油位	1							
油雾分离器起停/状态				1		1		
润滑油加热器控制								
油泵起停控制				4		2		
机组运行状态						1		
机组报警信号						1		
单台总和	31	10	3	22	0	13	5	0

3. 单套机组的控制功能

（1）机组设手动/自动起动功能；机组旁设置正常停机、报警停机按钮，接入 FCS 系统。

（2）FCS 系统接入转速、膨胀机进口压力、膨胀机出口压力、膨胀机进口温度、膨胀机出口温度、增压机进口压力、增压机出口压力、增压机进口温度、增压机出口温度、膨胀机密封气压力、增压机密封气压力、润滑油供油压力、油箱温度、轴承温度、轴振动、油箱低液位报警、增压机入口流量等信号，对防喘阀、紧急切断阀、膨胀机旁路温度调节阀等的显示、控制。

（3）系统根据机组的报警联锁逻辑、起动/停止顺序、允许起动条件，编程起动/停止顺序、允许起动、报警。起动需要现场确认，满足条件为：起动前满足前置起动条件的要求，开关量信号进入 FCS 控制柜；电控系统上电后，切换油箱加热器开关至自动控制，油温自动加温控制，直到油温满足起动要求；开启密封气阀门至调节密封气压力满足起动机组要求；起动油泵 A，备用 B 泵，自动调节油压满足起动要求；管路系统的各个截止阀全开；确认联锁点清除；确认温度、压力、流量、振动、转速、阀位等参数正常；起动机组。

（4）机组具备防喘振自动保护控制功能。增压机入口流量计与回流防喘振调节阀设置联锁，流量低于设定值时自动开大防喘振调节阀。

（5）油压、轴承温度、转速超限报警，超高限停机，并关闭膨胀机紧急切断阀。

（6）转速、流量调节膨胀机喷嘴，控制膨胀机工作。在运行包线范围内设定不同转速、流量运行工况参数，自动调节。

（7）设备主要参数的检测、关断、报警。主要检测参数见表5-31。

增压膨胀机组主要检测参数

表5-31

检测项目	就地	远传	类型	控制	报警 H	报警 L	关断 HH	关断 LL
机组供油压力		√	AI			√		√
油过滤前后压差	√							
膨胀端轮背压力		√	AI					
膨胀端密封气压力		√	AI		√		√	
增压端密封气压力		√	AI		√		√	
油进水冷器前温度	√							
油出水冷器后温度	√							
润滑油箱温度		√	RTD	√		√		
膨胀端轴承温度		√	RTD		√		√	
增压端轴承温度		√	RTD		√		√	
油箱润滑油液位	√							
膨胀机转速	√	√	AI		√		√	
膨胀端 X 振动	√	√	AI		√		√	
膨胀端 Y 振动	√	√	AI		√		√	
喷嘴调节		√	AQ	√				
膨胀端入口温度		√	RTD					
膨胀端出口温度		√	RTD					
增压端入口温度		√	RTD					
增压端出口温度		√	RTD					
膨胀端入口压力		√	AI					
膨胀端出口压力		√	AI					
增压端入口压力		√	AI					
增压端出口压力		√	AI					
增压端入口流量		√	AI	√				
增压端入口流量调节		√	AQ	√				
膨胀机入口切断阀		√	DI/DO	√				
出膨胀端掺混温度		√	RTD	√				
润滑油出机组温度		√	RTD		√			
膨胀端过滤器差压		√	AI		√			
增压端过滤器差压		√	AI		√			
润滑油过滤器差压		√	AI		√			
掺混温度调节阀		√	AQ	√				

（8）机组安全联锁保护参数见表 5-32。

增压膨胀机组安全联锁保护参数 表 5-32

序号	名称条件	功能	给定值
1	膨胀端密封气压力低	报警	≤0.7MPa
2	膨胀端密封气压力低低	停车	≤0.6MPa
3	增压端密封气压力低	报警	≤0.7MPa
4	增压端密封气压力低低	停车	≤0.6MPa
5	转子转速高	报警	≥22000r/min
6	转子转速高高	停车	≥22500r/min
7	轴承供油压力低	报警	≤0.35MPa
8	轴承供油压力低低	停车	≤0.3MPa
9	油箱电加热器	温度控制	<20℃起动，>30℃停止加热
10	膨胀端轴承温度高	报警	≥90℃
11	增压端轴承温度高	报警	≥90℃
12	膨胀端轴承温度高高	停车	≥95℃
13	增压端轴承温度高高	停车	≥95℃

5.9.3 膨胀机组的 FCS 集群控制

（1）FCS 系统根据试验器的用气需求计划，确定需要起动的膨胀机设备，选择设备的运行模式见表 5-33。

多台增压膨胀机组运行模式 表 5-33

用气需求 Fn	10kg 机组起动台数	20kg 机组起动台数
$Fn≤10kg$	1	0
$10kg≤Fn≤20kg$	2	0
	0	1
$20kg≤Fn≤30kg$	1	1
$30kg≤Fn≤40kg$	0	2
$40kg≤Fn≤50kg$	1	2
$50kg≤Fn≤60kg$	0	3
$60kg≤Fn≤70kg$	1	3
$70kg≤Fn≤80kg$	2	3
$80kg≤Fn≤90kg$	3	3

（2）FCS 系统记录设备的运行时间，选择膨胀机工作机组时，根据记录的每台膨胀机的总运行时间，优先选择总运行时间较短的机组。

（3）FCS 系统确定运行系统和设备后，依次开启对应机组的管道阀门，起动对应的膨胀机组。试验结束后将关闭对应机组的管道阀门，依次关闭膨胀机组。

（4）运行调节方式 1：膨胀机组依次起动稳定运行后，不做调节，由试验台用气端进行调节。

（5）运行调节方式 2：膨胀机组依次起动稳定运行后，FCS 系统监测总管出口压力，当压力高于设定值时，开启总管放空阀进行调节，直至压力达到设定值。

（6）多台机组负荷平衡（转速调节）：膨胀机组依次起动稳定运行后，FCS 系统监测各机组的转速，同规格的机组转速取平均值，高于平均值的机组加大膨胀机喷嘴开度，低于平均值的机组减小膨胀机喷嘴开度，使每台机组的实际运行转速保持一致。

（7）多台机组负荷平衡（流量调节）：膨胀机组依次起动稳定运行后，FCS 系统监测各机组的出口流量，同规格的机组流量取平均值，高于平均值的机组加大膨胀机喷嘴开度，低于平均值的机组减小膨胀机喷嘴开度，使每台机组的实际出口流量保持一致。

5.9.4 防喘振控制

增压涡轮膨胀机的增压机部分作为一种离心压缩机，在一定的进口压力和转速下，当进口流量小于一定数值时，机器也会发生喘振，压力大幅度波动。

1. 防喘振控制方案

要防止增压涡轮膨胀机发生喘振，需要保证增压机在工作转速下的吸入流量大于喘振点的流量。一般通过设置回流防喘振调节阀控制，控制系统通过调节防喘阀的开度来控制增压机的流量和出口压力，一旦入口流量过低，出口压力升高，增压机工况接近喘振区，防喘阀自动打开，使出口的气体返回入口来增加入口流量，从而满足大于喘振点流量的控制要求。

防喘振控制方案有两种：固定极限流量法和可变极限流量法。

（1）固定极限流量防喘振控制

假设在最大转速下，增压机的喘振点流量为 Q，如果能够使增压机入口流量总是大于该临界流量 $Q+P$（P 为安全余量），则能保证增压机不发生喘振。当入口流量小于该临界流量时，打开防喘振控制阀，使出口的部分气体返回到入口，直至大于流量 $Q+P$。固定极限流量防喘振结构简单、控制简单可靠，但是转速低时流量的安全余量大，能源浪费较大。

（2）可变极限流量防喘振控制

可变极限流量防喘振控制根据生产厂家提供的不同工况点增压机进出口压力值和喘振极限流量值，形成进出口压差和流量管线的喘振控制曲线，通过该曲线计算出不同进出口压差下的喘振极限流量作为保护值，与当前流量比较，作为是否打开防喘振调节阀的依据。

2. 防喘振具体控制

增压机防喘振控制方法具体有以下三种：

（1）流量控制防喘振保护

流量控制防喘振保护属于固定极限流量防喘振控制策略，是一种单参数控制方法。在增压机入口装设流量计，当测量值大于设定值，则防喘振调节阀关闭。当流量计测量值小于设定值，打开防喘振调节阀，保证压缩机入口流量大于极限流量。

（2）出口压力控制防喘振保护

出口压力控制防喘振保护在进口压力、转速均为额定值的情况下设定。通过设定，压缩机控制在额定转速范围，出口压力在远离喘振区的压力下工作。出口压力如果高于设定值，防喘振调节阀适当开度，使增压机出口压力始终保持在设定压力以下。当压力剧烈波动，增压机的防喘振调节阀全部打开，使增压机快速远离喘振区。

（3）流量、压差双参数控制防喘振保护

以流量、压差双参数控制的防喘振保护，当增压机在低负荷变工况运行时，可以减少不必要的能耗，属于一种可变极限流量的防喘振策略。通过测量增压机的入口流量和进出口压差，通过喘振曲线的设置判断某一压差下喘振极限流量作为保护值，从而控制防喘振调节阀的开闭。

在控制系统组态时，生产厂家根据增压机喘振试验得出实际喘振曲线（流量-压差曲线），并在实际喘振线流量一定比例（112%）设置喘振控制线，一定比例（121%）设置喘振保护线。当增压机工作点到达喘振保护线，防喘振调节阀开大 2%，2s 后如工作点仍然处于保护线左侧，防喘振调节阀继续开大 2%，循环工作。如增压机工作点到达喘振控制线，则防喘振调节阀全开。

（4）调节阀实际控制逻辑

防喘振调节阀还可以兼具压力调节和转速调节功能，调节阀开大和关小，可以使压力降低（转速降低）或压力升高（转速升高），通过控制系统的逻辑控制，可使压力和转速恒定，保证膨胀机稳定运行。

实际防喘振调节阀控制逻辑见图 5-26。

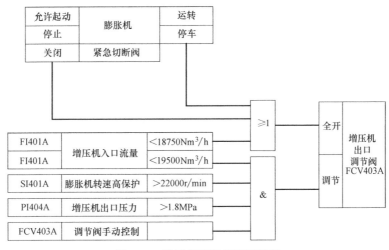

图 5-26　防喘振调节阀控制逻辑

5.9.5　膨胀机起停控制

1. 起停的安全联锁控制

膨胀机入口设置紧急切断阀，在膨胀机发生异常工况时，能在短时间内（<2s）切断气源使其快速停车，起到安全保护作用。紧急切断阀采用常温气动阀，通过三通电磁阀接入仪表用气。在事故情况下，切断电磁阀电源，气动阀气动薄膜下方的气体快速排出，在弹簧力作用下使阀门快速关闭。同时将防喘振控制阀自动全开，防止增压机喘振，并使膨胀机尽快停止运行。

在满足运行条件及没有安全联锁条件触发的前提下，控制系统使电磁阀得电，打开紧急切断阀，再控制膨胀机喷嘴开度和防喘振控制阀回流开度，使膨胀机运行在正常工况。起停安全联锁控制逻辑见图 5-27。

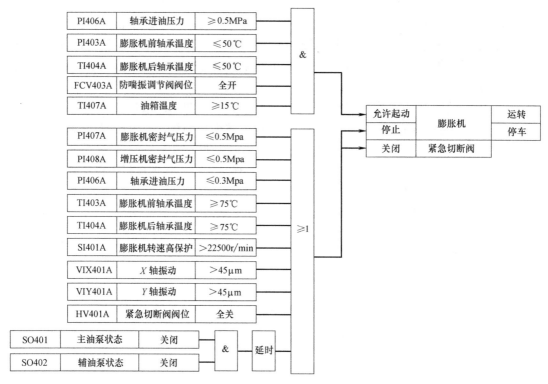

图 5-27　起停安全联锁控制逻辑

2. 起动前的加温吹除

膨胀机转速很高，导流器内气流速度很大。如果在气流中带有少量杂质或固体颗粒，会造成导流器和叶片的磨损和损坏。增压机和膨胀机设置前过滤器，采用铜丝布过滤固体杂质，并设置差压传感器，当差压值≥0.2MPa 时，表示过滤器堵塞，传感器报警，需要进行加温吹除。

加温操作流程如下：

（1）膨胀机 FCS 控制系统、电气系统保持正常工作状态。

（2）膨胀机接通密封气，起动油泵。

（3）关闭进口出口管道阀；打开紧急切断阀；打开喷嘴叶片。

（4）打开膨胀机吹除阀。

（5）打开加温气体入口阀对膨胀机进行加温，排放口出口温度≥60℃时关闭加温气体入口阀。

（6）关闭膨胀机吹除阀；关闭紧急切断阀；关闭喷嘴叶片。

（7）关闭油泵，延时 15min 关闭密封气。

3. 起停控制

增压膨胀机无电力或其他能源拖动，利用压缩气体膨胀降压时向外输出机械功使气体温度降低，管网压力和流量直接影响膨胀机的运行工况。在多台膨胀机共管网运行的情况下，为防止管网压力波动对机组运行的影响，一般情况下不建议多台机组依次起动或停止，而是多台机组同步起动或停止。特别是在起动过程中，应实时监控多台机组的转速差和压力差，保持在合理范围直至起动完成。

5.9.6 膨胀机供油系统控制

膨胀机供油系统包括油箱、主/辅油泵、电加热器及配套的管路仪表阀门。供油系统控制逻辑首先包含油泵起动条件的判断，如密封气是否达到规定压力值、油温是否高于最低值、油位是否高于最低值。控制逻辑包括对油泵切换的判断，默认正在运行的油泵为主油泵，油压过低时，控制逻辑将自动起动备用油泵。另外控制逻辑还包括膨胀机故障时油泵的控制，膨胀机故障，入口紧急切断阀关闭，膨胀机停止 5min 后停止油泵。供油系统控制逻辑见图 5-28。

图 5-28 供油系统控制逻辑

主油泵和辅油泵的切换控制逻辑是先把已起动的一台油泵作为主泵，当单台油压低于 0.45MPa 时，联锁起动另外一台油泵，两台油泵同时工作，当油压超过 0.75MPa 时，停止先起动的第一台油泵，此时联锁起动的第二台油泵投入单台运行，切换为主泵，循环切换运行实现两台油泵的互备功能。

由于膨胀机在低温下工作，膨胀机的转子直接与低温气体基础，导致膨胀机侧的轴承温度较低，如果润滑油温度太低会导致润滑效果不良，造成轴承损坏或温度升高从而影响膨胀机的安全运行。所以要保持油温在一定的范围，当油温低于 15℃时起动油箱加热器，油温高于 30℃时，自动关闭油箱加热器。

5.10　DCS 控制系统

目前国内行业中 DCS 系统市场份额最大、产品最全面的两家公司为浙江中控与和利时。浙江中控的 DCS 系统产品在国内化工行业应用非常广泛，而和利时的 DCS 系统产品则在电力行业具有优势地位。目前在大型 DCS 系统产品线方面，浙江中控的主流产品是 ECS-700 系列，和利时的产品为 MACS-K 系列。以下对这两个国内主流品牌的主要系列产品进行介绍，对 DCS 系统及各组件的参数进行对比分析。

5.10.1　浙江中控 ECS-700 系统总体概述

ECS-700 系统是浙江中控 WebField 系列控制系统之一，属于大型控制系统。ECS-700 系统按照可靠性原则进行设计；系统所有部件都支持冗余，在任何单一部件故障情况下系统仍能正常工作。ECS-700 系统具备故障安全功能，输出模块在网络故障情况下进入预设的安全状态，保证人员、工艺系统或设备安全。

ECS-700 系统作为大规模联合控制系统，具备完善的工程管理功能，包括多工程师协同工作、组态完整性管理、在线单点组态下载、组态和操作权限管理等，并提供相关操作记录的历史追溯。

ECS-700 系统融合了最新的现场总线技术和网络技术，支持 Profibus、Modbus、FF、HART 等国际标准现场总线的接入和多种异构系统的综合集成。

ECS-700 系统基于国际标准和行业规范进行设计和研制，保证了系统的易用性、安全性和开放性等。系统具有以下特点：

（1）开放性。融合各种标准化的软、硬件接口，兼容符合现场总线标准的数字信号和传统的模拟信号，提供符合 Modbus、HART、FF 和 Profibus 等标准协议的开放接口。

（2）安全性。系统安全性和抗干扰性符合工业使用环境下的国际标准。全系统包括电源模块、控制器、I/O 模块和通信总线等，均实现冗余。I/O 模块具有通道级的故障诊断，具有完备的故障安全功能。系统具备组态单点在线下载和在线更改功能，确保现场安全连续运行。

（3）易用性。控制站采用 19 英寸国际标准机械结构，部件采用标准化组合方式，方便在各种应用环境下的安装。控制柜采用双面垂直结构，独特的柜内布局兼顾混装灵活性、I/O 容积率以及维护方便性。I/O 模块功能选择通过软件配置实现，无须跳线设置。精致封装的 I/O 模块及模块基座均采用免螺钉的快速装卸结构。软件采用最新人机工程设计技术，符合工业控制操作习惯。

（4）实时性。系统提供快速逻辑控制功能，支持 20ms 高速扫描周期。系统具有顺序事件记录功能，精度达到 1ms。

（5）联合控制。ECS-700系统具有矩阵式的分域控制和实时数据跨域通信管理功能，满足用户对大型生产工艺过程分段控制、集中管理的需求。在过程控制网络进行域间数据共享而不是通过服务器进行域间访问，确保域间控制与域内控制具有相同的控制效果，将整个工艺过程作为一个整体进行控制管理。

（6）多人组态。ECS-700系统具备多人协同工作的能力。分布式组态平台允许多个工程师在各自权限范围内同时管理一个项目，从而提高工作效率和缩短工程周期，保证设计的一致性和安全性。

（7）系统监控。ECS-700系统除了具有强大的报警功能和丰富的故障诊断功能外，还可以全面实时监控超量程/强制/禁止/开关量抖动/故障等各种系统状态信息。所有这些状态信息都记录在历史数据库中，可以按照多种查询模式进行查询。

ECS-700系统由控制节点（包括控制站及过程控制网上与异构系统连接的通信接口等）、操作节点〔包括工程师站、操作员站、组态服务器（主工程师站）、数据服务器等连接在过程信息网和过程控制网上的人机会话接口站点〕以及系统网络（包括I/O总线、过程控制网、过程信息网、企业管理网等）等构成。

企业管理网连接各管理节点，通过管理服务器从过程信息网中获取控制系统信息，对生产过程进行管理或实施远程监控。过程信息网连接控制系统中所有工程师站、操作员站、组态服务器（主工程师站）、数据服务器等操作节点，在操作节点间传输历史数据、报警信息和操作记录等。对于挂在过程信息网上的各应用站点，可以通过各操作域的数据服务器访问实时和历史信息、下发操作指令。过程控制网连接工程师站、操作员站、数据服务器等操作节点和控制站，在操作节点和控制站间传输实时数据和各种操作指令。

扩展I/O总线和本地I/O总线为控制站内部通信网络。扩展I/O总线连接控制器和各类通信接口模块（如I/O连接模块、Profibus通信模块、串行通信模块等），本地I/O总线连接控制器和I/O模块，或者连接I/O连接模块和I/O模块。扩展I/O总线和本地I/O总线均冗余配置。

5.10.2　和利时MACS-K系统总体概述

MACS-K系统基于国际标准和行业规范进行设计，由K系列硬件和MACSV6.5软件组成，集成了各行业的先进控制算法平台，可以根据不同行业的自动化控制需求，提供专业全面的一体化解决方案。

MACS-K系列硬件是和利时公司于2013年正式推出的第5代高可靠性DCS系统，采用全冗余、多重隔离、热分析、容错等可靠性设计技术，保证系统在复杂、恶劣的工业现场环境中能安全稳定地长期运行。

MACS-K基于工业以太网和Profibus-DP现场总线构架，集成基于HART标准协议的HAMS，对现场智能设备进行统一管理，并且可以轻松集成SIS、PLC、MES、ERP等系统，使现场智能仪表设备、控制系统、企业资源管理系统之间的信息无缝传送，实现工厂智能化、管控一体化。MACS-K系统具有以下特点：

（1）全冗余。系统网络、控制网络、控制器、电源模块、I/O模块均可冗余配置，无单点故障。

（2）多重隔离。系统总线和模块之间采用光电隔离，系统电源和现场电源隔离供电，模块通道之间电气隔离。

（3）坚固的设计。系统基于恶劣的工业环境设计，抗电磁干扰符合国际电工委员会《电子电器产品电磁兼容性标准》IEC61000，防腐蚀能力满足美国国家标准协会《过程测量与控制系统的环境条件：大气污染物》ANSI/ISA S71.04 标准 G3 等级要求。

（4）安全的网络。系统网络采用确定性实时以太网，配备带防火墙的交换机；控制器 CPU 采用 PowerPC 构架的工业级芯片，内置防网络风暴组件。丰富的诊断：控制器和 I/O 模块均带有智能诊断单元，每个模块均可进行通信状态、信号断线、短路、超量程等完善的自诊断和故障上报。

（5）高可靠的设计理念。采用大量的安全系统设计理念，如信号质量位判断、故障导向安全，所有传输数据都有校验，提高了系统可靠性。

（6）灵活开放。支持 P-TO-P（对等网）、C/S（客户机/服务器）、P-TO-P 与 C/S（混合）三种系统网络结构。支持星型、环型或总线型拓扑结构的工业以太网连接。兼容各种现场总线，支持 HART、Profibus-DP、Profibus-PA、Modbus 等各类通信协议。功能丰富的 HMI 人机界面，符合国际电工委员会《标准工业控制编程语言》IEC61131-3 的控制算法编程软件。支持用户自定义各类功能块和脚本语言。可以对控制算法和硬件配置灵活修改，修改后在现场不停车的情况下无扰下装。系统设计考虑用户使用方便，易维护、易更换，提供了完善的系统状态和诊断信息。

完整的 MACS-K 系统由工程师站、操作员站、历史站（选配）、现场控制站、工业控制网络等部件组成。

MACS-K 工程师站：完成逻辑组态、在线下装、调试运行、仿真运行模式。

MACS-K 操作员站：完成生产现场的监视及控制管理。界面统一、实时过程监控。

MACS-K 控制站：完成现场信号采集、工程单位变换、控制和联锁控制算法、控制输出、通过系统网络将数据和诊断结果传送到操作员站等功能。控制器冗余配置、最小 10ms 控制执行周期、同时具有强大的诊断功能。

MACS-K 历史站：完成系统历史数据服务以及与工厂管理网络交换信息等。

系统网络架构从上至下由管理网（MNET）、系统网（SNET）、控制网（CNET）三层构成。

管理网：为可选网络层，用于和厂级生产管理系统如 MES、第三方管理软件等进行通信，并可通过 INTERNET 实现安全的信息发布，实现数据的高级管理和共享。

系统网：连接工程师站、操作员站、历史站和控制站等系统节点，支持 P-TO-P（对等网）、C/S（客户机/服务器）、P-TO-P 与 C/S（混合）三种网络结构，可快速构建星型、环型或总线型拓扑结构的高速冗余网络，符合美国电子电机工程师学会《以太网标准》IEEE802.3，100/1000Mbit/s 自适应。

控制网：用于控制站的主控制器与各 I/O 模块及智能设备的连接，支持星型和总线型结构，符合国际电工委员会《现场总线标准》IEC61158，确保现场级通信的实时、稳定、快速。

5.10.3 ECS-700 系统和 MACS-K 系统的性能参数比较

ECS-700 系统和 MACS-K 系统的性能参数比较，系统规模和总体性能比较见表 5-34，主控制器性能比较见表 5-35，I/O 模块性能比较见表 5-36，通信模块性能比较见表 5-37。

性能指标		ECS-700 系统	MACS-K 系统
系统规模	最大支持域数	60 控制域＋16 操作域	15
	每个域支持控制站数	60	64
	每个域支持操作站数	60	64
单个控制站	I/O 模块数	448	100
	I/O 点数	4000	1600
	模拟量控制点数	1500/3000	128
实时响应能力	SOE 精度	0.5ms	0.4ms
	SOE 事件分辨率	1ms	1ms
	输出响应时间	开关量＜50ms	＜1s
	画面更新时间	—	＜1s
	控制器任务调度周期	100ms、200ms、500ms、1s；高速控制 20～50ms	50ms、100ms、200ms、500ms、1s
冗余	冗余类型	1∶1 热备冗余	主从热备冗余
	冗余速率	10Mbit/s	100Mbit/s
	切换时间	＜1 个扫描周期	50ms
网络	系统网速率	—	10/100Mbit/s
	过程控制网速率	100Mbit/s	1.5Mbit/s/500kbit/s/187.5kbit/s
	扩展 I/O 总线速率	100Mbit/s	
工作环境	工作温度	—20～70℃	—20～60℃
	工作湿度	10%～90%RH，无凝露	5%～95% RH，无凝露
	振动	—	振幅 Max. 1mm(5～13.2Hz)
	防护等级	IP20	IP20

性能指标	ECS-700 系统		MACS-K 系统	
	FCU711-S	FCU712-S	K-CU01	K-CU02
CPU	3 个 RISC 处理器，32 位，主频 260M		PowerPC 处理器，32 位，主频 333M	
程序 FLASH	16M		16M	
内存	36M		128M	
掉电保持 SRAM	—		1M	
运算调度周期	最快 20ms 扫描周期		100ms	50ms
后备电池	支持		支持	
电池寿命	6 个月		3 年	
诊断	控制器、I/O 连接模块、通信模块、I/O 通道综合诊断		内部硬件诊断，CPU 温度状态诊断，电池容量不足诊断，网络故障诊断	
控制器冗余	1∶1 热备冗余		主从热备冗余，100Mbit/s	
单站 I/O 总数	2000	4000	I/O 模块 128 个	

模块名称	具体参数	ECS-700 系统		MACS-K 系统	
		型号	性能	型号	性能
8 路模拟输入 （HART 支持）	精度	AI711-H	±20μA	K-AIH01	0.1%FS
	通道扫描时间		抗干扰 200ms，快速 50ms		100ms
	故障诊断		模块故障、通信故障、电源故障		短线、短路、欠量程、过量程
	隔离		点点隔离		故障隔离
8 路热电偶 输入	精度	AI721-S	电压：±0.05mV 热电偶：±1.1～±3.2℃ 冷端温度：±1℃	K-TC01	电压：±0.05mV 热电偶±0.1%～±0.4%FS
	采样周期		300ms		ADC 分辨率 16 位
	输入阻抗		上电 2MΩ 运行＞10MΩ		≥4MΩ
8 路热电阻 输入	Pt100 精度	AI731	三线制±1℃	K-RTD01	二线制±0.45%FS 三线制±0.25%FS
	Cu50 精度		三线制±1℃		二线制±1.2%FS 三线制±0.4%FS
	采样周期		1s/8 通道		ADC 分辨率 16 位
8 路模拟输出 （HART 支持）	精度	AO711H	0.2%FS 绝对误差＜40μA	K-AOH01	±0.2%～±0.35FS
	通道负载能力		＜750Ω		Max. 800Ω@24VDC
	响应时间		＜100ms		＜100ms
	24V 系统 电源功耗		＜2.0W		1W
	24V 现场 电源功耗		＜0.7W/通道		7.2W
16 路数字 输入	支持接点类型	DI711	无源触点、有源触点、PNP 接近 开关	K-DI01	干接点、湿接点、二线制接近 开关、PNP 接近开关
	24V 系统电源 功耗		＜1.2W		0.9W
	24V 现场电源 功耗		＜0.12W/通道		1.9W
	无源 ON/OFF 条件		ON：＜1kΩ； OFF：＞100kΩ		ON：＜1Kω@18VDC； OFF：＞100Kω@30VDC
	有源 ON/OFF 条件		ON：(15～30)V； OFF：＜5V		ON：(15～30)V 且≥3mA； OFF：＜5V 且≤1mA
16 路数字 输出	支持接点类型	DO711	直接输出；转接输出； 继电器输出(有源/无源)	K-DO01	干接点、湿接点、常开、常闭； 直流、交流固态继电器输出； 单独继电器输出
	信号类型		晶体管输出		晶体管输出
	通道类型		有源(共地)		有源
	24V 系统电源 功耗		＜1.2W		2.6W
	24V 现场电源 功耗		＜0.96W/通道(继电器负载)		8.8W
	负载能力		＜100mA		50mA/单通道
	开关时间		≤2ms		≤15μs

通信模块性能比较

表 5-37

模块名称	具体参数	ECS-700 系统		MACS-K 系统	
		型号	性能	型号	性能
PROFIBUS-DP 模块	最大 DP 从站	COM722	64	K-DP02	29
	输入数据		≤3.5k 字节/模块		≤244 字节/设备
	输出数据		≤3.5k 字节/模块		≤244 字节/设备
	总线通信速率		187.5kbit/s～1.5Mbit/s		9.6kbit/s～1.5Mbit/s
	物理总线接口		DB9		RS485
	功耗		＜200mA		1.8W
MOUDBUS 模块	串口数量	COM741	4(支持不同参数)	K-MOD03	4
	设备数量		64/4 个串口;32/单个串口		64/4 个串口;31/单个串口
	通信速率		1.2k～57.6kbit/s		1.2k～115.2kbit/s
	物理总线接口		RS232/RS485		RS485
	功耗		＜3W		2.8W

6

工程实例分析

6.1 工程实例基本情况

6.1.1 工程概况

本书工程实例以国内某航空发动机试验制造工厂的试验气源建设为参照，具体性能指标和设计参数均做变换处理，不代表真实工程的工艺参数。本章的附图内容较多且图幅较大，统一编排在 6.3.8。

工程实例的气源基本工艺流程、控制系统架构、主要设备台套数和选型、基本控制流程等均符合原有工程的基本框架，参数的变换处理不改变控制系统的主要控制逻辑和流程。工程实例的相关工程资料属于国内公开招标采购的应用资料。

本工程气源系统包括常温气源系统、高温气源系统和低温气源系统三部分。其中常温气源系统包括 0.6MPa（A）低压供气系统、1.0MPa（A）中压供气系统、3.0MPa（A）高压供气系统以及 15kPa（A）抽气系统。高温气源包括 250℃高温供气系统；干燥低温气源包括 20kg/s 干燥气系统和 20kg/s／−65℃低温供气系统；同时，气源系统还包括一套小流量的仪表密封气供气系统。每个供气系统，均包括配套的供配电设施、电气设备起动控制设备、气路及循环水管路管网阀门及仪表控制系统。

6.1.2 试验器用气需求分析

本工程共为六个航空发动机试验器供气，各试验器的用气需求见表 6-1。

试验器用气需求 表 6-1

试验器名称	T101 试验器	T102 试验器	T103 试验器	T104 试验器	T105 试验器	T106 试验器
低压常温气(0.6MPa)	无	无	无	无	20kg/s	35kg/s
中压常温气(1.0MPa)	4kg/s	5kg/s	10kg/s	15kg/s	无	无
高压常温气(3.0MPa)	无	3.5kg/s	无	无	10kg/s	无
负压抽气(15kPa)	700m³/min	无	无	1500m³/min	无	无
中压高温气(1.0MPa)	无	无	无	无	5kg/s	10kg/s
高压高温气(3.0MPa)	无	无	无	无	5kg/s	无
干燥气(1.0MPa)	10kg/s	无	无	无	无	8kg/s
低温气(0.15MPa)	无	无	40kg/s	5kg/s	无	无

6.1.3 主要气源工艺及设备参数

本工程各系统工艺流程如下：

1. 中压大流量 1.0MPa（A）供气系统（MPH1/MPH2）

A1、A2、B1 类型三台离心空气压缩机并联布置，每台空气压缩机均通过进气消音塔从大气环境进气，进气经塔内过滤器净化后吸入离心空压机。空气压缩机共用进气塔，空气经离心空压机加压后，出口空气操作压力为 1.0MPa（A），不经过后冷却器时，操作温度为 120℃；经过后冷却器时，操作温度为 45℃。每台空气压缩机出口管线分三路经调节阀后分别并入 MPH1 大流量供气总管（供气总量 20kg/s）、MPH2 大流量供气总管（供气总量 20kg/s）和 CN 增压机进气总管。增压机进气总管设有阀门，通过管路阀门的不同开闭调节，可实现空气压缩机并联后给增压机供气，也可实现空气压缩机一对一地给增压机供气。

2. 大流量 3.0MPa（A）供气系统（HPH1/HPH2）

C1、C2、D1 类型三台增压机并联布置，每台离心增压机从对应的空气压缩机或从 CN 增压机进气总管吸入 1.0MPa（A）压缩空气，经增压机加压后，出口空气操作压力为 3.0MPa（A），不经过后冷却器时，操作温度为 85℃；经过后冷却器时，操作温度为 45℃。每台离心增压机出口管线分两路经调节阀后分别并入 HPH1 大流量供气总管（供气总量 20kg/s）、HPH2 大流量供气总管（供气总量 20kg/s）。

3. 低压 0.6MPa（A）大流量供气系统（LPH1）

E1、E2 共两台抽供两用离心空压机并联布置，做压缩机实验时可提供 40kg/s 压缩空气（0.6MPa），不经过后冷却器时，操作温度为 135℃；经过后冷却器时，操作温度为 45℃。每台空气压缩机出口管线分三路经调节阀后分别并入 MPH3 大流量供气总管（供气总量 40kg/s）。

4. 15kPa（A）小流量抽气系统（V1/V2）

E1、E2 共两台抽供两用离心空压机并联布置，抽气机的抽气管接至抽气干管（V1/V2），抽吸自试验器的负压空气经离心空压机加压后，经放空调节阀后排入排气塔，并通过消音器后排入大气。抽气压力 15kPa，抽气流量 1600m³/min。

5. 高温供气系统（HT1/HT2）

加温系统布置两台加温器，压缩空气进入单台电加温器，经电加热单元加热后，得到流量 10kg/s、压力（1.0～3.0）MPa（A）、温度 250℃的高温空气。同时，两台电加热器并联运行时，能得到（20）kg/s、压力（1.0～3.0）MPa（A）、温度 250℃的高温空气。各电加热器的排气支管汇总进入一根排气总管，排气总管分两路（HT1/HT2）进入试验器。

6. 干燥低温供气系统（LT）

干燥低温供气系统布置两台干燥器（20kg/s）、两台增压膨胀制冷机（20kg/s）。压缩空气进入单台干燥净化装置，经过初步除水、深度除水后，得到露点温度 -55℃的干燥压缩空气，再进入单台增压透平膨胀机组进行增压冷却与膨胀制冷后，得到流量 10kg/s、压力 0.15MPa（A）、温度 -65℃的低温空气；两台干燥净化装置和制冷机组串并联运行，得到流量 20kg/s、压力 0.15MPa（A）、温度 -65℃的低温空气。

7. 仪表供气系统（MPL1）

仪表供气用螺杆式空气压缩机通过过滤器（机组自带）从厂房大气环境吸入空气，经空气压缩机加压后，再经储气罐、前置过滤器、吸附式干燥机、后置过滤器净化干燥处理后送入仪表供气总管。仪表供气系统操作压力为 1.0MPa（A），操作温度为 40℃，压力露点 -40℃。

仪表供气系统的气源主要设备及参数见表 6-2。

序号	设备编号	设备名称	设备参数	数量
1	A1、A2	离心式空压机	$Q=5kg/s$;出口压力1.0MPa	2台
2	B1	离心式空压机	$Q=10kg/s$;出口压力1.0MPa	1台
3	C1、C2	离心式增压机	$Q=5kg/s$;出口压力3.0MPa	2台
4	D1	离心式增压机	$Q=10kg/s$;出口压力3.0MPa	1台
5	E1、E2	离心式供抽两用空压机	供气模式:$Q=20kg/s$;出口压力0.6MPa;抽气模式:进口体积流量800m³/min;进气压力15kPa	2台
6	HT1、HT2	电加温器	$Q=10kg/s$;压力≤3.0MPa	2台
7	DR1、DR2	干燥净化机组	$Q=10kg/s$;设计压力1.3MPa;排气常压露点−55℃	2台
8	EP1、EP2	涡轮膨胀制冷机组	$Q=10kg/s$;入口压力1.0MPa;排气压力0.15MPa;排气温度≤−65℃	2台
9	MP1、MP2	仪表供气螺杆机	设计压力1.0MPa;排气常压露点−40℃	2台

6.1.4 工艺流程图

本工程工艺流程图见6.3.8节图6-1、图6-2。

6.1.5 控制流程分析

根据工艺流程设计,本工程常温气源、高温气源、低温气源共形成11条供气管路,为各试验器提供不同压力、温度和流量的压缩空气。供气管路配置见表6-3。

气源系统管路配置表 表6-3

序号	管路编号	管路名称	管路参数	供气试验台
1	LPH1	低压大流量总管1	0.6MPa;40kg/s	105号;106号
2	MPH1	中压大流量总管1	1.0MPa;20kg/s	101号;103号
3	MPH2	中压大流量总管2	1.0MPa;20kg/s	102号;104号
4	HPH1	高压大流量总管1	3.0MPa;20kg/s	102号
5	HPH2	高压大流量总管2	3.0MPa;20kg/s	105号
6	V1	抽气总管1	15kPa;1600m³/min	101号
7	V2	抽气总管2	15kPa;1600m³/min	104号
8	H1	高温总管1	250℃;3.0MPa;20kg/s	105号
9	H2	高温总管2	250℃;3.0MPa;20kg/s	105号;106号
10	DP	干燥气总管	1.0MPa;20kg/s	101号;106号
11	LT	冷气总管	−75℃;1.0MPa;20kg/s	103号;104号

根据试验台用气需求分析,本工程11条供气管路为不同试验器供气,同一根管路分别带1~2台试验器。基本原则是在同一个时间段,每一条管路只为一个试验器供气。根据气源管路的选择和设备参数匹配,同时开启相应的气源设备,开启相应的管路阀门。各试验器对应的气源设备、管网阀门选择见表6-4和表6-5。

航空发动机试验气源控制系统工程设计与应用

各试验器气源设备选择 表6-4

试验器名称	T101试验器	T102试验器	T103试验器	T104试验器	T105试验器	T106试验器
空压机选择	A1或A2;B1	A1和A2	A1和A2或B1	A1和A2;B1	A1和A2;B1	A1和A2;B1
增压机选择	无	C1或C2	无	无	C1或C2;D1	无
两用机供气模式	无	无	E1和E2	无	E1或E2	E1和E2
两用机抽气模式	E1或E2	无	无	E1和E2	无	无
加温器选择	无	无	无	无	H1和H2	H1或H2
干燥机选择	DR1或DR2	无	DR1和DR2	DR1或DR2	无	DR1或DR2
膨胀机选择	无	无	EP1和EP2	EP1或EP2	无	无

各试验器管网阀门选择 表6-5

试验器名称	T101试验器	T102试验器	T103试验器	T104试验器	T105试验器	T106试验器
空压机相关阀门	A1-02B或A2-02B;MPH1-01;B1-02A;MPH2-01	A1-02B或A2-02B	(A1-02B+A2-02B)或B1-02B	A1-02B+A2-02A+B1-02B;MPH1-02	A1-02A;MPH2-01	A1-02B+A2-02B;B1-02A;MPH2-01;MPH1-01
增压机相关阀门	无	C2-02A或C1-02A;C2-03A或C1-03A	无	无	C2-02A+C2-03A;D1-02A+D1-03A;HPH1-01;HPH2-01	无
两用机相关阀门	E1-03A或E2-03A	无	E1-01+E1-02;E2-01+E2-02;LPH1-02	E1-03B+E2-03B	(E1-01+E1-02)或(E2-01+E2-02);LPH1-01	E1-01+E1-02;E2-01+E2-02;LPH1-01
加温器相关阀门	无	无	无	无	HT1-01B+IIT1-02B;HT2-01A+HT2-02A	(HT1-01B+IIT1-02B)或(HT2-01B+HT2-02B)
干燥机相关阀门	MPH2-02;DR1-01A或DR1-01B;DR2-01A或DR2-01B	无	DR1-01A+DR1-01B;DR2-01A+DR2-01B	DR1-01A或DR1-01B;DR2-01A或DR2-01B	无	MPH2-02;DR1-01A或DR1-01B;DR2-01A或DR2-01B;DP-01
膨胀机相关阀门	EP1-01或EP2-01;EP1-02或EP2-02	无	EP1-01+EP1-02;EP2-01+EP2-02	(EP1-01+EP1-02)或(EP2-01+EP2-02)	无	无

以上各管道系统的阀门控制流程、相关阀门的连锁控制逻辑如下：

（1）中压供气模式下，A1、A2、B1 空压机的出口阀（A1-02A 和 A1-02B、A2-02A 和 A2-02B、B1-02A 和 B1-02B）均为互锁，二选一开启。例如 A1 为 MPH1 供气，开启出口选择阀 A1-02B；A1 为 MPH2 供气，开启 A1-02A；任一台空气压缩机不能同时为两条中压管路供气。

（2）高压供气可选"先串后并"模式或"先并后串"模式。本工程空压机和增压机流量完全匹配，推荐采用"先串后并"模式。

"先串后并"模式下，中压供气总管 CN 的阀门 CN-01 关闭。每台空压机的出口 1.0MPa 压缩空气通过连通管送至对应增压机的入口。例如 A1 空压机和 C1 增压机，A1 空压机的出口阀 A1-02A 和 A1-02B 均关闭，C1 增压机的入口阀 C1-03A 打开，C1-03B 关闭。

"先并后串"模式下，中压供气总管 CN 的阀门 CN-01 打开。每台空压机的出口 1.0MPa 压缩空气通过 02B 阀门送至对应中压供气总管 CN，每台增压机从 CN 总管抽取进气。例如 A1 空压机和 C1 增压机，A1 空压机的出口阀 A1-02A 关闭，A1-02B 打开，C1 增压机的入口阀 C1-03A 关闭，C1-03B 打开。

C1、C2、D1 空压机的出口阀（C1-02A 和 C1-02B、C2-02A 和 C2-02B、D1-02A 和 D1-02B）均为互锁，二选一开启。例如 C1 为 HPH1 供气，开启出口选择阀 C1-02B；C1 为 HPH2 供气，开启 C1-02A；任一台增压机不能同时为两条高压管路供气。

（3）供抽两用机抽气模式下，E1、E2 供抽两用空压机入口选择阀（E1-03A 和 E1-03B、E2-03A 和 E2-03B）均为互锁，二选一开启，供气模式进气阀关闭。例如 E1 为 V1 提供负压抽气，开启 E1-03A；E1 为 V2 提供负压抽气，开启 E1-03B；同时关闭供气模式进气阀 E1-01 和出口阀 E1-02；任一台供抽两用空压机不能同时为两条抽气管道提供负压抽气。

（4）供抽两用机供气模式下，E1、E2 供抽两用空压机入口选择阀（E1-03A 和 E1-03B、E2-03A 和 E2-03B）均关闭，开启供气模式进气阀 E1-01 或 E2-02，开启出口阀 E1-02 或 E2-02。

（5）每台加温器分别有 1.0MPa 中压气入口和 3.0MPa 高压气入口，同时有 1.0MPa 中压气高温气出口和 3.0MPa 高压高温气出口。加温器的入口阀和出口阀设置连锁控制，例如加温器 HT1 为 H1 总管供气时，开启 HT1-01A 出口阀，只能对应开启 HT1-02A 入口阀；为 H2 总管供气时，则同时开启 HT1-01B 出口阀和 HT1-02B 入口阀。

（6）干燥气供气模式下，DP 总管阀 DP-01 打开，膨胀机的入口阀关闭。吸干机入口选择阀 LPH1-02、MPH1-02、MPH2-02 进行三选一连锁控制，每次只能开启一台。每台吸干机的入口选择阀根据运行工况进行控制。

双塔轮换再生连续工作模式下，每台吸干机的入口选择阀（DR1-01A 和 DR1-01B、DR2-01A 和 DR2-01B）每次只开启一台，根据运行时序，在下一个再生工作周期进行切换。

双塔同时工作模式下，每台吸干机的入口选择阀（DR1-01A 和 DR1-01B、DR2-01A 和 DR2-01B）同时开启，吸附周期完成后同时关闭，进入再生流程。

（7）冷气供气模式下，DP 总管阀 DP-01 关闭，膨胀机的入口阀 EP1-01 或 EP2-01 开启，对应的膨胀机出口阀 EP1-02 或 EP2-02 开启。

6.2 自动控制系统

6.2.1 自动控制流程概述

本工程自动控制系统目标是在气源项目实现自动化控制条件下，实现对压缩机组和其他气源设备进行群控控制与调节；实现试验基地按试验优先级自动调度；优化能源供应和设备运行调度，实时对试验过程及设备健康运行监测，以及历史信息存储和分析；做到在系统统筹下，对试验基地的试验进程进行总体把控和能源调度运营，以及未来的持续优化。

1. 常温气源

常温气源系统主要由三台离心式空压机、三台离心式增压机、室内压缩空气管道、室内循环水管道等组成。运行方式如下：

（1）单台（套）离心压缩机组运行工作。

（2）多台（套）离心压缩机组并联运行工作。

（3）任意一台（套）A型离心压缩机组和任意一台（套）C型离心增压机组串联运行工作。

（4）两台（套）A型离心压缩机组并联后和一台（套）D型离心增压机组串联运行工作。

（5）一台（套）B型离心压缩机组和两台（套）C型离心增压机组串联运行工作。

（6）两台（套）A型离心压缩机组并联后和两台（套）C型离心增压机组串联运行工作。

（7）任一台（套）或多台（套）离心压缩机组和离心增压机组串并联运行时，应具有良好的流量匹配性，并且能够安全可靠运行。

离心压缩机组和离心增压机组串联、并联、串并联运行时，应有较高的稳定性和匹配性。

常温气源系统主要满足大流量试验设备的用气需求，为满足不同试验设备不同工况的用气需求，离心式压缩机组/增压机组、压缩空气管网、控制系统共同工作时需具备以下功能：

（1）等压控制：在试验设备无任何压力与流量调节的情况下，单台或者多台机组并联运行，通过总管向试验设备供气，系统可通过改变流量的方式改变整体管系的压力，最终使总管上的压力趋于稳定，其压力控制精度在1.0%以内，压力稳定度在0.5%以内。

（2）手动控制：FCS管理层可以实现IGV任意调节，且在IGV各种状态下，系统均能安全可靠运行。

2. 抽气系统

抽气系统主要由两台离心式抽气机组、室内压缩空气管道、室内循环水管道等组成。

抽气系统运行方式如下：

（1）单台（套）离心式抽气机组供气、抽气状态运行工作。

（2）两台离心式抽气机组供气、抽气状态并联运行工作。

离心式抽气机组并联运行时，应有较高的稳定性和匹配性。

抽气系统主要满足试验设备抽真空模拟状态和大流量低压用气的需求，为满足不同试验设备不同工况的用气需求，离心抽气机组、压缩空气管网、控制系统共同工作时需具有以下功能：

（1）等压控制：在试验设备无任何压力与流量调节的情况下，单台或者多台机组并联运行，通过总管向试验设备供气，系统可通过改变流量的方式改变整体管系的压力，最终使总管上的压力趋于稳定，其压力控制精度在1.0%以内，压力稳定度在0.5%以内。

（2）手动控制：FCS管理层可以实现IGV任意调节，且在IGV各种状态下，系统均能安全可靠运行。

① 供气要求时，最多两台E型机组并联，实际并联机组数量根据实际用气需求进行调配，可直接去试验器，也可去干燥制冷系统制冷后去试验器。

② 抽气要求时，有两种工作模式：使用单台E型机组给相应的试验器进行抽气时，可实现最低15kPa机组进口压力、最高850m³/min的体积流量；使用两台E型机组给相应的试验器进行抽气时，可实现最低20kPa机组进口压力、最高1600m³/min的体积流量。

③ 单根供气总管仅能同时支持一个负载，即仅能支持一个试验器。

④ 单根抽气总管仅能同时支持一个负载，即仅能支持一个试验器。

3. 干燥制冷系统

干燥制冷系统为航空发动机试验器提供干燥压缩空气或低温压缩空气，主要由冷水机组、干燥净化装置、涡轮膨胀制冷机组、测控系统、室内压缩空气管道等组成。

（1）冷水机组

主要包括冷水机组、循环水泵、管道及阀门等设备设施组成。冷水机组共配置两套系统，一套冷水机组为两台吸附式干燥器的吸附和再生提供冷冻水。

（2）干燥净化装置

干燥净化装置由压缩空气干燥净化系统、吸附式干燥再生系统组成。干燥净化系统主要包括气体冷却器、气水分离器、吸附式干燥器、精密过滤器、管道及阀门等设备设施；再生系统主要包括鼓风机、电加热器、管道及阀门等设备设施。

压缩空气干燥净化系统配置两套再生系统，一套再生系统分管两台吸附式干燥器的加热、冷吹工作，该系统能够实现自动再生。

干燥净化装置配置就地操作盘，具有与远程FCS系统通信接口，可通过PROFINET通信协议与FCS系统进行数据交互。

（3）涡轮膨胀制冷机组

制冷机组由增压涡轮膨胀机、润滑系统、气体冷却器等组成，增压涡轮膨胀机、润滑系统集成在撬装公用底座上，气体冷却器布置在增压涡轮膨胀机附近。

增压透平膨胀机具备压力、温度、流量调节的能力，具有温度、压力、流量、振动、转速、阀位等参数的测量、控制、显示、报警连锁功能。

单台制冷机组设置独立的就地机组测控系统，系统采用PLC作为控制器，采用触摸屏进行操作，能够独立完成机组的设备起停、参数测量、控制、报警、安全保护等全部功能，具有与远程FCS系统通信接口，可通过PROFINET通信协议与FCS系统进行数据交互。机组测控系统应具有但不局限于以下功能：

（1）机组设有手动/自动起动功能。

（2）起动条件检查和性能设定功能。

（3）具有对机组压力、温度、流量、转速、振动、露点温度、吸附时间、再生时间等参数的测量、显示、报警联锁功能。

（4）制冷工艺流程控制功能。

（5）具有温度超限、系统故障、转速超高、振动超限、电气事故等自动报警、保护停机的功能。

（6）设置紧急停车功能。

（7）历史数据存储功能。

4. 加温系统

加温系统是为科研试验提供高温压缩空气，主要由电加热器、整流变压器、调功柜、测控柜及连接电缆等组成。加温系统可在下列运行方式下正常工作：

（1）任意一台（套）压缩空气加温机组可以独立运行工作。

（2）两台（套）压缩空气加温机组并联运行工作。

单台加温机组设置独立的就地机组控制柜，采用 PLC 作为控制器，采用触摸屏进行操作，能够独立完成单台加温机组的起停、参数测量、控制、报警、安全保护等全部功能，可通过 PROFINET 通信协议与 FCS 系统进行数据交互。加温系统应具有但不局限于以下功能：

（1）机组设有手动/自动起动功能。

（2）提供起动条件检查和性能设定范围。

（3）具有对机组压力、温度、流量、电压、电流等参数的测量、显示、报警连锁等功能。

（4）加温工艺流程控制功能。

（5）具有温度超限、系统故障、电气事故等自动报警、保护停机的功能。

（6）设置紧急停车功能。

（7）历史数据存储功能。

5. 仪表密封气系统

仪表密封气系统主要为常温供气系统、加温系统、制冷系统、抽气系统的设备及附属设施提供仪表、密封用气。

该系统主要配置两台螺杆式压缩机、两台微热再生干燥器、两台储气罐、过滤器、管道及阀门等。

单台压缩机和干燥器均设置独立的就地控制柜，能够独立完成单台设备的起停、监测、联锁、报警等功能，控制器内数据可直接读取并能实现远程控制数据上传。

6. 压缩空气管网系统

压缩空气管网系统是指常温气源系统、制冷系统、抽气系统、加温系统、仪表密封气系统相互之间的连接管道以及至各试验设备的连接管道，包含相应的阀门、仪表等。

压缩空气管网系统需满足单台试验设备最大用气指标需求，同时满足两台或多台小流量试验设备同时开机需求。

压缩空气管网控制系统设计需满足根据部件试验台的使用需求，自动选择相应的管道、路线，并测量各用气单元的温度、压力、流量等数据。当用气单元用气量剧减时能够及时进行放空，稳定空气管网压力。

7. 电气系统

电气系统由高压起动部分和低压电气组成。

常温供气系统主要由三台离心式空压机、三台离心式增压机和两台离心式抽气机组成，均采用 10kV 异步电机进行驱动，起动方式采用一对一固态软起动装置。

高压软起动柜主要功能如下：

（1）具有正常起动、运行及故障状态输出远程信号及现场声光信号。

（2）通信功能：支持 Profinet TCP/IP 通信协议。

（3）具备历史数据存储功能。

（4）软起动时，起动限流倍数在 3.5 倍时，起动时间不超过 45s。

（5）具备软起动/软停车功能。

（6）具有过流、过压、缺相、自检等保护功能。

（7）具有现场和远程控制、自动和手动控制功能。

（8）具有设备起动相关参数现场/远程可修改整定、检查。

（9）输入方式：菜单化，支持中英语言的 LCD 屏幕液晶显示，按键式设置参数。

（10）可显示电流，电压，频率，总起动次数，最后一次起动时长和起动最大电流，最后一次跳闸故障、跳闸电流及历史故障信息等参数。

低压电气系统主要为常温供气系统、抽气系统、制冷系统、加温系统、压缩空气管网系统、FCS 系统、辅助气源系统中的低压设备提供动力电源，包含 380V 和 220V 电压等级的用电设备。

低压电气系统具有电流/电压数字显示。对于电动机低压设备应具有相序保护、过载保护、故障报警等功能。

6.2.2 自动控制系统架构

FCS 系统主要对厂房内所有气源设备及相关辅助系统进行集中管理及调度。FCS 系统分为管理层和控制层，管理层主要用于现场设备调度管理，控制层主要根据管理层的调度命令选择相应设备的远程控制。控制层主要包含常温气源、加温、制冷、抽气、压缩空气管网等测控系统。FCS 系统采用环形网络进行系统构建。

FCS 系统架构图见 6.3.8 节图 6-3。

FCS 系统管理层设一台工作站、一台服务器，用于设备调度管理和数据存储。FCS 系统控制层设有五台操作站，用于现场设备远程控制调节，其中常温供气测控系统两台、制冷测控系统一台、加温测控系统一台、管网测控系统一台。控制层设一台工程师站，用于系统调试和参数设定。

1. 管理层主要功能

控制系统采用"集中管理，分散控制"的方式，分别在常温供气系统、制冷系统、加温系统、抽气系统、管网系统设置一套测控系统，通过环形网络构架将各测控系统连接，最终将控制计算机集中放置在厂房附楼集中控制室中，实时监视现场设备运行情况。

系统根据试验需求、各气源厂房内所有设备的实际状况，判断设备是否具备正常起动条件，标记并屏蔽检修状态的设备，同时根据采集到的信号自动判断电力系统、冷却水系统、辅助系统等条件。

系统根据各试验器的用气工作参数，参照预设的气源设备配置方案，并结合管网系统的使用状态，调节管路相关阀门，并起动相应的气源设备。调度指令应经过运行人员确认后，最终可发送指令至系统控制层控制设备。

试验台的用气需求发生变化时，系统可根据试验所需的关键参数（试验台名称、本次试验最大流量、本次试验最高压力、本次试验最高温度或最低温度，参数输入预留外部输入接口），分解试验需求，选择机组配置。

系统具有以下调度功能：

（1）系统调度时，应根据设备停机/检修等状态进行选择，并以运行时间短或能耗最少的机组优先运行。

（2）系统可人为设置设备停机/检修等状态。

（3）调度指令应经过运行人员确认后，最终可通过自动下发指令至系统控制层控制设备。

（4）多台机组运行，制定起动/停止机组的流程。

（5）当涉及多系统运行时，应保证系统安全的情况下，制定系统起动/停止设备的流程。

为保证气源系统设备安全，系统对现场所有设备具有权限管理功能。在系统完成设备调度及管网选择后，分配与试验相关的设备使用权限，对于未选择的设备，系统将禁止运行，保证系统设备安全可靠运行。

气源设备管理功能主要对每个气源分系统和单个气源设备使用情况进行记录管理，从而决定气源设备的使用率，确保所有设备和资源都实现最优配置。控制系统统计主要设备的单机运行时数、累计运行时数等参数。

2. 控制层主要功能

气源 FCS 控制层包含常温气源、加温、制冷、抽气、压缩空气管网等测控系统，各测控系统主要根据管理层的调度指令对现场设备进行远程控制，并对相关参数进行采集。各测控系统设置一台测控柜作为系统主站，现场设备控制柜作为系统从站通过以太网与系统主站连接。测控系统主要功能如下：

（1）具有权限控制，分监视员、操作员、工程师三级权限。

（2）具有系统起动自检功能。

（3）具有自动保护功能。

（4）具有对系统中相关参数进行实时检测，系统数据扫描周期不能低于 5Hz。

（5）可根据管理层调度指令控制管网阀门。

（6）系统可根据试验台用气需求调节总管压力、流量等功能。

（7）各系统中可用 PID 动态图实时显示现场设备运行状态。

（8）能自动保存测量参数和运行参数，并能生成历史趋势曲线，存储间隔时间应不超过 0.5s。

（9）具有与 FCS 管理层通信功能。

（10）具有紧急停车功能。

6.2.3　FCS 控制系统与各主要设备的信号接口

1. 常温系统 FCS 与寿力压缩机 LCP（机组 PLC 控制器）的信号接口

常温系统 FCS 基于对压缩机进行远程控制，通过控制压缩机的起停和入口导叶 IGV 实现。系统需要从寿力压缩机配套的 LCP 系统中获得相应的控制权限和信号。当压缩机运行在单机模式时，LCP 将控制入口导叶 IGV 和防喘阀。而当压缩机运行在并联或串联模式时，则切换到群控控制，用来控制 IGV。常温系统 FCS 与寿力压缩机 LCP 的信号接口见表 6-6。

常温系统 FCS 与寿力压缩机 LCP 的信号接口　　　　　　表 6-6

序号	路由	名称	信号类型（FCS）	数据交互方式	备注
1	FCS—>LCP	远程起动命令	DO	硬接线	
2	FCS—>LCP	远程停止命令	DO	硬接线	
3	FCS—>LCP	远程强制卸载	DO	硬接线	
4	FCS—>LCP	远程起动准备开始	DO	硬接线	
5	FCS—>LCP	远程起动准备结束	DO	硬接线	
6	FCS—>LCP	远程急停信号	DO	硬接线	
7	FCS—>LCP	备用	DO	硬接线	
8	FCS<—LCP	轻故障反馈信号	DI	硬接线	
9	FCS<—LCP	重故障反馈信号	DI	硬接线	
10	FCS<—LCP	远程状态指示	DI	硬接线	
11	FCS<—LCP	CPU 正常指示	DI	硬接线	
12	FCS<—LCP	起动准备结束待机指示	DI	硬接线	
13	FCS<—LCP	加载指示	DI	硬接线	
14	FCS<—LCP	故障汇总	DI	硬接线	
15	FCS<—LCP	运行反馈指示	DI	硬接线	
16	FCS<—LCP	停止反馈指示	DI	硬接线	
17	FCS<—LCP	温度、压力等 LCP 实时数据、报警等		Profinet	

2. 抽气系统 FCS 与英格索兰压缩机 LCP 的信号接口

抽气系统 FCS 基于对压缩机进行远程控制，通过控制压缩机的起停和入口导叶 IGV 实现。系统需要从英格索兰压缩机配套的 LCP 系统中获得相应的控制权限和信号。当压缩机运行在单机模式时，LCP 将控制入口导叶 IGV 和防喘阀。而当压缩机运行在并联模式时，则切换到群控控制，用来控制 IGV。抽气系统 FCS 与英格索兰压缩机 LCP 的信号接口见表 6-7。

3. 制冷系统 FCS 与膨胀机 LCP 的信号接口

制冷系统 FCS 通过控制膨胀机的起停和膨胀端入口导叶 IGV 实现。系统需要从膨胀机配套的 LCP 系统中获得相应的控制权限和信号。制冷系统 FCS 与膨胀机 LCP 的信号接口见表 6-8。

抽气系统 FCS 与英格索兰压缩机 LCP 的信号接口　　　　　　表 6-7

序号	路由	名称	信号类型（FCS）	数据交互方式	备注
1	FCS—>LCP	远程起动命令	DO	硬接线	
2	FCS—>LCP	远程停止命令	DO	硬接线	
3	FCS—>LCP	远程加载	DO	硬接线	
4	FCS—>LCP	远程卸载	DO	硬接线	
5	FCS—>LCP	远程起动准备	DO	硬接线	
6	FCS—>LCP	远程急停信号	DO	硬接线	
7	FCS—>LCP	备用	DO	硬接线	
8	FCS—>LCP	故障汇总	DI	硬接线	
9	FCS—>LCP	运行反馈指示	DI	硬接线	
10	FCS—>LCP	停止反馈指示	DI	硬接线	
11	FCS—>LCP	温度、压力等设备实时数据、报警等		Profinet	

制冷系统 FCS 与膨胀机 LCP 的信号接口　　　　　　表 6-8

序号	路由	名称	信号类型（FCS）	数据交互方式	备注
1	FCS—>LCP	DCS 停车信号	DO	硬接线	
2	FCS—>LCP	机组具备开车条件	DO	硬接线	
3	FCS<—LCP	机组运行信号	DI	硬接线	
4	FCS<—LCP	机组报警信号	DI	硬接线	
5	FCS<—LCP	机组公共点联锁	DI	硬接线	
6	FCS—>LCP	膨胀端入口过滤器差压变送器	AO	硬接线	
7	FCS<—LCP	增压端入口过滤器差压变送器	AO	硬接线	
8	FCS<—LCP	增压端入口孔板流量计	AO	硬接线	
9	FCS<—LCP	防喘振调节阀反馈	AO	硬接线	
10	FCS<—LCP	进口温度、压力等 LCP 实时数据、报警等		Profinet	

4. 加温系统 FCS 与加热器 LCP 的信号接口

加温系统 FCS 通过控制加热器的起停和功率给定实现对加热器的加温控制，加温系统 FCS 根据试验需求调配加热器的运行数量和运行功率。加温系统 FCS 与加热器 LCP 的信号接口见表 6-9。

加温系统 FCS 与加热器 LCP 的信号接口　　　　　　表 6-9

序号	路由	名称	信号类型（FCS）	数据交互方式	备注
1	FCS—>LCP	流量信号	AO	硬接线	
2	FCS—>LCP	出口温度	AO	硬接线	
3	FCS—>LCP	功率给定信号	AO	硬接线	
4	FCS—>LCP	起动信号	DO	硬接线	
5	FCS—>LCP	停止信号	DO	硬接线	
6	FCS—>LCP	急停信号	DO	硬接线	

序号	路由	名称	信号类型(FCS)	数据交互方式	备注
7	FCS<—LCP	故障信号	DI	硬接线	
8	FCS<—LCP	备用DI	DI	硬接线	
9	FCS<—LCP	备用DI	DI	硬接线	
10	FCS—>LCP	入口压力信号		通信	
11	FCS—>LCP	出口压力信号		通信	
12	FCS<—LCP	系统电流、电压、进口温度、内部温度、实时功率、报警等		通信	

5. 管网系统 FCS 与仪表密封气螺杆压缩机 LCP 的信号接口（表 6-10）

管网系统 FCS 与仪表密封气螺杆压缩机 LCP 的信号接口　　　　表 6-10

序号	路由	名称	信号类型(FCS)	数据交互方式	备注
1	FCS—>LCP	远程起动	DO	硬接线	
2	FCS—>LCP	远程停止	DO	硬接线	
3	FCS<—LCP	机组运行信号	DI	硬接线	
4	FCS<—LCP	机组故障信号	DI	硬接线	
5	FCS<—LCP	机组远程信号	DI	硬接线	
6	FCS<—LCP	温度、压力等 LCP 实时数据、报警等		通信	

6. 制冷系统 FCS 与干燥净化 LCP 的信号接口（表 6-11）

制冷系统 FCS 与干燥净化 LCP 的信号接口　　　　表 6-11

序号	路由	名称	信号类型(FCS)	数据交互方式	备注
1	FCS—>LCP	远程起动	DO	硬接线	
2	FCS—>LCP	远程停止	DO	硬接线	
3	FCS<—LCP	机组运行信号	DI	硬接线	
4	FCS<—LCP	机组故障信号	DI	硬接线	
5	FCS<—LCP	机组远程信号	DI	硬接线	
6	FCS<—LCP	温度、压力等 LCP 实时数据、报警等		通信	

7. 制冷系统 FCS 与冷水机组 LCP 的信号接口

冷水机组配置微处理器，可以直接与网络连接，使用标准的 Modbus 通信协议，实现 FCS 对冷水机组的远程控制。

（1）遥控起停冷水机组。

（2）远程调节冷水机组的出水温度。

（3）远程调节电流极限设定值。

（4）遥控模式准备起动。

（5）紧急停机触点。

（6）正常停机触点。

（7）运行触点。

6.2.4 自动控制系统配置

6.2.4.1 总体配置原则

本工程 FCS 自动控制系统应具有开放性网络结构，支持 OPC 开放标准，支持 HART 通信，操作和工程技术环境标准化，综合过程自动化，可实现冗余，具有成熟可靠的硬件和软件，满足气源设备控制管理的需要。

各套机组通过联络管网互相联网，通过自动控制系统实现根据试验实际用气量自动起停离心机，自动调配用气量，最终满足各试验器试验用气要求，又能实现节能。本工程群控控制复杂，配置性能可靠、技术先进的压缩机专用控制系统设备。控制系统硬件平台必须充分满足航空发动机试验气源应用下的离心式空压机的紧急停车和安全联锁，以及对机组的监控和智能群控控制需要。

本工程控制系统实现压缩机性能控制、喘振控制、多机组智能群控等全部功能的自动控制，具有一键起停功能。

控制系统易于组态，易于使用，易于扩展。支持远程组态，单套系统的点数不低于 2500 点模拟量的规模，便于以后扩展规模。控制系统实现无人值守和运行经济效益最大化，可根据试验用气量的变化选择合理数量和机型的压缩机组，实现自动起停。

控制系统具备记录操作人员人为操作指令（含时间、操作对象、操作指令等），如更改设定压力、调节阀门等，并可自动生成相应表单记录，可供打印。

FCS 控制系统应结合压缩机组控制系统对压缩机组的串联、并联的负荷进行分配，并自动保护压缩机组的长时间稳定运行。

控制系统具备记录部分参数（可人为指定）在一定时间内（如 15s）的平均值，并可自动存储并生成相应表单，可上传至更高层级的控制中心进行数据处理和交换。

控制系统的设计和设备选型充分考虑上下游的工艺调节，避免出现控制耦合。

控制系统起动应具有自检功能。根据设备的报警联锁逻辑、起动/停止顺序、允许起动条件，编程起动/停止顺序、允许起动、报警等控制程序。设备对故障报警等级进行分级，低等级风险在窗口提示，高等级风险需增加声光提醒。

控制系统具有集中控制系统以太网远程控制接口，具备硬件故障报警、记录功能，具有通信中断记录功能。

控制系统的控制操作在控制台上进行，采用触摸屏或计算机作为控制界面。应允许用户通过触摸屏或计算机对各监测参数进行报警设置。

控制系统具备与支持主流通信协议能力，如 Modbus485 或 ModbusTCP/IP 等通信协议，系统可与上层的中央控制系统进行通信，可授权中央控制系统 CCS 进行调度控制。

控制系统操作需进行分级，工程师具有维护、组态权限，操作员仅可进行试验调试和正常运行的权限。

工程师站具有顺序事件记录（SOE/SER）站的功能，应配备整套顺序事件记录的软件，用于在线记录系统的各类报警及动作事件，存入硬盘，供查询、追溯和打印；SOE 事件的时间分辨率不低于 5Hz；数据存储时间至少为一年；历史记录可以通过曲线图进行连续显示。

控制系统包括其软件为开放的、可扩展的、可编程的和可配置的，用户可自行进行扩充、调整和配置（PLC 系统设计过程中应预留 20％的扩展能力，以便将来增加新的 PLC 模块；控制柜设计应预留 20％的空间）。

控制系统应能提供每个控制对象的控制参数（P、I、D 值）修改或校准的配置界面。可实现每个压缩机组之间的用气量自动调节，各压缩机组之间的用气量能够自动调配。控制系统实现自动统计，监测并反馈各个用户的用气量和压力，根据各个用户点的监测数据自动调节管网压力、流量，保证管网压力波动较小。

实现自动监控每台压缩机组起、停状态和各项状态参数（油位、冷却水量等），自动判断每台压缩机组是否可以正常开机或停机。

实现高、低压管网系统的自动划分，多级管网、梯级调度。自动控制高压管网向低压管网调配时，高压管网压力波动较小，低压管网流量和压力适用，不放散。

压缩机组控制系统实现以下机组控制功能：任何工况下实现防喘振投自动，正常工况下关闭防喘阀；机组开机加载/卸负荷一键完成，无须人为调节干预；压缩机组性能智能群控方案设为自动，通过解耦等算法实现机组自动调节。

控制系统在现场实测机组喘振线（控制系统自动测试），优化喘振参数，重新设定喘振曲线以达到优化控制的目标，形成防喘振实验方案。

控制系统可保持 24h 不间断工作，可实现在线处理故障功能。硬件和软件应具有高可靠性和容错性。

控制站具备顺序控制、批量控制和一般连续控制功能，以及压缩机防喘振控制、机组负荷分配、机组负荷平衡、在线增加减少机组、机组性能控制、性能与喘振控制回路解耦等智能群控功能。

控制站具备高速的处理器和 AI、AO 模块，防喘振回路控制周期应在 20ms 以内。具有防喘振控制、压缩机群控智能控制等专用的软件包。

6.2.4.2 控制层配置

1. 系统结构

本工程控制系统在常温系统、抽气系统、制冷系统、加温系统、管网系统各设置一套冗余的控制系统。同时为辅助气源系统设置一套独立的控制系统，由试验器直接进行远程操作。

FCS 系统完成下列功能：I/O 处理、数据采集、模拟控制和顺序控制、RS-232/485 通信。为了保证系统的可靠性，FCS 系统的电源、控制器、主干网络按 1∶1 冗余配置。

在满负荷情况下（包括备用 I/O），数据通路和各个计算部分（如控制器、操作站、工程师站等）的估算负载不应超过可用资源（如存储器、网络资源等）的 50％。

采用机架/卡笼安装时，每个机架/卡笼至少预留一个空卡位置。备用卡件、端子板和连接电缆，其数量应按系统配置数量的 40％考虑。控制站的控制器应采用 32 位计算机处理器。

控制系统具有备份和恢复功能。

2. 通信系统配置

中央控制室分置两台互为冗余的交换机，交换机均采千兆冗余工业以太网，双网并发，无扰切换，稳定可靠、响应快。FCS 系统与压缩机、膨胀机、加温系统等连接采用

Profinet 连接。

通信系统提供 1：1 冗余的高速数据通路，将控制站、操作站和工程师站分别通过冗余容错通信接口连接起来。通信系统明确所执行的通信协议。针对冗余网络采用不同颜色的网线或接口，以防止接错。

网络连接件（如 RJ45 连接件等）应采用工业级产品，保证其使用的可靠性和长期性。

各控制系统应采用分层控制网络，各层之间应有严格的访问控制机制，应采用冗余网络交换机及冗余容错架构，使通信节点具有多路径选择能力。

控制系统应具有网络状态的实时诊断功能。控制系统应具有域/工作组的隔离功能。各网段间的通信通过网络交换机及防火墙进行，不宜用服务器作为网络交换机使用。

通信网络的架构应使网络上的所有设备具有自主寻找路由的功能，避免简单的网络切换，以保证通信的可用性及安全性。网络具有 LAN 域隔离功能。

3. 通信模块配置

测控系统配置相应通信模块，通过双路冗余环形网络构架连接各测控系统，最终将控制计算机集中放置在厂房附楼集中控制室中。系统配置相应通信模块，用于控制站之间、工程师站、操作站的通信。

过程接口包括输入输出卡、配电器、开关、继电器等关联设备。所有输入输出卡应带光电或电磁隔离，卡件带故障诊断，具备检测回路短路和开路功能。FCS 系统的输入信号设置旁路开关。

4. I/O 配置

I/O 点数满足使用需求和扩展需求，并已安装在机架上并配置端子板、连接电缆等，在扩容时只需接入现场信号线立即就能投运，配置 I/O 点数按照实际需求点数预留 20％的余量，并预留 20％的扩展能力和空间。

全部 I/O 模块输入电路应带电磁隔离或光电隔离，符合国际电工委员会《电子电器产品电磁兼容性标准》IEC61000 标准规定或美国科学制造商协会《电磁兼容性标准》SAMA PMC33.1 标准规定。

控制站的所有卡件应具有防环境腐蚀能力，应达到美国国家标准协会《过程测量与控制系统的环境条件：大气污染物》ANSI/ISA S71.04 标准 G3 等级。

模拟输入信号的处理：在 I/O 卡件完成输入滤波、工程单位转换及对非线性输入的线性化。说明所用的滤波方法和输入信号的更新扫描速度，以及是否可以在 0.1～20s 范围内调整扫描速度。

FCS 系统应说明各类输入输出模件的电气特性，包括以下内容：输入范围；过/欠压输入范围；输入阻抗；转换精度；响应时间。

所有进出系统的输入输出信号都应满足美国国家标准协会《内燃机和燃气轮机标准》ANSI37.90 抗冲击测试要求。

FCS 系统对现场仪表的供电电压为 24V。FCS 系统提供的 24V 直流供电母排应装在系统机柜内部。详细说明包括整个系统的负荷以及所需的电源数量。

5. 系统电源配置

自动控制系统采用冗余的 220VAC 供电（至少一路 UPS 电源），其中一路供电中断，不影响系统正常运行。一路 UPS 设备满足至少持续供电 30min 系统电源。UPS 具有电源故障报警功能。配套设备电源 1：1 冗余配置。经过系统电力负荷计算每路电源负荷小于 50％。若一路内部电源出现故障，则其冗余电源应自动接上，同时向操作员发出系统报警。任一单个电源的故障都不影响卡件的供电，同时用于各现场仪表回路供电。

电源具有自动隔离稳压器功能，防止电源输入波动对系统的干扰。电源带有熔断丝作为短路保护，并带有过载自动断电保护。电源带有限流保护电路和过电压保护电路。

为提高系统的可靠性，每套负荷分配控制柜系统电源和外配电源分开配置，同时确保系统电源和外配电源 1：1 冗余配置。

6. 工程师站配置

工程师站用于仪表系统组态、编程、故障诊断、状态监测、在线方案调整程序开发、系统诊断、控制系统组态、数据库和画面的组态、编辑及修改。同时可以离线和在线组态、修改、设置参数及系统维护。工程师站还应具有离线仿真调试功能。每套 FCS 系统在机柜间设置专用工程师站。

工程师站操作系统采用 Windows10 系统，并且配备 Ethernet（TCP/IP 协议）接口（100/1000Mbit/s）及相应驱动软件。操作员应采用 27 寸显示器（LCD），分辨率应达到 1920×1080 以上，中文操作界面，能支持多窗口显示，并且能接入 Ethernet（TCP/IP 协议）工厂网络（100/1000Mbit/s）。

（1）组态实用程序

组态实用程序应具备以下功能：过程变量的零点、量程及报警限值设定；控制回路组态；建立实时和历史数据库；建立显示画面；建立报表；程序编辑和编译；组态下装；组态在线修改；过程变量监视；显示和修改所有参数。

（2）过程趋势和参数整定

工程师站实时监视过程趋势点，采样分辨率为 2s。趋势显示至少包括五个趋势点，每点至少包括 120 个采样点，或至少有 2min 的周期时间，新数据将旧数据向左推移。工程师站应能同时进行参数整定、修改控制常数和滤波常数。

7. 操作员站配置

操作站应能显示因果表及逻辑画面，包括：全部输入装置状态；全部输出装置状态；全部开车开关状态；全部仪表维护旁路开关状态。

操作站还可显示：工艺操作旁路开关状态；仪表维护旁路开关状态；停车信号；FCS 系统故障；24h 内全部停车历史记录；24h 内全部开关状态历史记录；24h 内全部按钮状态历史记录；全部工艺操作旁路开关计时器设定。

操作站由电子驱动单元、显示屏、操作键盘和工程师键盘、光笔、鼠标等组成。

每台操作站应至少能装入 5000 个位号、500 幅流程显示画面和 100 个报表。估算负荷不应超过系统存储、计算、传送能力的 50％。

操作员站操作系统采用 Windows10 系统，并且配备 Ethernet（TCP/IP 协议）接口（100/1000Mbit/s）及相应驱动软件。操作员站采用 27 寸显示器（LCD），分辨率应达到 1920×1080 以上，中文操作界面，能支持多窗口显示，并且能接入 Ethernet（TCP/IP 协议）工厂网络（100/1000Mbit/s）。

操作员站应支持以下几类画面，操作站具备窗口功能，可将几类画面任意组合。

（1）菜单画面

列出该菜单下所有画面的名称及代号。菜单画面按工艺分区组织。

（2）流程图画面

流程图画面显示过程信息，并设有操作窗口，可对任一控制回路进行操作。系统应配有 ISA5.5 符号库，用户可指定符号的颜色和背景颜色，以及闪烁等。系统还应支持动态符号。说明流程图画面的建立方法，以及在最大负荷时变量更新的速度。

（3）控制分组画面

控制分组画面显示回路和测量指示点的信息，如变量值、设定值、输出值、控制方式（MAN/AUTO/CAS）和高低报警（无报警时不出现）等。变量值需每秒更新一次。分组可任意进行，并且可以重叠。每一变量可有 16 个字符的位号名和 32 个字符的说明。操作员可从组画面调出任意变量（模拟或数字）的信息。对控制回路，可以对设定值、输出值、控制方式等进行操作。对数字回路，可发出开启/关闭命令，或起动/停止顺序，画面应显示命令状态和实际状态。

（4）回路参数画面

回路参数画面显示任一控制点的全部信息，如变量值、设定值、输出值、操作方式和历史趋势，以及整定参数、报警限、算法类型等由工程师修改的参数。应可以从参数画面对控制回路和数字回路进行操作。

（5）趋势曲线画面

趋势曲线画面可用不同的颜色和时间间隔在一幅画面上至少显示六个变量，变量可任意选择组合，并有放大和卷动功能。趋势画面包括一个移动光标线和数据区，显示各趋势曲线与光标线相交处的数字值。说明趋势数据的压缩方法和趋势画面的分辨点数量、相邻分辨点的时间、最大趋势记录时间以及数据形式，如最大值、最小值、平均值等。

（6）报警汇总画面

包括全部的报警点，并按时间顺序列出最近 500 个报警，包括仪表标号、报警内容、开始和恢复正常的日期和时间。未经确认的报警点则处于闪烁状态。

报警分为系统故障报警（包括诊断报警和硬件故障报警）和过程报警（绝对值报警、偏差报警、变化速度报警）两类。无论当时屏幕上是何种画面，系统对任一报警都应以音响和突出显示（闪烁、颜色改变等）方式通知操作员，并且只要一次击键即可调出有关画面。系统按时间顺序用加重、画底线等方式，打印每一个报警，返回正常后恢复常规打印。操作站或打印机上的所有报警都带有日期和时间标记。说明对每一过程变量设置及检查高高限、高限、低限、低低限、变化率高限、设定偏差（死区可调）等报警的方法。MAV 应说明相邻两个报警的时间分辨率，以及打印机标记时间的分辨率。

（7）报表功能

系统用报表生成软件应可以建立和修改报表，并可对报表的各个字段进行组态。报表功能可由程序控制、报警控制和操作员控制起动。报表可指定任一台打印机完成打印。生成的报表格式为 Excel 格式。

在工程师站上可以完成复杂运算的报表生成功能，如平稳率报表。所有超标参数均以不同的颜色显示，并可生成各种统计图形。

系统应能生成以下报表：

① 即时报表：由指定数字信号触发或操作员起动，打印数据库所有变量的当前值。

② 定期报表：在每小时、每班、每天、每月结束时打印出某些选定点（包括计算变量）的数值。变量数值类型分为采样值、平均值和累计值。报表设有报表标题、列标题、变量代号、变量说明、工程单位等信息。小时报表在每小时结束时自动打印。班报表（8h）在每班操作结束时自动打印。日报表（24h）在每天设定时间自动打印。以上设定均可由业主自由修改，以满足实际生产的需要。

③ 报警汇总报表：可打印最近 1000 个系统报警和过程报警。

④ 操作记录报表：可打印最近一周的操作记录，包括操作站编号、操作员名称、操作开始和结束的日期时间，以及操作内容（事件记录）。

⑤ 系统维护报表：可列出全部系统报警的诊断结果，并标有故障日期和时间以及返回正常的日期和时间。

（8）历史数据库

① 系统应设置独立的历史数据库，完成在线数据采集和存储，每个操作站能获取历史数据的趋势和表格数据，对所有点进行每 2s 一次的采集，存储 4 天数据。

② 每小时计算一次平均值，根据各点每 5s 一次的采集数据计算，存储 12 个月时间。

③ 每天计算一次平均值，根据小时平均值计算得到数据，存储 5 年时间。

④ 提供冗余配置的硬件，用于在线历史数据的采集、存储、平均值和检查。

⑤ 提供小时平均值和日平均值进行永久性离线存储和查询的方法。

（9）操作安全

操作员站应具备不同级别的操作权限，不同操作区域或数据集合拥有不同的操作权限。操作级别的权限通过密码或钥匙方式限定。操作员的操作密码和权限应能由系统管理员设定和修改。

系统设计有操作员记名和口令询问措施，并将其操作开始和结束时间、操作动作记录下来存档。系统设计应使画面选择和操作击键尽量简化。

6.2.4.3 控制系统机柜配置

1. 总体配置

对于安装在机柜间的控制系统机柜，应规格一致并具有相同的物理尺寸，标准化设计。外形规格为 2100mm（高）（含 100mm 高底座），800mm（宽）和 800mm（深），独立安装型，前后开门，颜色 RAL7035。

在控制系统机柜上的仪表、开关和按钮等设备的安装高度应使操作员在站立位置时能够读到和操作它们。当工厂验收完成时，所有控制系统机柜内应留有 15% 已安装备用量以及 20% 备用安装空间。所有控制系统机柜内的已安装备用量，应设计成当其被使用时无须移动任何已安装的元器件和配线。在机柜内的汇线槽内原则上应留有 40% 的备用空间。

所有机柜应提供风扇、百叶窗及灰尘过滤器等。安装在控制系统机柜内的设备内部冷却，无论何时均应通过自然通风实现，机柜内安装风扇用于冷却目的时，温度控制器通过温度设置连锁风扇运行。机柜内应安装内部照明以及门上装有接触开关，当机柜门被打开时，内部照明将自动开亮。

2. 控制系统机柜

控制系统机柜必须是集成的，包括控制器、I/O 卡、通信接口、电源单元及其附件等，带有用于连接过渡柜的多路插头和插座接口的信号处理卡、接地排以及所需的内部接线。

3. 端子柜

端子柜安装在机柜间内。端子柜是连接现场电缆并将信号合理分配到其他机柜，如 FCS 系统机柜。

端子柜内的设备应分别安装在机柜的前后两部分内，包括端子排、汇线槽、电源装置等，带有用于连接控制系统机柜的多路插头和插座接口、接地排以及所需的内部接线。

端子柜应以单元或装置为单位，当一个单元或装置需要两个及以上端子柜时，不得与其他单元或装置共用端子柜。

4. 继电器柜

安装在继电器柜内的设备应包括用于隔离电气的 220VAC 回路和仪表的 24VDC 中间继电器，4～20mADC 信号隔离器等。

继电器柜应包含用于连接来自控制系统柜或过渡柜的多芯电缆的端子排、用于连接现场或马达控制中心（MCC）内电气回路的端子排等。当控制信号用于高压电机（6kV 级以上）时，应采用大功率继电器。

继电器柜应提供线圈的驱动电源接线。控制系统供应商与用户的接口应在端子板或转接端子上，控制系统供应商必须提供端子板或端子接口，以方便现场用户接线。

继电器柜应以单元或装置为单位，当一个单元或装置需要两个及以上继电器柜时，严禁与其他单元或装置共用继电器柜。

5. 交流配电柜

配电柜内的设备应分别安装在机柜的前后两部分内，包括电源装置、母线、主空气开关及分空气开关、指示灯、接地排以及所需的内部接线、端子排、汇线槽。

所有供电输出不经过端子排。应根据供电负荷选择相应的元件。所有母线均应在接线完成后用热塑保护。所有空开应采用可拆卸板保护。交流电采用单相 220VAC 供电，地线严禁采用开关。

6. 网络柜

网络柜中的交换机和光纤接续盒以 19 英寸机架方式安装。用于光纤连接跳线的交换机带单模光纤模块，交换机采用空气开关供电，交换机上端边沿与线槽之间留 1U 形孔距离，交换机下边沿与线槽之间留 3U 形孔距离。

7. 操作台

操作台尺寸为 700mm（长）×1100mm（宽）×645mm（高）。

操作台为冷轧钢板材质，主框架厚度不小于 3mm，辅助框架厚度不小于 2mm，前后门板厚度不小于 1mm。台面为防火板，无缝拼接，RAL7035，板厚 20mm，带键盘开孔。

台面可用于放置 LCD 显示器、安装工业键盘（或普通键盘）和控制按钮。操作台内可放置计算机，同时内部设计强弱电汇线槽，汇线槽材质为碳钢。有接线端子安装板、配电盒、接线盒/切换器盒、接地铜条等。前后开门，以方便相关人员操作及维护。

操作台是工厂操作人员进行操作的主要窗口，一个操作设备组合供一个操作人员使用。操作组合内可能包括若干操作站、工程师站、辅助操台、大型电子显示屏幕、打印机等设备。此外，操作员组合还需要包含部分非控制系统设备作为补充手段，例如按钮、指示灯、蜂鸣器等。

8. 内部设计

（1）内部接线。机柜内部接线尺寸的选择与负载电流匹配，导线规格按照电气专业有关规定执行。所有接线端子、接线端子组分别标识，标识采用打印标记号，标识为白底黑字。多股绞合线的端头采用压接式接线端头，采用绝缘卷边连接器把成对记号标记在导线两端。在并联接线时采用端子和短接条进行扩展，跨端子时采用导线扩展。在导线水平敷设时，文字或命名采用从左往右阅读方式，在导线垂直敷设时，文字或命名采用从下往上阅读方式，原则上现场侧接线端子和线槽间接线距离＞50mm，以保证线标识完全可识别。整个线槽须采用螺栓、螺母安全固定在柜内结构上，线槽内导线和电缆须沿着敷设路线进行固定，原则上最终机柜线槽内的电缆填充量＜60%。

（2）电缆颜色和规格。所有电缆必须有抗500VAC击穿的PVC绝缘层，并且采用多股铜芯的软电缆。尺寸规格和颜色按国家标准执行。

（3）空卡件槽位。空卡件槽位须采用盖板进行装饰。

（4）机柜电缆进线。机柜电缆进线方式采用底部进线方式，机柜底部采用底板进行密封。机柜内设备布置时，离密封板距离＞300mm。

（5）机柜内端子排。所有控制系统机柜的端子排，采用导轨安装。所有现场电缆须能快速拆开，如用刀边即可拆开。当端子需加装保险丝时，应安装在正极端。现场端子除特殊要求外，均采用垂直安装方式。

（6）接地。所有机柜配置保护接地铜排，根据实际需要配置系统接地铜排；机柜和基础之间安装5mm橡胶绝缘垫将两者隔离；机柜内所有金属部件外壳通过2.5mm² 电缆连接到保护接地铜排。本安回路保护须通过安全栅实现。当采用安全栅时，所有屏蔽线和本安电缆的未用线芯须与仪表工作接地排相连接。机柜与接地母排的所有连接采用接线环压接。

9. 结构

（1）机械制造。所有安装在室内的控制系统机柜应用冷轧钢制作。其他构造细节遵照机柜标准要求。机柜成品表面应光滑、平整。

（2）机柜颜色。碳钢材料的盘内外均须喷漆，盘内外表面处理将依据项目标准完成，如RAL7035。

（3）吊装点。所有控制机柜将配有可拆卸的吊环螺栓以便于吊装，吊环螺栓应固定在控制系统机柜的顶部。

（4）机柜门。机柜门必须有足够的强度，以免机柜扭曲、变形，并防止灰尘、潮气进入柜内。单门机柜必须在右侧安装铰链，除非有其他说明必须确认。

所有柜门必须带锁，并为可拆卸型。所有柜门的锁必须相同。所有柜门必须至少能开启90°，开启180°为最佳方式，并应装配定位的机械挡板。每个门内应适合放置A4文档，至少深度为40mm的文件袋。

（5）机柜设计。机柜设计应便于连接在一起。如果机柜固定成一个不可拆卸的整体，则宽度不应超过2400mm。机柜应提供膨胀螺栓孔。

10. 电气

（1）供电。控制系统：220VAC、50Hz，单相，两路电源分别来自一路 UPS 和一路市电供电。照明/辅助插座电源 20VAC50Hz 来自市电。

除电源柜外，机柜每路交流电源配置进线端子，两路电源经分空开给直流电源、交换机、服务器等设备供电。

直流电源须冗余配置，并在带报警的输出设备发生故障时，另一台输出设备能正常工作；现场仪表和电磁阀电源与控制系统模块及端子板供电独立设置，控制系统模块及端子板供电的直流电源，不配置电源冗余模块；给现场仪表和电磁阀供电的直流电源，一对电源配置一个电源冗余模块。

（2）电源故障。当保险丝或电源故障不能立即确认时，如冗余供电单元或非自动防故障安全回路出现问题时，带电源报警输出的直流电源模块报警信号并输出到接线端子。

（3）电气连接。安装在机柜侧面超过 48VAC 或 DC 的电源，须采用可移动的塑料盖对电源连接端子进行遮挡，连接端子须有危险标识。

11. 其他

（1）盘/柜开关。机柜面板上的开关在设计和布置时须避免引起误操作。紧急停车开关须加装保护罩。

（2）双极断路开关。机柜进线须配置双极断路开关。原则上，在一个盘控制两个或更多工艺单元时，每个单元的电路和设备须分别进行断路保护。

（3）铭牌和标识。需要控制系统供应商提供机柜设备标识规格书。所有铭牌将采用塑料或金属薄片制成，通常文字信息为白底黑字。铭牌需要带不可擦除的文字和符号。

（4）机柜前后铭牌。所有控制系统机柜的前后须装配铭牌，机柜铭牌尺寸为 240mm（宽）×80mm（高），为灰底白字。铭牌须显示盘的识别号和用途，其上边沿离柜顶高度为 350mm，居中布置。双开门的机柜铭牌须安装在右门。

（5）仪表铭牌。所有盘前、后的单台仪表须提供显示用途的铭牌。

12. 测试

检验程序和工厂测试要求说明如下：

（1）外观检验。机柜和组件的外观检验须包括检测是否有瑕疵、凹痕、刮伤等，并确认尺寸。同时根据相关文件确认所有要求的组件是否已安装。测试开始前，控制系统应保证所有相关的中文版文件的易读性。

（2）接线检查。所有接线原则上应进行点对点检查，包括接地线、脉冲短路和保险丝的辨别测试。

13. 文件

在生产制造前，应提供以下文件和图纸：

（1）尺寸图。尺寸图应表示盘的型号、尺寸、基础尺寸和吊装点。

（2）总体布置图和零部件表。这些文件描述了所有机柜组件的总体布置，包括尺寸、净空等。应至少包括以下内容：开关和灯的布置；报警器的布置；机柜内部排布。

（3）端子排图。每个端子排应包括以下信息：电缆号；位号；端子号。

（4）接线图。接线图应注明所有机柜内接线信息，包括以下内容：接线尺寸；保险丝规格；端子排上所有信号的分配。

6.2.4.4 仪表配置

1. 温度仪表

（1）温度测量单位采用摄氏度（℃）。

（2）温度仪表正常使用温度应为量程的 50%～70%，最高测量值不超过量程的 90%。多个测量元件共用一台显示表时，正常使用温度为量程的 20%～90%，个别点可低至量程的 10%。

（3）温度检测元件保护套管采用整体钻孔锥形，材质为不锈钢，当不锈钢不适用于被测介质时，所选材质不应低于管道或设备材质。套管压力等级符合相应工艺管道及设备压力等级。

（4）设备、管道上安装的保护管插入长度的选择，应以检测元件插至被测介质温度变化灵敏、具有代表性的位置。注意避免套管与设备内部件相碰。

（5）测温元件原则上选用热电阻 RTD 三线制。

2. 压力仪表

（1）一般就地压力指示，选用不锈钢压力表。

（2）一般就地压力表采用的表盘直径为 100mm。连接规格为 1/2NPT 或 M20×1.5。小表盘（直径 60mm）压力表用于气动仪表管路测量和机械设备辅助压力测量。压力仪表的精确度为±1.5%。

（3）压力集中指示、控制、报警选用压力变送器。

（4）微小压力、微小负压的测量，选用差压变送器。

（5）差压测量管路中的差压变送器安装平衡三阀组。

3. 流量仪表

（1）测量空气管网流量应选用均速管（ANUBAR）流量计，均速管流量计采用管道开孔法兰连接安装式。

（2）测量冷却水的流量应选用电磁流量计或者涡街流量计，电磁流量计采用 24V 四线制仪表。

4. 仪表电源

仪表电源的容量按实际耗电量的 1.3 倍计算。

本项目主要有两路电，一路为 UPS，一路为市电。要求 UPS 供电，当 AC 电源发生故障时，UPS 应能连续再供电 30min。UPS 故障不会导致系统停电。

配电间设置一台 30KAVUPS，分三路给设备供电。第一路，现场机组 PLC 柜供电，在厂房设置配电箱；第二路，控制室操作站供电，在控制室设置配电箱；第三路，机柜室内设备供电，在机柜室内设置配电柜。

FCS 系统及部分仪表供电：220VAC，50Hz（赫兹）；通过 UPS 不停电电源供给。

现场电动阀供电：380V，50Hz；由电气专业负责供电。

电磁阀和部分仪表供电（电磁流量计）：双路 24VDC。不间断电源由电气供给，并保证在装置电源故障时，能连续再供电 30min。

5. 仪表气源

仪表耗气量：按各仪表实际耗气量总和的 2.1～2.3 倍计算。

仪表气压力：0.65～0.7MPa；仪表气露点温度：－20℃（0.7MPa）；含尘量：

<$1mg/m^3$；颗粒直径：<$3\mu m$（不含腐蚀性及有毒气体）；含油量：<$10mg/m^3$（8ppm〔w〕）；

仪表气要求除油、除尘，不含腐蚀及有毒气体；仪表气当气源故障时，界区内仪表用气点维持 0.4~0.6MPa（G）20~30min，保证装置安全停车。

6.2.4.5 UPS 配置

1. 使用条件

UPS 应能在下述规定的环境条件及数据表规定的条件下连续运行：UPS 安装在划为非爆炸危险环境的封闭建筑物内。电气使用条件：正常工作条件下的线电压应为满足《半导体变流器 通用要求和电网换相变流器 第 1-1 部分：基本要求规范》GB/T 3859.1—2013 中 5.3.2 要求的正弦波。

2. 设备外壳和冷却

UPS 外壳防护等级应符合国际电工委员会《外壳和外壳内设备防护等级》IEC60529 的要求，即 IP31 或 IP20 带开启门（带电部件屏蔽）。

UPS 冷却方式应符合《半导体变流器 通用要求和电网换相变流器 第 1-1 部分：基本要求规范》GB/T 3859.1—2013 中 4.2.4 的要求。冷却空气出风口应位于盘的后部或顶部，宜为自然通风。采用强制通风时，应包括必需的空气过滤器、风扇和风道，并有风扇故障报警输出。风扇应采用冗余配置并能在线更换。

机柜应有足够的机械强度，以用于地面基础槽钢安装，不允许机柜底部带滚轮，并应有足够的提升设施，高度不宜超过 2300mm。

3. 防腐要求

对 UPS 内部电子元器件、印刷电路板、母线、导体及主回路连接端子等采取有效的防止化工气体腐蚀的措施，元器件、印刷电路板采用不少于两层防腐涂层处理，导体及主回路连接端子等应采取搪锡处理。

4. 运行要求

在规定的输入输出电压和频率变化范围内，UPS 应能正常工作并提供连续的额定功率。

主电源或整流器出现故障或异常时，UPS 应能在规定时间内带额定功率正常运行。主电源或整流器出现故障时，UPS 应能在规定时间内带额定功率正常运行。当输入电压在额定电压 85%~120%范围内，UPS 的正常工作方式应不受影响。

5. 组成和要求

UPS 包括下列主要单元：
（1）整流器/充电器。
（2）电池组和电池架（柜）。
（3）电池组断开开关。
（4）逆变器。
（5）旁路隔离变压器。
（6）输出隔离变压器。
（7）静态转换及维护旁路开关。
（8）控制，保护及自检系统。

（9）监测仪表及指示灯。

（10）配电盘。

（11）通信单元。

6. 结构

所有设备、材料和元件应为标准产品并适用于无人值班的情况。

UPS装置为独立装置，除主电源和旁路电源外，不需另外提供其他辅助电源。

UPS装置应带所有必需的自诊断保护、控制和报警装置。UPS应设置静态旁路及维修旁路，并设有脱机旁路开关。在脱机旁路工况下，UPS主机应能满足拆除和异地检修的要求。

UPS应配置输出隔离变压器。直流电压与交流输出电压应设有电气隔离措施。

当UPS由多个机柜组成时，柜与柜应为并排安装。

UPS应采用在线双变换类型，满足《不间断电源设备（UPS）第3部分：确定性能的方法和试验要求》GB/T 7260.3—2003的分类要求。

UPS应采用数字信号处理器（DSP）技术为核心的全数字控制类型。UPS控制板上不能有电位器调节及校准部件、紧急停车按钮。UPS主机芯片及元器件应选用工业级及以上等级的产品。

7. 整流器

在所有充电状态下，整流器应有符合规定的恒压及恒流特性。

UPS应采用12脉冲整流器或IGBT整流技术，10kVA及以下容量UPS可采用6脉冲整流器加滤波器，要求UPS在满载时应满足注入电网电流谐波分量不大于8%（现场实测）、输入功率因数大于0.92的要求。

整流器容量应与蓄电池组和逆变器相匹配，整流器应能满足在规定时间内给完全放电的蓄电池组再充电，同时给逆变器提供满载负荷。除逆变器和蓄电池组外，整流器不得接入其他负荷。

快速充电和浮充电间的切换应为自动充电控制，并可进行手动充电控制。整流器故障时应能与负荷隔离。整流器应有进线低电压关机、自起动性能及防止冲击电流的慢速起动装置。整流器充电功能应带有温度补偿特性。

8. 蓄电池

蓄电池应为阀控密闭型铅酸蓄电池或碱性蓄电池。

在厂家保证的使用期限内以及在最低环境温度下，蓄电池容量应能满足在后备时间带额定负载运行。

初始提供的蓄电池容量应满足额定标准，并配备整套的电池间连接片或连接线，连接片或连接线应能耐受故障电流。

蓄电池应安装在柜体内或柜架上。每套UPS的蓄电池组数要求≤4组。每套UPS的蓄电池后备时间统一按照30min设计。

每套UPS应设置蓄电池维护开关，10～40kVA UPS设一组蓄电池维护开关，60～80kVA UPS设两组蓄电池维护开关，80kVA以上UPS设三组蓄电池维护开关。

9. 逆变器

在接有完全放电的蓄电池以及在蓄电池端子上加有快速充电电压时，逆变器应能满足其性能要求。在直流电压过高或过低时（±20％），逆变器应停止工作，且不间断转移至旁路电源供电，并发故障信号。当条件恢复正常后应手动复归。

逆变器应能在 100ms 内与旁路电源的频率（50Hz±3％）同步。当失去逆变器和旁路电源间的同步控制时，自动转为逆变器自身固有频率供电，应报警。

逆变器应有防止过负荷和短路的限流功能。交流配电线路的保护装置，在其由旁路电源自动切回到逆变电源时或逆变电源切换到旁路电源时，通过静态开关起动，也可以通过面板操作进行手动切换。

所有主电源切换和控制半导体元件应用保护装置保护以防止其内部故障。当最大馈出回路发生故障，逆变器应有 200％、100ms 过载耐受能力。

10. 负荷切换和维护旁路开关

不间断电源静态负荷切换开关应作为 UPS 装置的一部分提供。

当逆变器故障或装置过负荷时，静态负荷切换开关应在 4ms 内自动切换至旁路电源。当故障清除或负荷已恢复至正常状态，静态开关应自动切回逆变器输出位置。

UPS 切换系统应具有防止逆变输出和旁路电源输出之间频繁切换的功能。维修旁路开关的手动操作应有防止误操作的设施。要求 UPS 工作在旁路输出时发生电源晃电，静态开关应能自动恢复工作。

11. 控制、保护和自检系统

除制造商标准配置外，一般还应包括下列内容：

（1）在正常运行时报警接点打开，接点闭合时报警。

（2）市电中断转电池供电告警。

（3）市电输入超限（低压或者高压）告警。

（4）负荷在旁路线路上（转换开关的操作）告警。

（5）异常告警。

（6）蓄电池欠压告警。

（7）UPS 超载告警。

（8）逆变器过温告警。

（9）失同步告警。

（10）手动旁路开关闭合。

（11）工作状态 LED 指示，LCD 显示模拟流程图。

（12）模拟流程图显示主回路在线工作状态。

（13）模拟流程图显示旁路回路在线工作状态。

（14）显示浮充电荷。

（15）显示均充电压。

（16）模拟流程图显示逆变器在线工作状态。

（17）模拟流程图显示逆变器离线工作状态。

（18）手动转换至旁路。

（19）静态开关的手动模式。

（20）显示逆变器后端的静态开关状态。

（21）显示自动旁路后端静态开关状态。

（22）显示输出电压电流。

（23）充电故障告警。

（24）逆变器故障告警。

（25）静态开关故障告警。

（26）故障综合告警。

UPS 应能就地控制并有状态指示和整定值的读出单元；信号和控制装置应平装在柜门上。信号灯和按钮的色标应符合《人机界面标志标识的基本和安全规则 指示器和操作器件的编码规则》GB/T 4025—2010 中 4.2.1 的要求，正面应设有表示 UPS 装置主要元件和工作状态的模拟显示。

控制回路应有专门的短路保护。整流器和蓄电池组的直流线路应设接地故障检测器。保护半导体元件的熔断器应带熔断指示。

交流输出回路应有过电流和短路保护，其保护应带有指示保护装置动作的辅助接点。所有保护应接入指示和自检系统中。

信号回路应安全可靠。所有毫安信号和其他调节或控制线路应与其他系统电气屏蔽。

UPS 应具备蓄电池组、整流器、逆变器、静态负荷切换开关的自检功能，并能自动记录各种故障事件以及能追忆，应具备至少保留两次故障事件所有信息的功能。自检、保护和报警系统应监视和保护整个 UPS 装置。

UPS 应预留用于遥测信号的接点。若无特殊规定，则输出接点为无源切换接点。UPS 应提供标准的 RS485 接口向上位机传输信息，具备满足买方要求的开放通信规约，能将重要数据传输至监控网络（如 FCS 控制系统、电气综合自动化系统等）。公共故障报警接点不少于两对。每条电源进线侧应装有电涌保护器（按 B 级防雷考虑）。

12. 配线和端子联接

所有电线和导体应有单独的端子。端子间的配线应连续并且不允许有中间接头。承受不同电压的端子应分组并用隔板分开。

内部配线应成束或安装在阻燃材料的槽盒内。所有内外部连接电缆应从底部进入 UPS。密封板、电缆入口、线夹等应适用于数据表中规定的电缆型号、规格和数量。设计时应事先考虑在电缆密封件和端子之间留有足够的连接空间。电缆入口应采取密封措施。

应配备长度为电缆连接小室宽度的铜质接地母线。连接点的规格和数量应与规定的电缆规格和数量相匹配。UPS 元件金属外壳均应可靠接地。

13. 电磁兼容性

UPS 装置的控制系统应不受操作、装置内部故障以及线路上高频信号引起的尖峰脉冲和电压波动的影响。

14. 噪声

在任何负荷条件下，UPS 容量 10-30KVA＜60dB，UPS 容量 40-60KVA＜65dB，UPS 容量 70-120KVA＜70dB。

15. 谐波控制

UPS 向电网注入电流谐波分量应小于 8%，输入功率因数不小于 0.92。

16. 主要技术参数（表6-12）

UPS主要技术参数   表6-12

序号	指标项目	技术要求	备注
1	输入电压可变范围	+20%～-15%	
2	注入电网电流谐波总量	<8%	40次以下谐波
3	输入功率因数	>0.92	
4	输入频率变化范围	50Hz±4%可调	
5	频率跟踪范围	50Hz±10%可调	
6	频率跟踪速率	(0.5～2) Hz/s	
7	输出电压稳压精度	±1%	
8	输出频率	(50±0.2)Hz	电池逆变方式
9	输出波形失真度	≤2%	线性负载
		≤4%	非线性负载
10	输出电压不平衡度	≤5%	正常工作方式
11	动态电压瞬变范围	±5%	正常工作方式
12	电压瞬变恢复时间	≤10ms	正常工作方式
13	输出电压相位偏差	≤2°	
14	市电与电池转换时间	0ms	
15	旁路逆变转换时间	<4ms	逆变器故障转换或输出过载
16	电源效率	>10kVA　≥90% ≤10kVA　≥82%	正常工作方式
17	输出有功功率	≥额定容量×0.8	正常工作方式
18	输出电流峰值系数	≥3	正常工作方式
19	过载能力(125%)	10min	正常工作方式
20	并机负载电流不均衡度	≤3%	对有并机功能的UPS
21	纹波电压	≤1%	

6.2.4.6 综合显示大屏配置

系统采用工业监控大屏显示气源系统P&ID总图，实现实时对气源系统所有设备集中监控，大屏幕拼接显示系统采用液晶显示屏拼接成大屏幕拼接墙，配合高清分辨率输出的图形拼接控制器，能够在液晶拼接墙上综合显示高分辨率画面、高清视频等，形成一个查询准确、显示全面、操作便捷、管理高效、美观实用的综合系统。大屏幕拼接墙由2×6块55″液晶拼接而成，共12块，矩阵方式横向两排，纵向六列。综合显示大屏配置见表6-13。

6.2.4.7 仪表线缆配置

从现场仪表到电缆桥架的电缆，采用密封接头＋挠性连接管＋穿管至桥架的方式，仪表出口均使用电缆密封接头进行密封，优先使用汇线槽引至仪表分支桥架，分支桥架规格根据电缆根数选择，填充率原则上不大于30%，部分桥架不易敷设信号也可采用穿管敷设，后汇总至主桥架进入控制室。

序号	设 备 名 称	型 号 说 明	单位	合计数量
		综合显示大屏配置表		表 6-13

序号	设 备 名 称	型 号 说 明	单位	合计数量
1	55″超窄边 DID 拼接显示单元	55″超窄边液晶拼接单元,京东方面板,DID 工控屏,分辨率 1920×1080,直下式 LED 背光,500cd/m², 1.8mm 双边拼缝,视角:178°(水平)/ 178°(垂直);响应时间:8ms (GtoG)	台	12
2	驱动盒	单屏\满屏\组合显示,1 路视频环通输入/出,1 路 VGA/HDMI/DVI 输入,支持单窗口叠加漫游显示功能,纯硬件系统加密功能	套	12
3	大屏拼接控制器	4 进 16 出大屏拼接控制器	台	1
4	落地式支架	落地式支架,底座高度 1100mm	套	6
5	前维护液压支架	前维护液压支架	个	12
6	控制软件	大屏控制软件	个	1
7	拼接线缆	拼接专用输出线缆(拼接至显示大屏端)	批	12
8	控制柜	标准机柜	台	1

电缆具体走向由施工单位本着避开高温和机械损伤、不影响交通及整齐美观的原则进行。

电缆在桥架中敷设需根据信号类型分开敷设,电源与信号电缆必须分开敷设,并且满足相关距离要求。电缆进出桥架时,要进行必要的保护,敷设时注意电缆的弯曲半径,对于保护管要有锁紧螺母和护帽,施工时注意不要损伤电缆,电缆桥架及保护管的敷设应保证电气的连续性,并可靠接地。

6.2.4.8 系统接地配置

电气系统进行保护接地,通过厂房接地装置进行保护接地。所有电气设备的金属壳体或可能带电的金属件(包括因绝缘损坏可能会带电的金属件)都必须可靠接地,接地电阻不大于 1Ω。当进入系统的信号、供电电源或系统设备本身出现问题时,有效的接地系统可以迅速保护。接地系统能够为设备提供屏蔽层,消除电子噪声干扰,并为整个测控系统提供公共信号参考点。当接地系统发生问题时,会造成人员触电伤害、设备损坏及影响测试信号的正确性,因此,良好的接地可对人员和设备提供安全保护,确保试验顺利进行。

系统接地采用等电位联结原则,工作接地、保护接地进行分类汇总后与总接地板相连,进而与全厂等电位接地网相连,形成等电位体,系统接地接入点应与防雷接地以及大电流或高压等设备的接地接入点相距 10m 以上。

接地铜排的厚度大于 6mm,宽度应大于 25mm,长度根据实际情况确定;为确保接地引线可靠稳固,接地铜排应直接攻螺纹与连接螺丝相连,接地系统的接线应设置铜制接线片,并采用铜制紧固件。

接地系统内所使用的公用接地板放置在活动地板的绝缘胶木上,与安装支架保持绝缘,控制柜、操作台等设备外壳需与安装槽钢绝缘。

UPS 接地直接接到等电位接地网上,UPS 输出不接地。

223

工程实例分析

6

现场仪表的工作接地只在一侧接地，如个别仪表需要控制室及现场侧均要求接地，则必须采用隔离器将两侧的接地隔离。

控制柜内含有保护接地铜排及工作接地铜排，工程师站和操作站只有保护接地。

6.2.5 风险及控制措施

6.2.5.1 控制逻辑

1. 设备关键极限参数控制保护

设备运行过程中可能出现超速、过流、超压、超温等超工况运行情况。设备关键参数包括压缩机运行电流、压缩机出口压力、压缩机出口温度，加热器出口温度、膨胀机转速、干燥净化系统露点、冷却水流量等。

控制措施：编制 FCS 系统关键控制参数极限清单，并制定每个参数超出极限后，系统将执行的保护动作程序。并通过模拟测试，检测每个参数超出极限后，控制系统的保护动作执行是否正确且有效。

2. 压缩机保护控制

（1）压缩机喘振保护，是在即将发生喘振时，通过一系列喘振保护控制措施，防止压缩机发生喘振危险状态。

控制措施：通过厂家压缩机喘振监测和控制原理，通过压缩机运行电流模拟测试压缩机喘振监测的逻辑可靠性和喘振保护逻辑控制措施的有效性。

（2）压缩机运行过程中出现 IGV 控制失控，超调过大，引起压缩机喘振。

控制措施：动态模拟测试，模拟压缩机 IGV 调节过大时压缩机控制系统是否能对压缩机进行有效保护，FCS 系统完善 IGV 的控制逻辑，防止在一定时间内调整过大，以确保 IGV 控制稳定。

3. 辅助系统故障

设备运行过程中，出现辅助系统运行状态（循环水系统，仪表风，密封气，电力等）不能满足主设备运行要求，造成设备损坏。

控制措施：编制辅助设备运行参数控制要求清单，制定每个参数超出极限后，系统将执行的保护动作程序。模拟测试，检查每个参数超出极限后，控制系统的保护动作执行是否正确且有效。

6.2.5.2 控制系统软硬件故障

1. FCS 控制模块

FCS 控制模块故障，导致设备监控输入输出错误，控制混乱。

控制措施：

（1）增加控制模块及通道状态监控程序，模块或通道出现故障时，执行相应的保护逻辑。

（2）模拟测试，检测保护逻辑执行情况。

（3）联系供应商确保控制系统模块备件，损坏的硬件能及时得到更换。

2. 现场仪表故障

在机柜拆装和机柜上电过程中，可能造成现场仪表传感器故障。

控制措施：机柜拆卸过程中，做好现场仪表传感器的隔离，机柜上电前确认无问题后再上电。

3. 上位机突然死机

调试或生产试车过程中控制系统 HMI 出现死机，导致设备运行状态无法监控。

控制措施：配置紧急控制手动操作面板，设置手动急停按钮。在运行测试前，首先对急停控制面板手动急停进行测试。

4. 控制系统程序

控制系统升级过程中，由于系统配置更改、软件更新等可能造成原控制程序无法恢复。

控制措施：在系统硬盘和外界移动存储设备上备份设备控制系统程序和人机界面文件，在发生原程序无法恢复的情况时，能及时有效地进行程序恢复，同时工程师站和操作员站做好系统镜像，在电脑系统崩溃时能迅速进行系统恢复。

5. 控制程序下载问题

下载安装程序可能因为逻辑修改错误引起不正常的动作乃至跳车。

控制措施：系统运行过程中尽量避免下载安装程序，修改后的程序需反复确认，在装置停车情况下载安装，并进行必要的模拟测试，方可投入使用。

6.2.5.3 系统泄漏风险

高压、高温、低温气体的泄漏可能导致试验失败，甚至造成人员伤亡和财产损失。

控制措施：实现自动检测供气管网中的泄漏情况，并且能够准确地把流量泄漏位置锁定在很小的范围内，同时自动报警提示用户。

6.2.6 DCS 控制系统测试

1. 主要测试工作

（1）出厂验收测试（Factory Acceptance Test，FAT）：用来验证供应商提供的系统及其配套系统是否符合技术规范要求而开展的一系列活动。

（2）现场验收测试（Site Acceptance Test，SAT）：用来验证不同供应商提供的系统安装是否符合应用规范和安装指南要求而开展的一系列活动。

（3）现场综合测试（Site Integration Test，SIT）：用来验证不同的系统是否已整合成一个完整的系统，并且所有部件已按要求正常协同工作而开展的一系列活动。

2. 出厂验收测试（FAT）

（1）基本原则

FAT 应在符合要求的工业自动化控制系统供应商制造（集成）厂进行。

FAT 应在供应商完成内部测试并提供测试报告后进行。

供应商应提前通知 FAT 开始时间，并提交完整的产品清单、标准验收程序、工厂标准测试文件、内部测试报告等相关文件，供用户、工程公司（设计院）、供应商三方确认。

供应商提供系统的技术指标，应满足产品规格书（手册）、供货合同、技术协议、开工会议纪要和工程会议纪要所确定的技术要求。供应商应提供用于测试和记录等必要的设备。测试所需的计量器具应符合国家计量标准并具有检定证书。

FAT 由供应商负责，用户、工程公司（设计院）、供应商三方技术人员共同完成，并签署 FAT 验收测试文件。如果主控制系统与第三方系统通信集成，第三方系统供应商应参与 FAT。

（2）出厂验收测试前置条件

① 完成硬件集成；

② 完成软件编制；

③ 供应商应完成所有内部测试，并提供可供复查的测试报告；

④ 各方准备好所有相关文件，相关文件资料见表 6-14。

FAT 相关文件资料　　　　　　　　　　　　表 6-14

文件分类	文件名称
工程文件	所有硬件清单
	最终系统配置图
	最终系统网络图
	操作台布置图
	辅助操作台正面布置图
	各种机柜、操作台等详细尺寸图
	系统供电系统图
	系统接地系统图
	各种机柜正、背面布置图
	系统内部电缆接线图
	各种机柜接线端子图
	仪表回路接线图
	其他
软件文件	全部系统软件清单及程序使用说明
	所有 I/O 配置清单
	最终系统网络图
	硬件功能设计规格书
	软件功能设计规格书
	网络安全设计规格书
	所有 I/O 数据表
	应用软件组态文件
	全部用户流程图画面
	复杂或特殊控制回路
	顺序(时序)控制
	用户报表
	报警,联锁设定值表(需要时)
	其他
制造商标准文件	硬件详细规格书
	硬件安装使用说明书
	工程师手册

文件分类	文件名称
制造商标准文件	操作员手册
	系统维护手册
	系统组态手册
	所有部件合格证书
	安全认证证书
	FAT 验收测试程序
	出厂包装、运输等说明书
	SAT 验收测试程序
	其他

（3）出厂验收测试实施主体

FAT 主要由供应商实施，买家监督，供应商应提供适当的测试条件。有些买家可能习惯自己进行某些部分的 FAT，但按规定必须事先在工程项目合同中说明。

（4）出厂验收测试主要工作内容

FAT 测试应确认工程项目相关的供货范围，进行系统配置检查，主要测试项目如下：

① 检查系统各设备、部件、配件的型号、规格、数量、外观及所有标记等；

② 检查系统软件的规格、数量、版本及应用软件等；

③ 检查所有电源系统的工作状况；

④ 检查冗余和容错功能；

⑤ 检查系统报警的工作状态；

⑥ 检查 HMI 模拟操作；

⑦ 检测各种 I/O 模块功能及精度，抽样率按合同要求执行，最低不小于 10%；

⑧ 检测网络交换机的功能；

⑨ 测试复杂和特殊控制回路；

⑩ 测试联锁功能；

⑪ 检测主控制系统与第三方系统的通信功能以及时钟同步功能；

⑫ 检查控制系统与现场总线设备的通信功能；

⑬ 检测智能设备管理系统与主流的智能变送器、智能定位器等设备的通信和管理功能；

⑭ 检查操作画面，如总貌画面、流程图画面、组控制画面、实时和历史趋势画面、过程报警、系统报警、事件记录等；

⑮ 检查调用多幅历史趋势画面的能力；

⑯ 检查自诊断功能；

⑰ 测试系统可维护性；

⑱ 检查系统通信负荷、控制器负荷；

⑲ 检查在线组态修改、编译和下装；

⑳ 检查控制器与 HMI 通信功能；

㉑ 检查 SOE 功能；

㉒ 其他需要测试的项目。

（5）测试记录

FAT 的测试记录包括以下内容：

① FAT 组织结构及 FAT 计划；

② 供应商提供的工程文件；

③ 系统各设备、部件、配件的型号、规格、数量及外观、标记的检查结果；

④ 系统软件的规格、数量、版本以及应用软件的检查结果；

⑤ 所有电源系统的工作状况测试结果；

⑥ 冗余和容错功能的测试结果；

⑦ 系统报警的测试结果；

⑧ HMI 操作的测试结果；

⑨ 各种 I/O 模块功能及精度测试结果；

⑩ 网络交换机的功能测试结果；

⑪ 复杂和特殊控制回路测试结果；

⑫ 联锁功能测试结果；

⑬ 主控制系统与第三方系统的通信功能以及时钟同步功能测试结果；

⑭ 控制系统与现场总线设备的通信功能测试结果；

⑮ 智能设备管理系统与主流的智能变送器、智能定位器等设备的通信和管理功能测试结果；

⑯ 操作画面，如总貌画面、流程图画面、组控制画面、实时和历史趋势画面、过程报警、系统报警、事件记录等测试结果；

⑰ 调用多幅历史趋势画面的测试结果；

⑱ 自诊断功能的测试结果；

⑲ 系统可维护性的测试结果；

⑳ 系统通信负荷、控制器负荷的测试结果；

㉑ 在线组态修改、编译和下装的测试结果；

㉒ 控制器与 HMI 通信功能的测试结果；

㉓ SOE 功能的测试结果；

㉔ 其他需要测试项目的测试结果；

㉕ 新增和变更的项目清单；

㉖ 遗留问题清单；

㉗ FAT 测试用工具记录单。

（6）出厂验收测试不符合项处理

FAT 过程中发现的未完成工作或不符合规范的部分将被记录在 FAT 不符合项表中，不符合项将被归为以下几类：

① 当场整改，然后继续进行 FAT；

② 在 FAT 过程中同时进行整改；

③ 需再次进行 FAT；

④ FAT 后，系统运至现场前进行整改；

⑤ 留待现场整改。

当供应商根据 FAT 程序和规范完成测试，并证实除双方已认可的不符合项外，所有必需的功能已实现后，可认为系统成功通过 FAT 测试。

（7）FAT 报告内容

当成功通过 FAT 后，买家的授权代表和供应商应当共同在 FAT 验收报告上签名，FAT 报告应包括以下内容：

① 工厂验收的步骤；

② 检查和测试的结果；

③ 最终验收的结论。

3. 现场验收测试（SAT）

SAT 测试的目的是验证系统经运输和在现场安装后功能正常。

（1）现场验收测试前置条件

① 系统硬件/软件部件已运抵买家现场；

② 系统已经正确安装；

③ DCS 设备在软安装和组态数据装载后应正常运行；

④ 所有硬件按 DCS 制造厂提供的程序进行测试，并应 100% 正常工作；

⑤ 系统已经上电并起动。

（2）现场验收测试进度表

① 项目内容；

② 测试启动会议（文档检查、进度表等）；

③ 供应商文件检查；

④ 软硬件清单核对；

⑤ 机电安装检查（接地系统、供电系统、网络连接等）；

⑥ 起动/诊断检查（开启电源，初始化/起动控制器，执行诊断检验）；

⑦ 下载软件。

（3）现场验收测试主要内容

① 审阅 DCS 工厂验收报告和现场调试记录；

② 组态检查；

③ 系统信号处理精度测试，AI、AO、DI、DO 等 I/O 模件应 100% 检查；

④ 系统的冗余和容错功能测试；

⑤ 测试 DCS 与第三方设备的通信；

（4）现场验收报告主要内容；

① 现场验收的步骤；

② 检查和测试的结果；

③ 最终验收结论。

4. 现场综合测试 SIT 验收流程

SIT 测试根据项目需要进行。SIT 的目的是确保两个或两个以上独立系统整合后，能够实现工程项目控制方案所要求实现的功能，主要内容是测试自动化系统和子系统之间的通信和相互作用，以保证正常有效地实现功能。

（1）现场综合测试前置条件

① 系统间正确连接；

② 各系统 SAT 已经完成。

（2）现场综合测试进度表

① 测试启动会议（文档检查、进度表等）；

② 供应商文件检查；

③ 软硬件清单核对；

④ 机电安装检查（系统间的通信连接）；

⑤ 诊断检查（观察系统间的通信、波特率等）；

⑥ 如果需要和可行，下载软件。

6.3 自动控制系统流程

6.3.1 总体系统流程

本工程航空发动机试验气源系统的总体控制流程按照模块化思路进行构建，主要思路是将整个气源系统中的每个子系统进行模块化处理，每个模块之间安装既定的流程进行组合，形成整体运行流程。

每个模块均为一台（组）工艺设备（包括阀门）及周边管道和辅助设备所包含的相关控制流程。模块之间有清晰的界面，保持完整准确的接口关系和参数传递。模块内部流程可根据实际需要进行调整，不影响与其他模块的接口和参数传递。

每个模块的运行过程是相对独立的，模块之间的参数传递可以有多种组合和实现方式，重要的工艺执行顺序不可调整和变动，某些模块的执行顺序可调整和适当容缺。

总体系统流程分为总体投运流程和总体停运流程两大部分，其中总体投运流程包括系统准备流程、空压机/增压机控制流程、加温系统控制流程、干燥系统控制流程、制冷系统控制流程等几个主要部分。总体停运流程则是各个子系统单独停运以外的系统总体停运所必须执行的操作流程。

1. 系统准备流程

系统准备流程包括从生产调度输入的系统运行设备参数表，以及八个在压缩机起动之前需要完成的准备流程模块，包括供电系统准备、FCS 系统准备、润滑油系统准备、循环水系统准备、仪表气系统准备、干管阀门准备、支管阀门准备、压缩机后冷却器选择阀准备。在以上八个准备流程完成后，压缩机就可以开始逐台起动。

2. 空压机/增压机控制流程

空压机/增压机控制流程，包括系统中两台 A 型空压机、一台 B 型空压机、两台 C 型增压机、一台 D 型增压机、两台 E 型供抽两用空压机的运行控制。包括 A 型 C 型、B 型 D 型空压机/增压机先并后串、先串后并两种主要模式。E 型机包括供气和抽气两种模式。控制流程还包括单台（套）空压机/增压机的停机流程。

3. 加温系统控制流程

加温系统控制流程，包括系统中两台电加温器的起动和升温控制流程，包括单台和两台并联运行的流程，也包括电加温器的停机流程。

4. 干燥系统控制流程

干燥系统控制流程，包括系统中两台吸附式干燥机、两台提供冷冻水的螺杆冷水机及配套的水泵和水箱的运行控制。干燥机起动之前，应起动冷冻水水泵和螺杆机，然后选择干燥机的不同工作流程。工作流程结束后，进入相应的停机流程。

5. 制冷系统控制流程

制冷系统控制流程，包括系统中两台膨胀机的起动和控制流程，膨胀机并列运行是控制中的难点，需要在控制流程中重点关注。膨胀机的停机流程也必须按要求进行，才能保证设备的安全。

6. 总体停运流程

整个气源系统的停运必须按一定的流程进行，各个子系统之间有严格的控制逻辑关系。停运过程中各组设备、配套的管道阀门等都应进行相应操作，以保证系统停运状态下的安全，并为下次系统运行做好准备。

6.3.2 系统准备流程

1. 系统运行设备参数表

气源系统是为试验器服务的，气源系统的运行和调节，其输入条件来自试验器的试验用气需求。气源系统的 FCS 自控系统，应和试验调度管理系统建立联系，手动或自动输入试验器的用气需求和调度计划，以形成气源系统的调度计划。

目前本工程在实施阶段，试验器的用气需求和调度为手动输入。FCS 系统预留了与 TDM（试验数据管理系统）的接口，未来在 TDM 建成后，TDM 应配备气源系统调度模块，将每个时间段的试验器用气需求自动传输到气源 FCS 系统。以上功能考虑通过 OPC 服务器实现，目前 FCS 系统的建设中支持 OPC 功能。

航空发动机试验器的用气需求种类很多，一个真正的试验园区的用气工况点会达到几百个，而且随着发动机型号和试验阶段的调整，用气工况点也在不断变化。理想状态下的自动控制应是气源 FCS 系统自动接收 TDM 的用气需求，然后自动进行需求分解，形成气源设备的调度计划。不过目前在气源控制系统广泛采用的 DCS 控制器，基于 PLC 的循环流程处理，难以实现对用气需求的自动分解和调度重组。目前的工作模式是在 FCS 系统中建立气源系统运行设备参数表模板，模板中规定当前工作周期中需要投运的所有气源设备、辅助设备的运行时间和工作参数，并包括管道系统中各个阀门的控制状态。操作人员获得试验器的用气工况需求后，人工填写气源系统运行设备参数表并保存。实际操作中调用并执行不同的参数表。

FCS 系统可实现对所有气源设备的总工作时间、维护时间的记录，在相同设备选择时，优先选择总工作时间较短的设备。在设备维护时间到期时，自动发送报警信息提示，并可标记处于维护或故障状态的设备，避免产生无效调用。

目前在操作员站提供简单清晰的气源系统运行参数表设置界面，操作员可任意调取已有参数表修改，也可方便实现新建参数表。在下一步改进计划中，操作员站将建立运行参数表的自动填写程序，自动对 TDM 输入的用气需求进行分解和逻辑判别，形成对应的运行参数表。

FCS 系统可实现一键起停功能，可以实现包括加温、干燥、制冷几个系统的所有设备的一键起动和停止。在目前操作流程中，为保证系统安全运行，在每个流程的主要操作步骤后均设置人工确认点，系统在确认点处暂停流程，待操作员检查系统状态参数无误后，手动确认进入下一步流程。在下一步改进计划中，随着系统调试完善和操作人员能力提升，可逐渐减少人工确认点，提高工作效率，最终实现全系统的一键起停。

气源系统运行参数表完成后，进入下一步辅助设备准备流程，共分八个模块。这八个模块并列运行，无先后顺序关系。

2. 供电系统准备（流程 1-1>1-2）

空压机/增压机为 10kV 电机，配备 1 对 1 的固态软起动装置。软起动为自带控制器的成套设备，软起动设备上电后进入自检程序，自检完成后将工作状态、电压、电流等信号通过 ModBus 通信线路传送给 FCS 系统。软起动进线柜的运行合闸、远程合闸、起动柜的远程起停等关键信号通过硬接线接入 FCS 系统。FCS 接收软起动设备的数据判断运行正常后完成此项准备流程。

加温系统的电加温器配套设置调功柜，调功柜主要为工作电压 690V 的 IGBT 功率输出元件，自带 PLC 控制器。调功柜设备上电后进入自检程序，自检完成后将功率、温度、流量、压力、功率设定、温度设定等信号通过 Profinet 通信线路传送给 FCS 系统。调功柜的运行状态、起停、故障报警、远程调功等关键信号通过硬接线接入 FCS 系统。FCS 接收调功柜的数据判断运行正常后完成此项准备流程。

干燥制冷系统均为 380V 低压供电，供电系统自检主要为各低压配电柜上电无故障报警信号。气源系统的电动阀、配套水泵等均为低压设备，供电系统无报警信号完成此项准备流程。

供电系统的准备流程均为不可容缺的关键流程，任何步骤出现错误，均故障报警并中止运行。供电系统排除故障完成后，手动复位清除报警信号，重新进入供电系统准备流程。

3. FCS 准备流程（流程 2-1>2-2）

FCS 系统自检包括 CPU 卡件自检、通信卡件自检、工程师站和操作员站起动正常、UPS 系统自检等步骤，FCS 上电自检无故障完成此项准备流程。

各气源设备的 UCP 控制器上电自检，并检查与 FCS 系统的通信功能，无故障信号完成此项准备流程。

系统管网中的仪表和电动阀自检，仪表的输出值是否在正常范围内，电动阀是否有故障报警信号，无故障信号完成此项准备流程。

FCS 系统的准备流程均为不可容缺的关键流程，任何步骤出现错误，均故障报警并中止运行。FCS 系统排除故障完成后，手动复位清除报警信号，重新进入供电系统准备流程。

4. 润滑油系统准备流程（流程 3-1>3-2）

空压机、增压机和膨胀机均配备润滑油系统，采用透平机专业润滑油。气源设备的起动对润滑油的油温有相应要求，应提前起动油箱加热器，将油温提升到合格温度。在环境温度接近零度的情况下，油温达到起机条件可能需要 1h。在设备订货时可加大油箱加热器功率，以缩短油箱加热时间。

目前的工作模式中，将各设备的润滑油加温控制信号集成到 FCS 控制室操作员站的操作界面上，由操作员手动起动油箱加热器。在下一步改进计划中，可根据环境温度信号自动设定各设备油箱加热时间，并可实现 GPRS 信号远程起动油箱加热。

润滑油系统的参数可容缺，在润滑油温度稍低、暂未达到严格起机条件时，仅发出报警信号，可进入下一步起机流程，机组自身的控制器会进一步检测油温，不会对系统安全运行造成大的影响。

5. 循环水系统准备流程（流程 4-1＞4-2）

本工程循环水泵房和冷却塔设置在其他建筑中，通过三路主干管路接入气源厂房，为气源系统提供供水温度 32℃、回水温度 37℃ 的冷却循环水。三路干管中，第一路为 A 型、B 型、C 型、D 型空压机、增压机提供循环水，第二路为 E 型供抽两用机组提供循环水，第三路为冷水机、干燥机和膨胀机提供冷却循环水。

循环水流程先检测三路循环水的干管阀门状态，将关闭的干管开关阀开启。因为循环水每路干管所带的设备较多，为避免阀门频繁启闭，默认将所有干管阀门全部开启。

根据系统运行设备参数表中的预设阀门表，将所有设备循环水支管阀门调节到对应的启闭状态。为避免无效动作，启闭阀门前逐一检查阀门状态，只有与预设阀门表中状态不符的才给出阀门动作指令。

支管阀门调整完成后，通知循环水泵房，开启对应的循环水泵组，气源厂房等待循环水泵起动直至循环水流量、温度、压力均达到预设值。根据工程经验，循环水系统建立合格流量的时间约为 5～15min。目前与循环水泵房的联络为人工通信，未来考虑将循环水泵房的 PLC 控制系统接入气源厂房的 FCS，实现流程的全自动控制。

循环水系统的参数可容缺，在循环水流量、温度、压力稍低、暂未达到严格起机条件时，仅发出报警信号，可进入下一步起机流程。

6. 仪表气准备流程（流程 5-1＞5-2）

仪表气系统包括两台低压螺杆空压机及对应的吸干机和储气罐、管网。仪表气系统为气源系统的所有气动阀门提供仪表气，为膨胀机设备提供密封气，为干燥机系统提供再生完成后的充压干燥气，并考虑为部分试验器提供小流量的试验用气。仪表气系统在大部分工况下只需要开启一台螺杆机，只有当干燥机充压或试验器用气时，需要开启第二台螺杆机。

仪表气准备流程根据用气需求，选择开启的螺杆机台数和位号。然后根据预设阀门表，调节仪表气的干管阀门，保证需要的气路供气。同时调节支管阀门，只有需要供仪表气的设备支管阀门才开启。然后进入螺杆机起机 J-1＞J-2 流程。

螺杆机需要合格指标的冷却循环水，在 J-1＞J-2 流程起动螺杆机之前，必须等待螺杆机循环水支管的流量、温度、压力达到设定值。成功起动螺杆机后，延时 120s，等待管路和储气罐充压，起动对应的吸干机。

设置仪表气干管压力监控，如果螺杆机故障，干管压力持续到设定值以下，发出报警信号，压力低信号持续一段时间，则起动另外一台螺杆机。同时检测仪表气干管的露点温度，在达到设定值之前发出报警信号。仪表气干管的压力和露点温度也为可容缺的指标。

7. 干管阀门准备（流程 6-1＞6-2）

在空压机及其他设备起动之前，应根据系统运行设备参数表中的干管阀门预设表，将所有的 11 路干管（LPH1、MPH1、MPH2、HPH1、HPH2、V1、V2、H1、H2、DP、LT）阀门进行调节，按照每一路管路只为一台试验器供气的原则，保证从大气进气开始，气源设备至试验器用气端的干管能够顺利输送压缩空气。

为避免无效动作，启闭阀门之前逐一检查阀门状态，只有与预设阀门表中状态不符的才给出阀门动作指令。

供气干管上的放空阀（高温管道无放空阀），为防止外物侵入、保证管道安全，试验停运状态默认是关闭的。在空压机和其他设备起机之前，按安全标准操作要求，必须将需要供气的管路干管放空阀打开。

8. 支管阀门准备（流程 7-1＞7-2）

支管是指空压机、增压机、干燥机、制冷机等设备进出气端口至干管之间的管路。在选择需要投运的设备后，应将对应的支管阀门调节为预设值。

在空压机和增压机的"先串后并"和"先并后串"两种模式下，支管阀门有不同的启闭要求。E 型机的供气模式和抽气模式，支管阀门也有不同的启闭要求。然后再设置加温器和制冷系统的设备对应支管阀门。加温器有高压供气和低压供气两种模式，进气和出气管路必须对应，所以要设置进气和出气的阀门连锁控制。

9. 后冷阀门准备（流程 8-1＞8-2）

空压机和增压机都有后置冷却器，其排气管道可以选择经过或者不经过后置冷却器。经后冷的排气温度约为 40℃，不经后冷直接排气温度约为 100～120℃。按照增压机的设备要求，空压机至增压机的供气必须经后冷降温。至干燥制冷系统的供气应经后冷，至加温器的供气不应经后冷。其余至试验器供气根据试验器需求确定。

考虑试验器供气的变化可能，目前后冷阀门为手动控制。在 FCS 系统操作界面上设置手动控制面板，实现 A/B 阀连锁的一键切换。

6.3.3 空压机/增压机控制流程

1. A/B 型机并联运行投运（流程 A-1＞A-2）

先由 FCS 系统根据系统运行设备参数表，选定需要投运的空压机。空压机/增压机的投运分为起动（停机到最小流量待机运行）和加载两个主要过程。在实际运行中，可能会在任何过程中因为系统故障而导致自动控制流程中止，而此时的空压机/增压机可能处于已起动未加载或者已加载的状态。再次进行投运流程时，为保证安全，FCS 系统应完整地重新运行全部流程，到压缩机投运这一步时，应检测压缩机的即时状态，避免产生无效操作指令。

空压机的 UCP 控制器收到 FCS 系统的起动命令后，进行空压机自检，自检通过由 UCP 向软起动器发出起动指令，软起动器进行相应的起动程序。UCP 自检不通过以及软起动器起动失败，将中止起动流程，发出报警信号。

多台空压机并联运行，应将所有空压机依次起动后再依次加载。不同型号的空压机起动，应选择电功率较大的空压机先起动，目的是大功率空压机起动时，供电网络有较多的可用容量，保证起动成功并减少对电网的冲击。

目前空压机加载可分为恒压模式和 MIC 手操模式。恒压模式下给空压机设定压力值，由 UCP 自动调节 IGV 和 BOV，直到出口压力达到设定值。MIC 手操模式则是由 FCS 系统直接调节空压机的 IGV 和 BOV，直到出口压力和流量达到设定值。压缩机的防喘振保护均由 UCP 自带，具有最高控制优先级。但是很多压缩机自带的防喘振保护安全裕量较大，牺牲了部分效率和性能，如果压缩机厂商可以开放控制权限，可以由 FCS 系统重新建立防喘振保护和性能控制，更好地发挥压缩机潜力。

空压机加载完成后，需要建立管道压力。在气源起动完成之前，默认试验器端的干管阀门是全开的，干管的放空阀目前也是全开的。建立管道压力依靠调节空压机出口阀的开度。根据预设阀门表和压力设定值，将投运的空压机出口阀设定压力连锁控制，管道压力超压自动开大出口阀，欠压自动关小。例如管道压力正常值为 1.0MPa，则设定 50%～100% 压力控制，压力超过 1.0MPa 时开大出口阀，使管道压力不再继续上升直至下降至 1.0MPa 以下。压力低于 0.5MPa 时关小出口阀，使管道压力不再继续下降直至上升至 0.5MPa 以上。实际操作中可以加入进一步的调节，例如压力在 0.95MPa 时开始以较小的速率开大出口阀，压力在 0.55MPa 时开始以较小的速率关小出口阀，并且可以加入 PI 比例积分调节。由于波动加大，压力控制一般不采用 D 微分调节。

在空压机全部起动加载完成后，将全开的干管放空阀设定联锁值，设定后放空阀将自动关闭，超压自动开启。

2. A/B 型机并联运行停运（流程 A-3＞A-4）

停运之前，应开启对应干管的放空阀。然后依次执行并联运行的空压机停运，采用恒压模式由 UCP 控制空压机的减载和停机，包括辅助油泵开启等连锁控制，直至所有空压机全部停运完成。

3. A/B/C/D 型机先串后并运行投运（流程 B-1＞B-2）

空压机和增压机先串后并模式下，在 P&ID 流程上可以将空压机和增压机看作一台加强版的多级空压机。在控制流程上，与空压机并联运行流程相似，单个空压机/增压机组依次起动，再单个空压机/增压机组依次加载。

空压机起动后再进行增压机的起动。不同制造商的增压机对于起动时的入口压力有不同的要求，某些厂商只需要大气压力，某些厂商要求增压机入口压力达到额定运行入口压力的 20%～30%。大多数情况下增压机的额定入口压力为 1.0MPa，则在增压机起动之前，空压机需要轻微加载到出口压力 0.2～0.3MPa。实际上，在空压机起动完成未加载时，空压机的 IGV 保持最小开度（根据型号不同，这个最小开度约为 5%～10%），这种情况下在空压机出口会建立最小压力，根据工程经验，空压机起动未加载而后端增压机未起动时的中间联通管道最小压力约为 0.1～0.15MPa，可以满足绝大多数增压机的起动要求，一般不需要在增压机起动之前进行空压机的轻度加载。

空压机/增压机组均起动完成后，进行加载过程。同样是空压机先加载，增压机再加载，每组空压机/增压机完成加载后，再进行下一组空压机/增压机的加载。加载同样可以选择恒压模式或者 MIC 手操模式。

空压机/增压机加载完成后，需要建立管道压力。此时调节增压机的出口阀，根据预设阀门表和压力设定值，将投运的增压机出口阀设定压力连锁控制，管道压力超压自动开大出口阀，欠压自动关小。例如增压机出口压力正常值为 3.0MPa，则设定 50%～100%

压力控制，设定范围为 1.5~3.0MPa，具体细节同空压机控制。

在空压机/增压机全部起动加载完成后，将增压机干管上的放空阀设定联锁值，设定后放空阀将自动关闭，超压自动开启。

4. A/B/C/D 型机先串后并运行停运（流程 B-3＞B-4）

停运之前，应开启增压机干管的放空阀。然后依次执行先串后并运行的增压机/空压机停运，先卸载增压机再卸载空压机，然后停增压机再停空压机，依次完成所有空压机/增压机组的停运工作。

5. A/B/C/D 型机先并后串运行投运（流程 C-1＞C-2）

空压机和增压机先并后串模式下，所有空压机的出气均送至 CN 总管，所有增压机从 CN 总管进气。控制流程上，先依次起动所有空压机，再依次起动所有增压机，然后依次加载所有空压机，最后依次加载所有增压机。完成起动和加载后，同样设定增压机出口阀开度连锁以建立管道压力，设定增压机干管放空阀的控制连锁。

在以上运行模式中，空压机的出口阀 02A 阀是保持关闭的，同时 MPH1-01 总管阀和 MPH1 总管放空阀也保持关闭，空压机的出气经 02B 阀至 CN-01 总管送至各台增压机入口。在本工程设计阶段，讨论如果先并后串模式管道压力不稳定会导致压缩机起动加载异常，可以考虑先将 MPH1 总管放空阀打开，先将空压机/增压机全部起动完成，空压机加载完成，再逐渐关小 MPH1 总管放空阀，同时加载增压机。本工程总管放空阀都是大小阀双阀配置，调节性能较好。

6. A/B/C/D 型机先并后串运行停运（流程 C-3＞C-4）

停运之前，应开启增压机干管的放空阀。然后依次执行卸载并联运行的各台增压机，再依次卸载并联运行的各台空压机。卸载完成后，开启空压机干管放空阀，将各台增压机依次停机，再将各台空压机依次停机，完成所有空压机/增压机组停运工作。

7. E 型机供气模式并联运行投运（流程 D-1＞D-2）

E 型机具有供气和抽气两种运行模式。供气模式下，在完成干管和支管阀门调节后，E 型机供气模式的投运流程和空压机并联运行投运完全相同。需要注意的是，由于 E 型机电功率较大，在当前工作计划需要同时运行 E 型机和其他空压机时，应先起动 E 型机。

8. E 型机抽气模式并联运行投运（流程 E-1＞E-2）

E 型机抽气模式，对应空压机本身来说和供气模式运行没有区别，只是管道阀门的起闭不同。在完成干管和支管阀门调节后，E 型机抽气模式的投运流程和空压并联运行投运完全相同。

9. E 型机供气模式并联运行停运（流程 D-3＞D-4）

E 型机供气模式和抽气模式，停运流程都是相同的，与之前空压机的停运也相同，空压机以恒压模式自动卸载，然后停机。

6.3.4 加温系统控制流程

1. 加温器并联运行投运（流程 F-1＞F-2）

先由 FCS 系统根据系统运行设备参数表，选定需要投运的加温器。在加温器开始起动加温之前，需要检测管道流量，只有流量满足要求后，才能起动加热元件开始加温。

加温器配套的调功柜自带 PLC 控制器，接收 FCS 系统给出的加温设定参数，调节调功柜的功率输出。加温器本体和后端高温管道对于升温速率都有相应要求，主要考虑温度变化对本体和管道材质造成的应力影响，不能超过材质和相关结构件的限制。一般来说，加温器本体直径大、管壁厚、长度较短，可接收的升温速率会大一些，可以达到每分钟十几到几十摄氏度。而高温管道直径小、长度较长，对于升温速率有着严格限制，否则管道应力和相应的管架支撑都无法满足要求。管道升温速率需要经过管道应力计算给出，一般情况下，加温的初始阶段可以高一些，接近额定工作温度时，加温器和管道本体的形变已经较大，升温速率应该适当降低。如果加温器自带的 PLC 只能输入一个温度设定值和一个升温速率，可以采用在 FCS 系统中将升温过程分段的方法，将整个升温过程分成几个不同设定值的工作段，同时也匹配不同的升温速率，依次发送给 PLC。

加温器从起动到达额定温度的时间长达数十分钟，在多台加温器并联运行的情况下，不能等一台加温器加温完成后再起动另外一台。而是一台加温器设定完成开始起动后就进行下一台的设定和起动，全部加温器设定完成且均起动后，进入检测循环，直到所有加温器出口温度达到设定值。

2. 加温器并联运行停运（流程 F-3＞F-4）

加温器的停运依次由调功柜上的 PLC 关闭调功柜的功率输出。调功柜关闭后，需要继续保持常温气的供应，让加温器本体和高温管道在常温气的足够流量下逐渐降温，高温管道没有放空阀，所以试验器端的用气阀不能关闭。检测到所有加温器的出口温度都降到停机安全值后，FCS 系统可以关闭常温气源的空压机。

6.3.5 干燥系统控制流程

1. 冷水机并联运行投运（流程 G-1＞G-2）

冷水机是为干燥机和膨胀制冷机提供冷冻水的（出水温度 5～7℃，回水温度 12～15℃），在干燥机和膨胀制冷机起动之前需要起动冷水机及配套的水泵，建立冷冻水循环。

根据预设阀门表，开启冷冻水管路的阀门及对应水泵前后的阀门。每台冷水机组的水泵配置为一用一备，FCS 系统选定要起动的冷水机，起动对应的水泵，如果水泵起动失败则报警，关闭常用水泵阀门，开启备用水泵阀门，自动起动备用水泵。备用水泵起动失败，则运行中止报警。

水泵起动后开始往水箱内供水，延时后检测水箱水位，直到水位达到设定值。然后开始起动冷水机，冷水机自带 PLC 控制器，自动完成起动和加载全过程。冷水机起动加载完成后，经过约 5min 的延时，检测冷水机出水温度。出水温度达到设定值，完成冷水机投运，开始投运下一台冷水机。

2. 冷水机并联运行停运（流程 G-3＞G-4）

停运流程先停冷水机，延时约 10min 后，停运对应的水泵，再延时 1min，待管道水流停止，关闭对应的阀门。

3. 干燥机并联运行投运（流程 H-1＞H-2）

本工程选用的干燥机为热再生吸附式干燥机。每台干燥机有 A/B 两个干燥塔，两个塔可以同时或依次进行吸附流程，只能依次进行再生流程。干燥机可自带 PLC 控制器，相关流程的设备调节和内部阀门控制均由 PLC 完成，也可以取消 PLC 控制器，所有控制由 FCS 系统完成。

FCS 系统选定投运的干燥机后，选择进入吸附流程还是再生流程，对应的冷冻水管路阀门的调节是不同的。阀门调节完成，进入干燥机运行控制，干燥机的运行有以下三种模式：A 塔吸附 B 塔再生、双塔同时吸附、A 塔 B 塔轮流再生。对于任何一个单塔而言，只有再生和吸附两种工况。干燥机的三种运行模式是双塔不同工况的组合。

A 塔吸附 B 塔再生完成并塔后，延时 5min，进行双塔转换，进入下一个循环，B 塔吸附 A 塔再生。系统可以持续循环运行。由于吸附工作时间很长，在两台干燥机都需要起动进入 A 塔吸附 B 塔再生流程时，则应在第一台干燥机起动第一次露点温度检测时就开始起动另一台干燥机。

双塔同时吸附，则无法循环工作，吸附完成后系统停机。同样在第一台干燥机起动第一次露点温度检测时就开始起动另一台干燥机。由于双塔同时吸附，吸附之前两个塔的初始状态可能不一样，吸附饱和后失去吸附能力的时间也可能不一样，所以双塔需要持续轮流检测出口露点温度，如果露点温度达不到设定值，则判断该塔吸附饱和，停止吸附工作。

A 塔 B 塔轮流再生，这种工况一般是双塔同时吸附后进行。由于每台干燥机加热器能力的限制，每次只能提供一个塔再生的热空气。同样在第一台干燥机起动第一次露点温度检测时就开始起动另一台干燥机。每台干燥机的 A 塔吸附完成后进入 B 塔吸附，直到全部吸附完成后停机。

4. 干燥机并联运行停运（流程 H-3＞H-4）

干燥机停运流程对每台干燥机的每个塔进行检测，如果处于吸附工况，先关闭入口阀，再关闭出口阀。如果处于再生流程，正常情况要等再生流程完成才能结束，否则无法判断塔内的再生程度，无法为下一次试验供气做充分准备。干燥机设备通过检测出口温度来判断再生是否完成，塔内干燥机再生完成水分基本去除后，继续输入高温空气，出口温度会迅速升高，温度信号由机组 PLC 或者 FCS 系统判断再生完成。

5. 干燥机单塔吸附（流程 Hx-1＞Hx-2）

吸附流程设置最大吸附时间和出口空气露点温度双重控制。最大吸附时间完成或出口空气露点温度达到设定值，即判定为吸附完成。

单塔吸附先开启本塔入口阀，等待 5min，待塔内空气充压稳定后，开启本塔出口阀。开始吸附计时，然后进入露点温度检测和延时循环，直到露点温度超出最大限值无法进行吸附，或者达到最大吸附时间，退出吸附循环，结束吸附流程。

在第一次进行露点温度检测时，自动控制系统触发一个旁路流程，在本塔吸附的同时开启另外一台干燥机的相关流程。吸附完成后，判断本干燥机是否处于循环吸附/再生流程中，如果是，则开启对应另一个塔的对应阀门，进入并塔流程。

6. 干燥机单塔再生（流程 Hz-1＞Hz-2）

再生流程设置最大再生时间和出口空气温度双重控制。最大再生时间完成或出口空气温度达到设定值，即判定为再生完成。

单塔再生时，先关闭本塔的入口阀和出口阀，然后开始再生计时。适当延时后，打开泄压排气阀，将塔内压缩空气排出。然后关闭泄压排气阀，打开再生入口阀和再生排气阀，打开加热器入口阀，开启加热器风机。风机正常起动后，分组起动加热器加温元件。加热器加温元件一般为 380V 的电阻加热元件，每台加热器分为 4～6 组，采用接触器通断控制，不需要进行电压和功率调节。

加温元件起动后，经过加温延时，加温器达到正常加热温度，然后进入出口温度检测和延时循环，直到出口温度超出最大限值，代表水分已基本吹干，或者达到最大再生时间，退出再生循环。

在第一次进行出口温度检测时，自动控制系统触发一个旁路流程，在本塔再生的同时开启另外一台干燥机的相关流程。

再生完成后，关闭加温元件，关闭加热器入口阀，关闭再生排气阀和再生入口阀。然后开始吹冷流程，打开再生表冷器循环水进口阀和气路出口阀，开始进行吹冷。吹冷延时结束后，关闭风机，关闭再生表冷器循环水进口阀和气路出口阀。

一般情况下，为了防止外界空气侵入、保持塔内干燥状态，需要进行塔内升压。升压可利用干燥后的仪表气，将塔内压力升到设定值后，关闭外部仪表气阀门。单塔再生完成，进入等待下次运行状态。

6.3.6 制冷系统控制流程

1. 膨胀机并联运行投运（流程 I-1＞I-2）

增压透平膨胀机，属于无动力设备，靠压缩空气的压力能驱动增压涡轮和实现减压膨胀降温。所以在多台膨胀机并联运行时，需要考虑多台设备之间入口空气流量影响造成的相互扰动。膨胀机的转速很高，在实际投运过程中转速的升高可以分为 3～4 个阶段，每个阶段都应将多台膨胀机同步完成，达到稳定状态后再进入下一个阶段。一般情况下，膨胀机起动后应迅速达到最低转速，以形成润滑油膜，最低转速约为额定转速的 20%。膨胀机转子作为弹性轴，具有临界转速的概念，临界转速下容易发生共振，所以膨胀机转速提升应快速通过临界区域。不同膨胀机结构设计的额定转速差别很大，从每分钟两三万转到三十万转，临界转速差别也很大。如果膨胀机的临界转速在额定转速之下，就要考虑快速增速通过临界区域的问题。

FCS 系统选定待起动的膨胀机，进行起动条件检查。在起动之前，膨胀机的喷嘴、紧急切断阀、入口管道阀、出口管道阀、旁路调节阀均应关闭，增压机的防喘振回流调节阀应全开。油箱的油温应达到合适温度，低温状态应进行预加热，同时开启油箱冷却器的循环水阀门，保证起动后油箱冷却能正常进行。膨胀机的转子密封一般采用迷宫密封，内部轴承和转子采用透平油润滑，为防止润滑油渗入冷箱腔体，在输入润滑油前应先输入密封气。密封气压力达到最低要求后起动油泵开始供油，直到油压达到设定值。

先开启出口管道阀再开启入口管道阀，在此期间密封气压力应从起动油泵时的最低值上升到运行设定值。然后开启增压机后冷却器的循环水阀，适当延时建立冷却水循环。调整喷嘴到对应最低转速的预设开度，开启紧急切断阀，膨胀机会在几秒钟之内达到最低转速，适当延时待转速稳定检测完成，开始下一台膨胀机的起动流程，直到所有膨胀机均在最低转速附近稳定运行。

关闭干燥气干管放空阀，开始调节膨胀机组的喷嘴以提升转速。本工程采用低速膨胀机，额定转速约为 21000 转/min，转子的临界转速在额定转速之上，不需要考虑。在提速过程中，应将所有并联运行的膨胀机同步提速，并控制在适当的速率，以保证入口气流的平衡和稳定。每台膨胀机的喷嘴开度增幅设定在较小范围，每轮增幅循环均依次调节所有膨胀机，同时检测所有膨胀机的转速差和出口压力差，如果转速差和压力差超过限值则发出报警信号。本阶段调节将膨胀机转速提升至额定转速的 75%～80%。这个阶段中，由于转速调节幅度较大，时间比较长，且距离额定转速还有一定幅度，所以调节速率可以较快，例如以 5% 的幅度进行每轮调节。

下一个阶段是将膨胀机调节到额定转速。在这个过程中，除了与上一个阶段同样需要多台膨胀机同步调节，检测转速差和出口压力差，调节速率应减慢，每轮调节幅度降低到 2% 左右，使膨胀机容易在额定转速稳定下来。在这个过程中，还需要逐步关闭增压机的防喘振调节阀，减少增压端的回流以进一步提升转速。调大喷嘴和关小防喘阀可以同步进行，一般情况下先将喷嘴开大到一定开度后，再关小防喘振阀，以免发生控制耦合。如果防喘阀关小后转速还未达到额定转速，再将喷嘴继续开大直到获得额定转速。

国产增压透平膨胀机设计制冷能力均有一定裕量，在达到额定转速时，一般喷嘴不需要开到全开，回流防喘阀也不需要全部关闭。各个制造商的膨胀机最佳调节模式不同，甚至同一个制造商的不同型号的膨胀机在控制上也有区别。膨胀机在生产制造和工厂测试时，工况和实际装机现场不一样，不能完全实现应用现场的运行工况，也无法得出全部的调节参数。具体实现步骤和每一步的调节设置参数，只能在应用现场安装设备完成后现场调试过程中得出。

2. 膨胀机并联运行停运（流程 I-3＞I-4）

膨胀机停运，先依次将各台膨胀机的增压机防喘阀全部打开，然后开始关闭膨胀机喷嘴。关闭喷嘴的过程也是多台膨胀机同步关小，每一轮调节各台膨胀机均关小同样的幅度，直到各台膨胀机喷嘴完全关闭。

然后将各台膨胀机的阀门关闭，包括出口管道阀、入口管道阀、后冷却器循环水阀。适当延时，待膨胀机内的气流停止后，关闭油泵，待油压下降到设定值，关闭油箱冷却器循环水，关闭密封气，完成膨胀机油气辅助系统的关闭。

6.3.7 总体停运流程

气源系统总体停运流程和投运流程执行顺序相反。如果制冷系统运行，先停运膨胀机，开启冷气总管放空阀。然后停运干燥机，开启干燥气总管放空阀。如果加温系统运行，则停运所有加温器。

干燥制冷系统和加温系统停运完成，达到允许停常温供气条件后，开始逐台停运运行中的增压机和空压机。所有增压机和空压机停运完成，关闭所有气路支管阀，关闭所有气路干管阀，关闭所有总管放空阀。这时可以停运仪表气系统，经过适当延时，待压缩机的惰转降温时间完成，关闭所有循环水支管阀，通知循环水泵房停止供应冷却水。

气源系统停运完成，并为下一次投运做好准备。

6.3.8 本章附图（图 6-1～图 6-34）

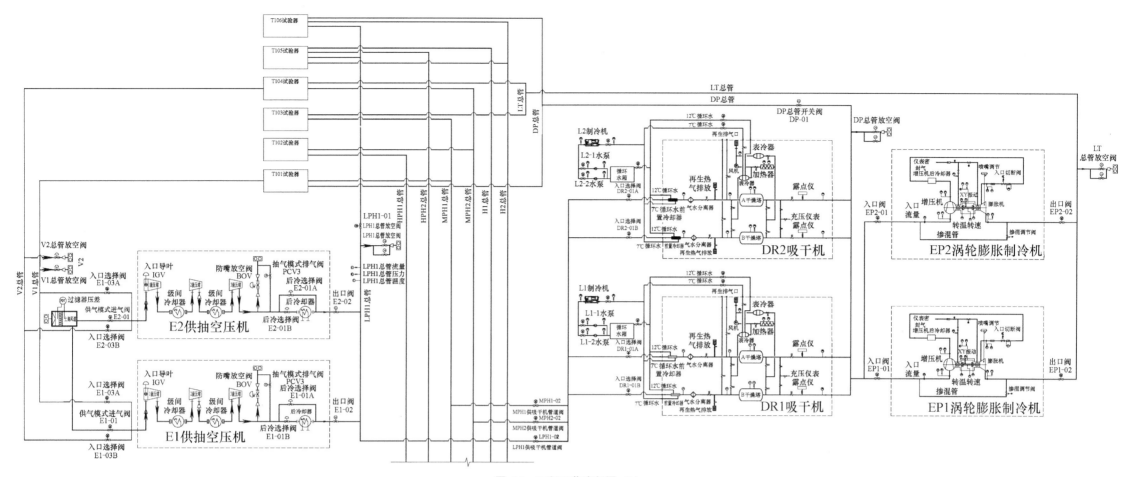

图 6-2 工程工艺流程图 (2)

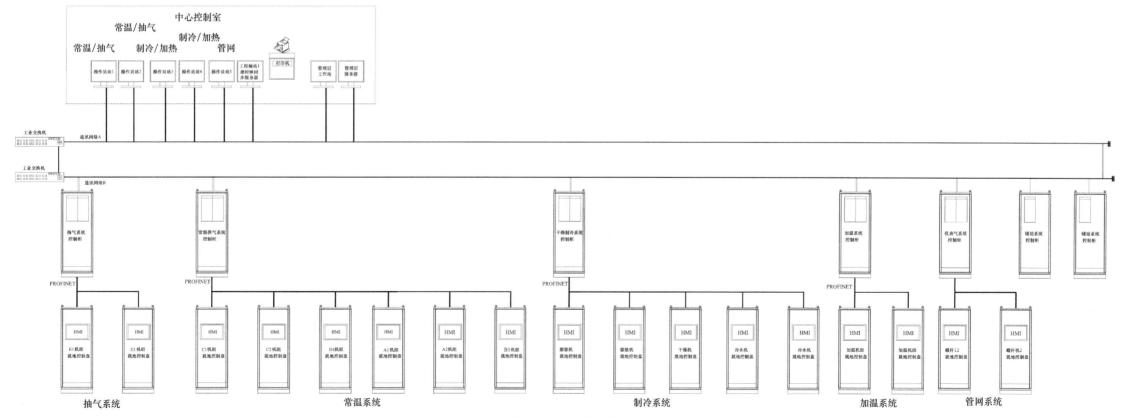

图 6-3 FCS 系统架构

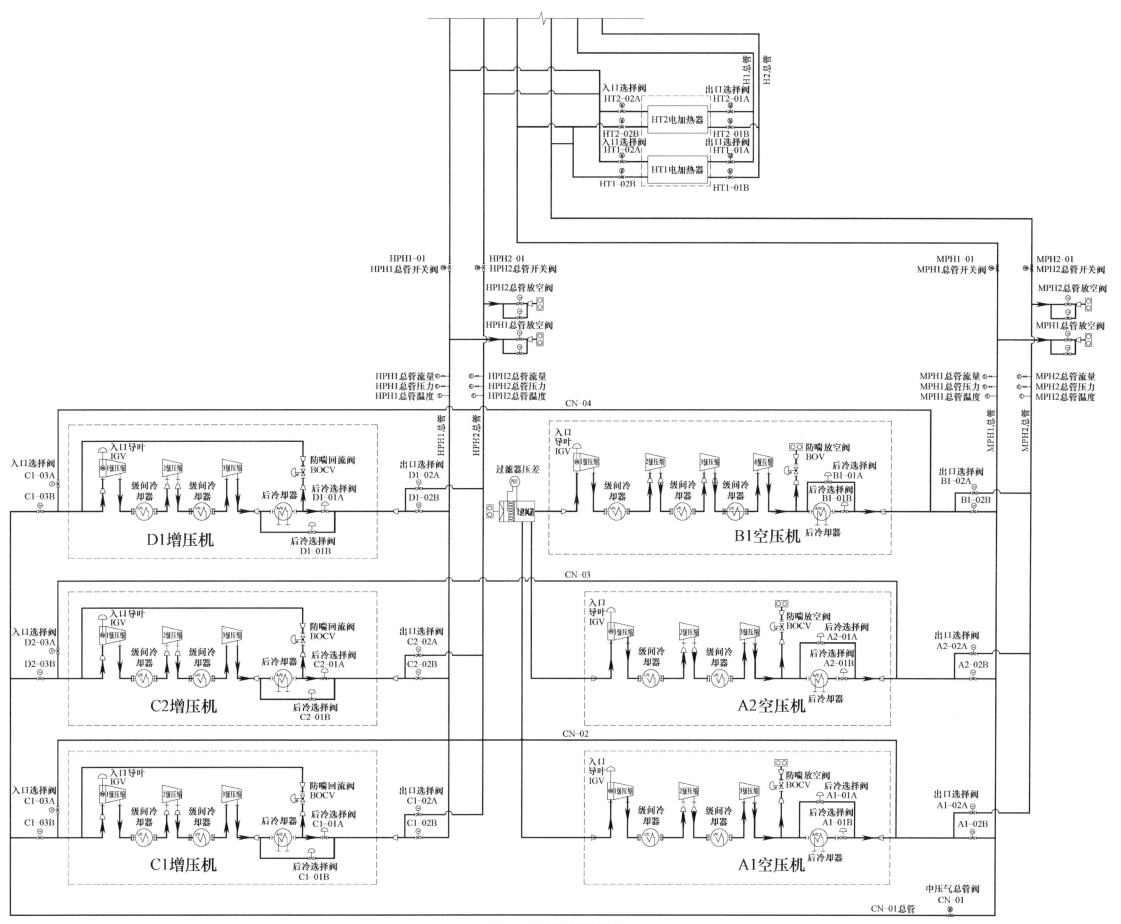

图 6-1 工程工艺流程图（1）

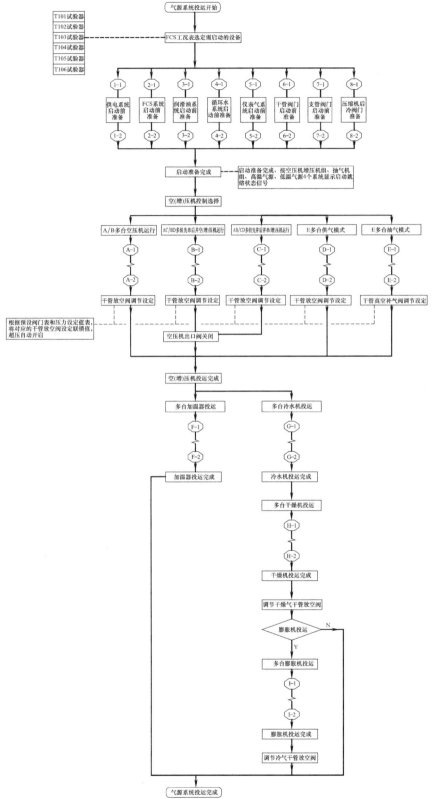

图 6-4　总体投运流程

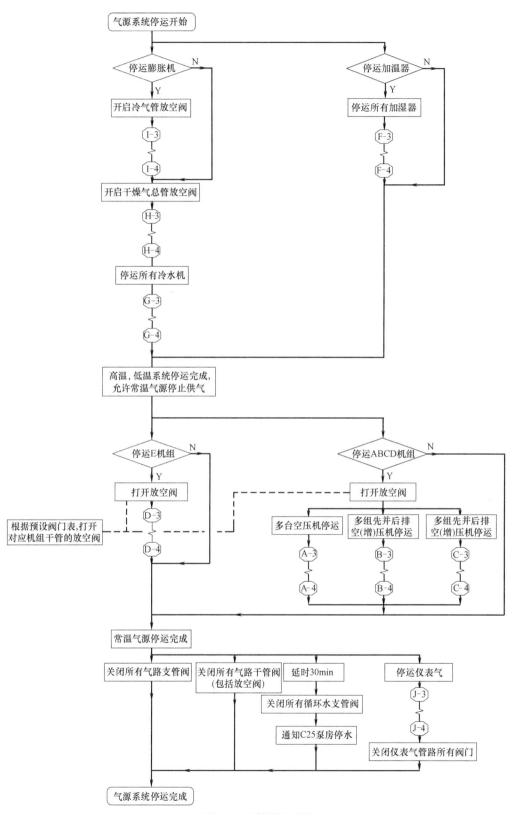

图 6-5　总体停运流程

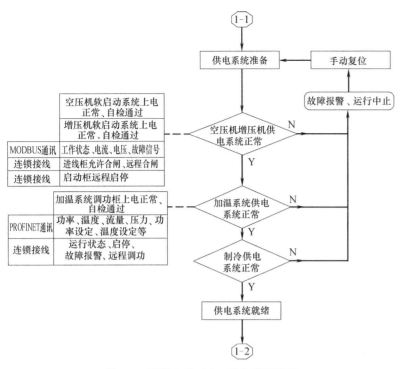

图 6-6　流程 1-1＞1-2：供电系统准备

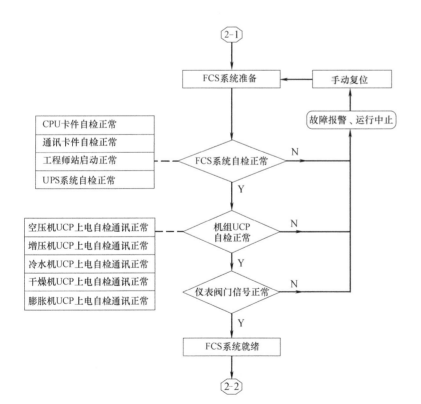

图 6-7　流程 2-1＞2-2：FCS 系统准备

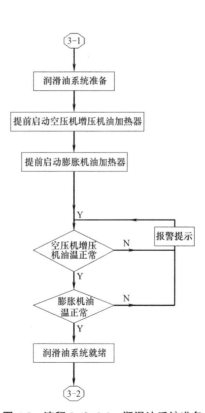

图 6-8　流程 3-1＞3-2：润滑油系统准备

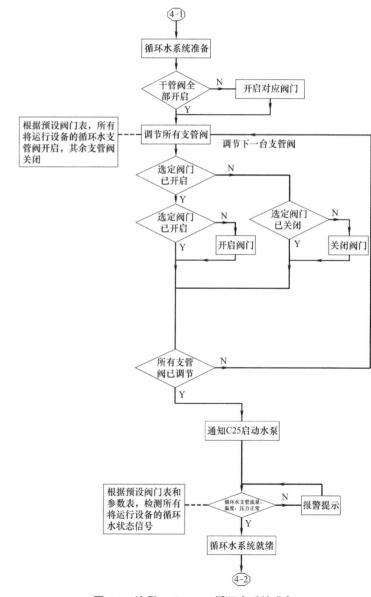

图 6-9　流程 4-1＞4-2：循环水系统准备

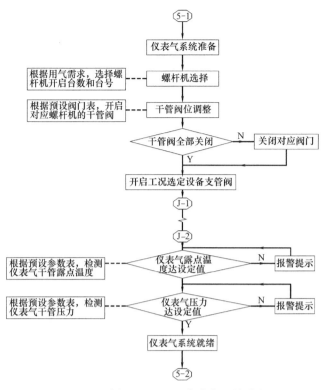

图 6-10　流程 5-1▷5-2：仪表气系统准备

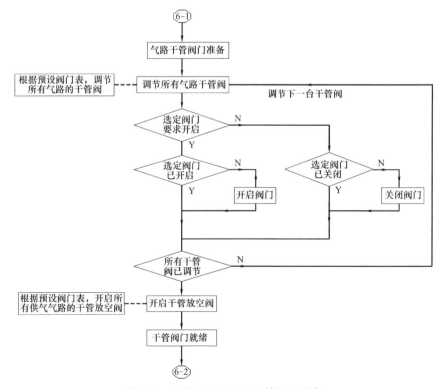

图 6-11　流程 6-1▷6-2：干管阀门准备

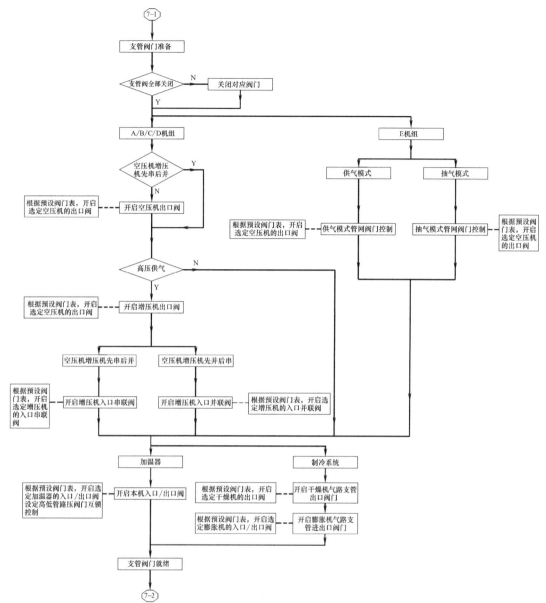

图 6-12　流程 7-1▷7-2：支管阀门准备

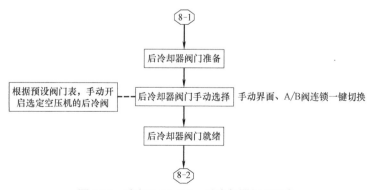

图 6-13　流程 8-1▷8-2：后冷却器阀门准备

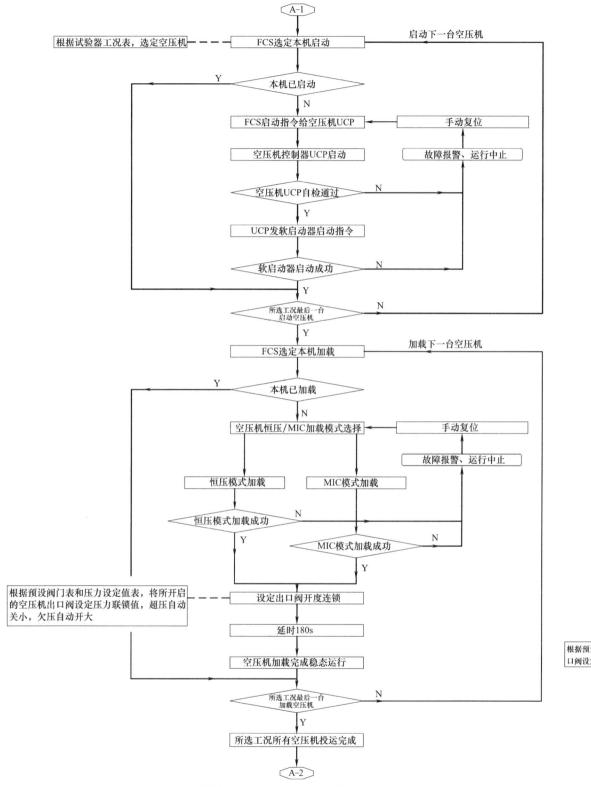

图 6-14　流程 A-1>A-2：A/B 型机并联运行投运

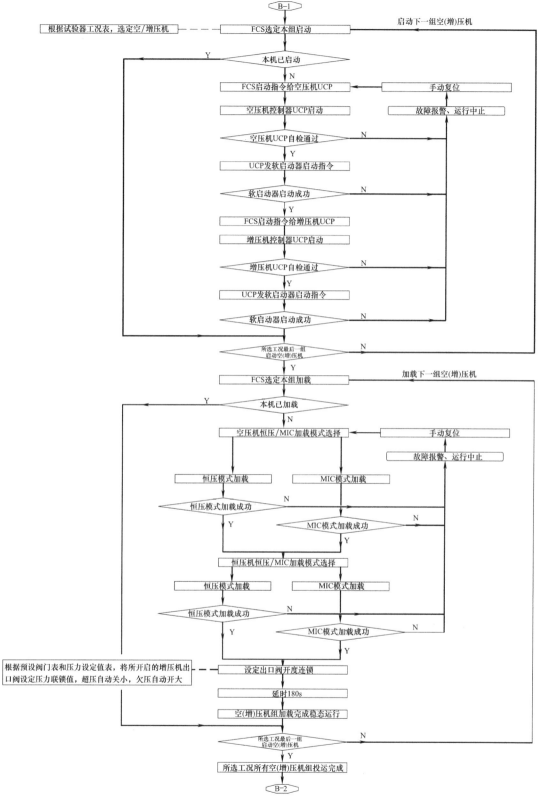

图 6-15　流程 B-1>B-2：A/B/C/D 型机先串后并运行投运

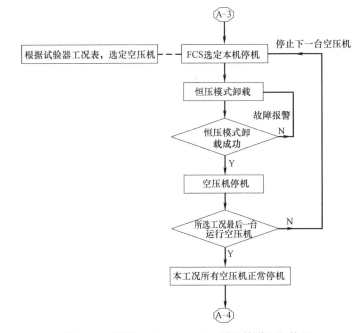

图 6-16　流程 A-3＞A-4：A/B 型机并联运行停运

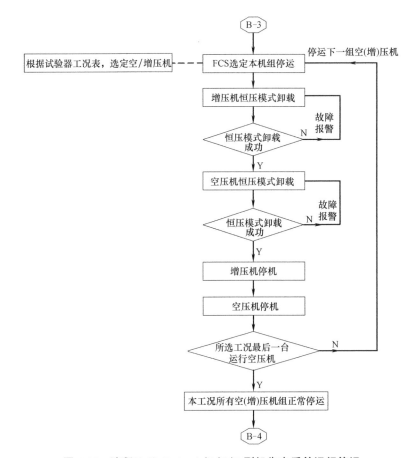

图 6-17　流程 B-3＞B-4：A/B/C/D 型机先串后并运行停运

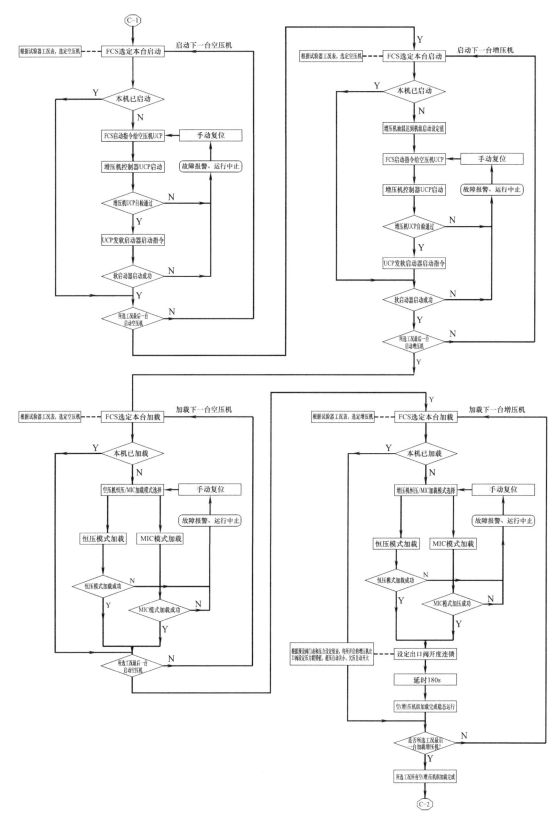

图 6-18　流程 C-1＞C-2：A/B/C/D 型机先并后串运行投运

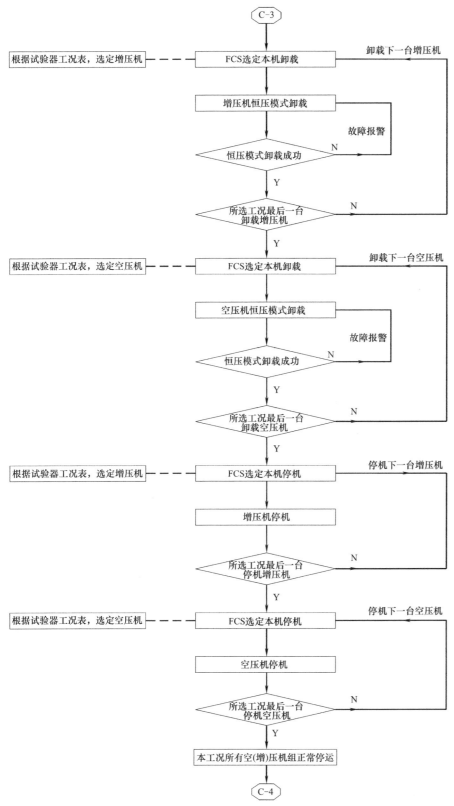

图 6-19　流程 C-3＞C-4：A/B/C/D 型机先并后串运行停运

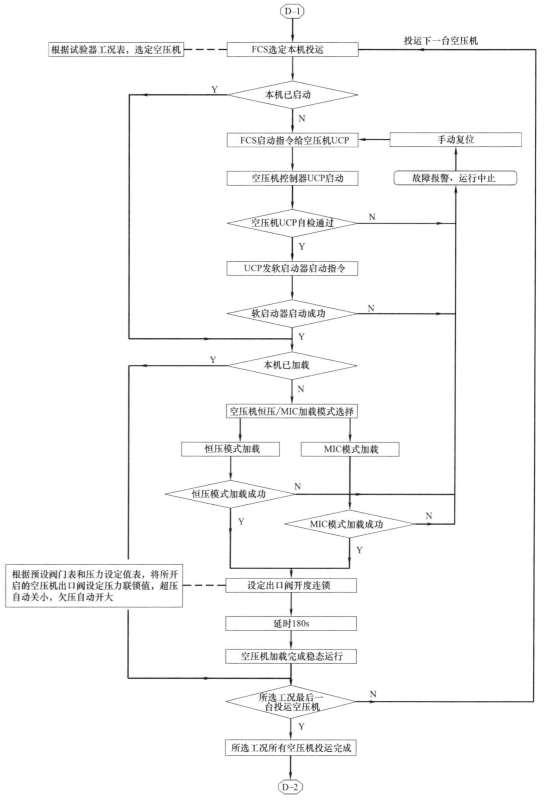

图 6-20　流程 D-1》D-2：E 型机供气模式并联运行投运

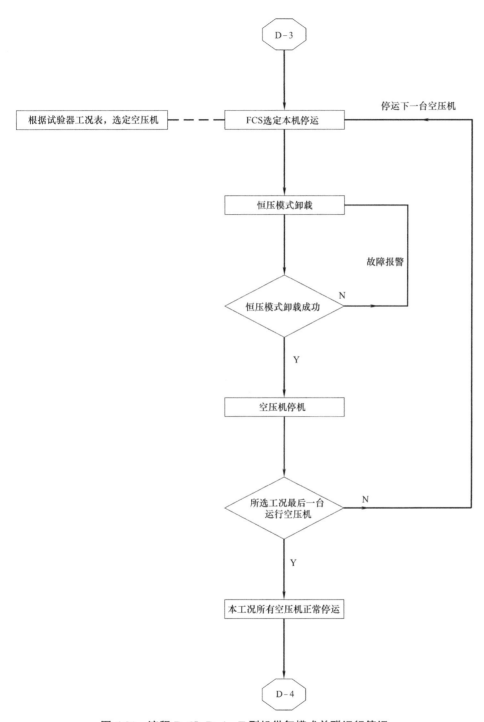

图 6-21 流程 D-3》D-4：E 型机供气模式并联运行停运

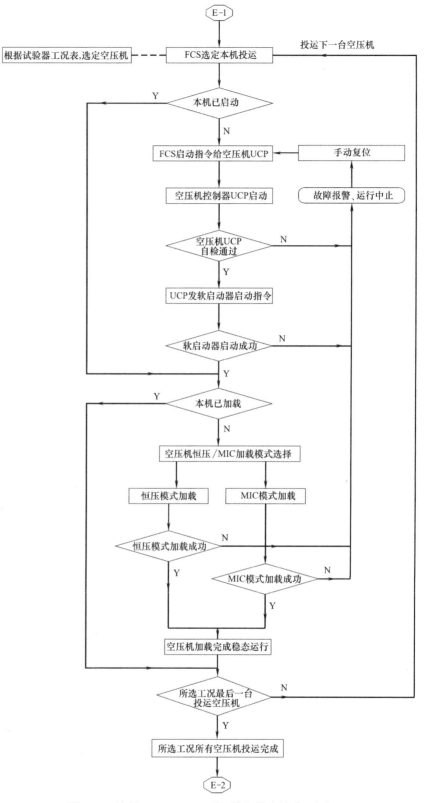

图 6-22 流程 E-1》E-2：E 型机抽气模式并联运行投运

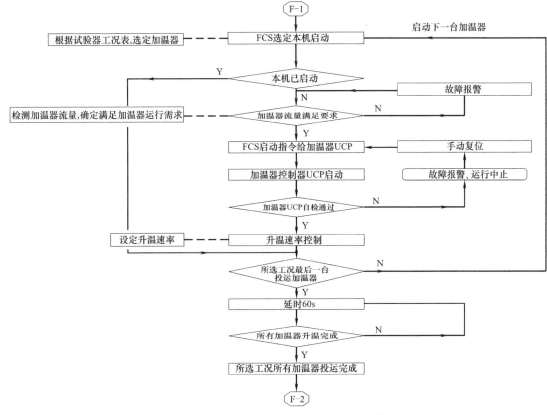

图 6-23　流程 F-1》F-2：加温器并联运行投运

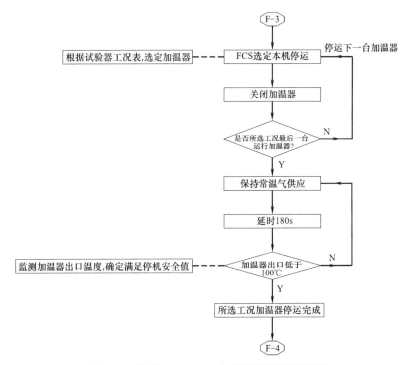

图 6-24　流程 F-3》F-4：加温器并联运行停运

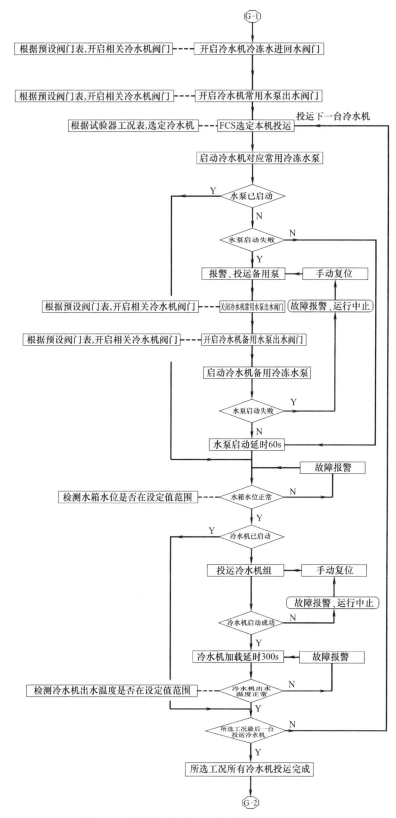

图 6-25　流程 G-1》G-2：冷水机并联运行投运

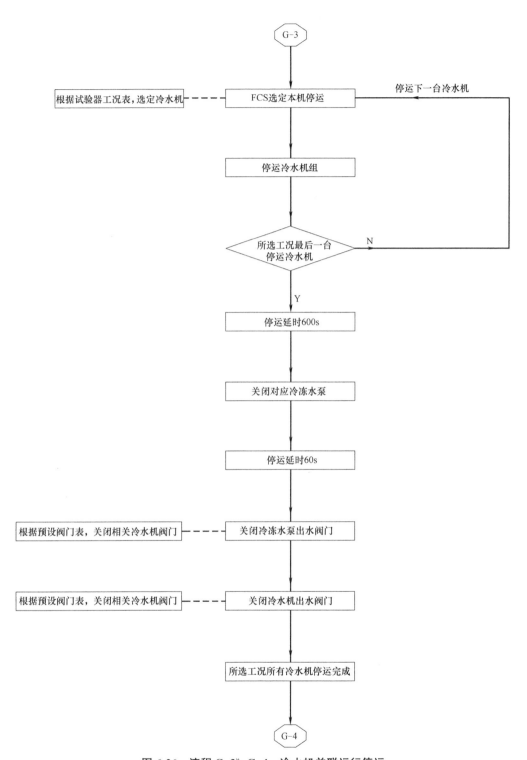

图 6-26　流程 G-3》G-4：冷水机并联运行停运

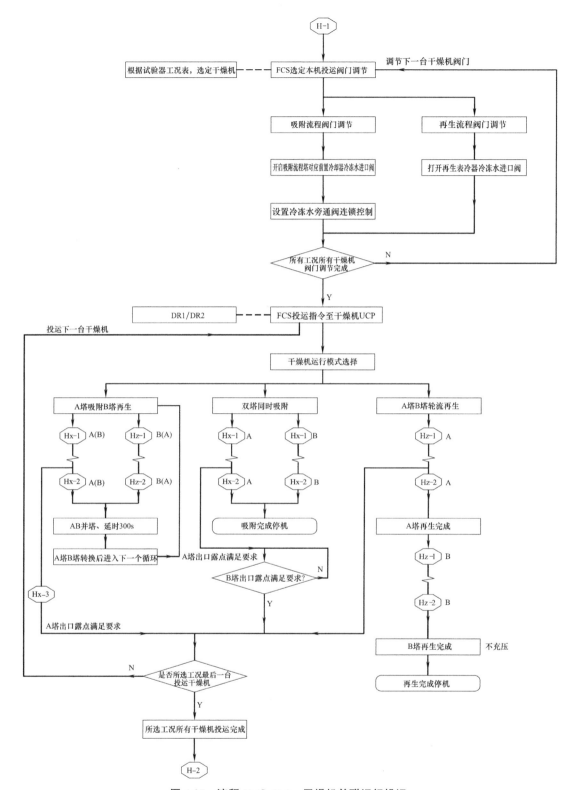

图 6-27　流程 H-1》H-2：干燥机并联运行投运

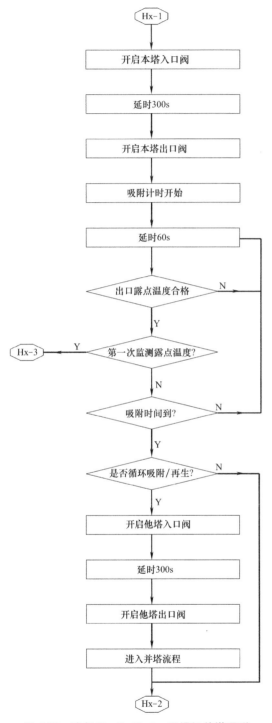

图 6-28 流程 Hx-1》Hx-2：干燥机单塔吸附

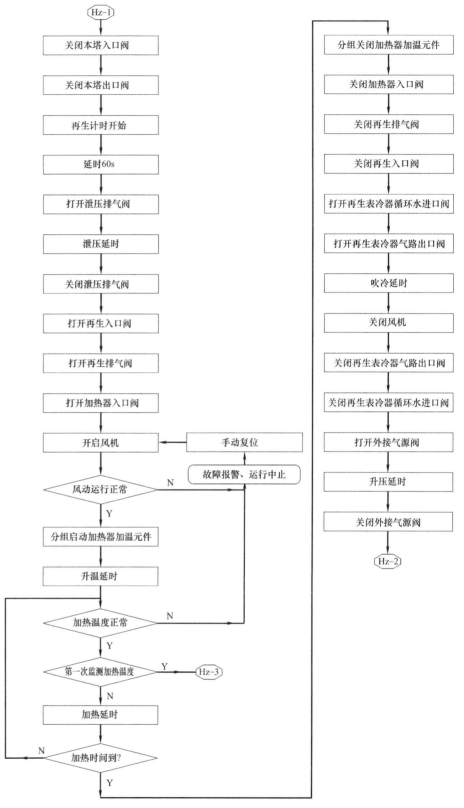

图 6-29 流程 Hz -1》Hz -2：干燥机单塔再生

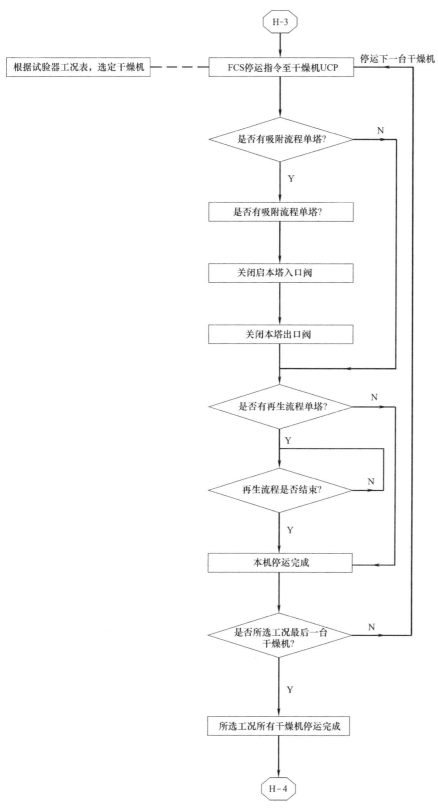

图 6-30 流程 H-3》H-4：干燥机并联运行停运

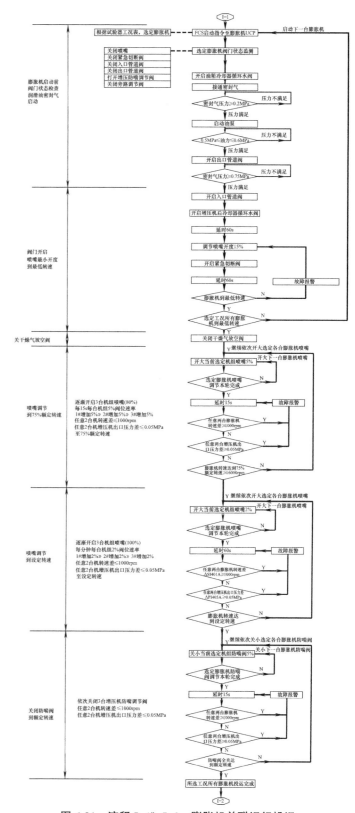

图 6-31 流程 I-1》I-2：膨胀机并联运行投运

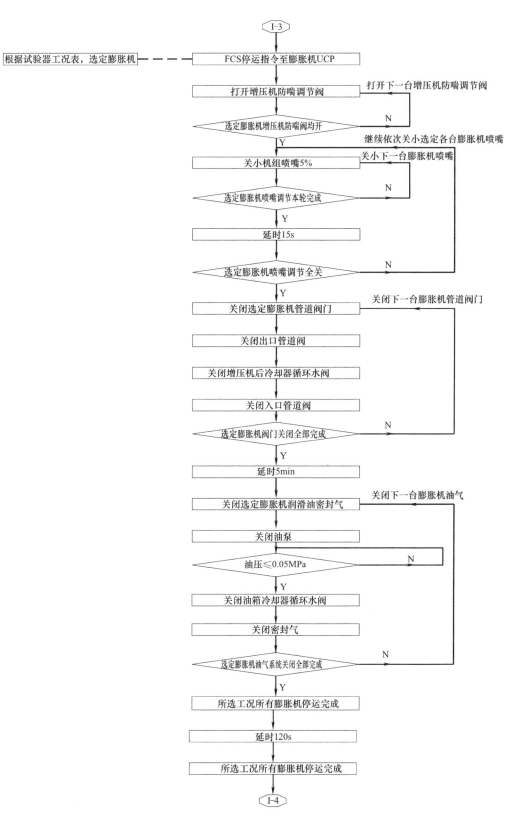

图 6-32 流程 I-3》I-4：膨胀机并联运行投运

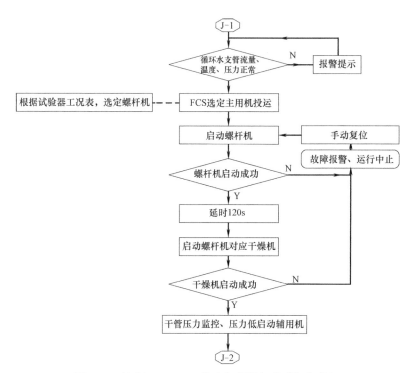

图 6-33 流程 J-1》J-2：仪表气螺杆机并联运行投运

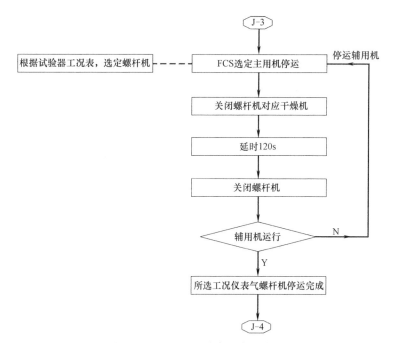

图 6-34 流程 J-3》J-4：仪表气螺杆机并联运行停运